Karl Bauer/Rudolf Grabner

Mutterkuhhaltung

Leopold Stocker Verlag
Graz – Stuttgart

Umschlaggestaltung:
DSR Werbeagentur Rypka GmbH, 8143 Dobl/Graz, www.rypka.at
Titelbild: Rudolf Grabner

Bildnachweis:
BOA Farm: S. 137; O. Bomfort: S. 134 u.; Dr. J. Gasteiner: S. 62, 63, 65 l/r, 66, 70, 72, 73, 75, 76, 84, 93 l., 95, 97; M. Gloze: S. 139 u.; DI Rudolf Grabner: S. 25, 29, 32, 41 u., 42, 43, 50, 117 u., 126, 129, 160, 174, 176; O. Hausegger: S. 143 u.; Mag. Manfred Kampusch: S. 98 l/r; KeLeKi: S. 136 u.; A. Knüsel: S. 141; Ing. Konrad Liebchen: S. 139 o.l., 140 u.r.; G. Moser: S. 138 u., 140 o.; F. Pirker: S. 139 o.r.; Redaktion „Der fortschrittliche Landwirt“: S. 10, 12, 15, 16, 23, 28, 34 o/u, 41 o., 45, 46, 52, 53, 54, 55, 59 l., 60, 64, 71, 88, 91, 100, 101, 104, 105, 109, 112, 117 o., 118, 119, 120, 121, 122, 123, 145, 150, 150, 155, 161, 173; Hanni Reichenvater: S. 85, 87; Rinderzucht Tirol: S. 144; Rinderzuchtverband Würzburg: S. 138 o.; Katja Seifert: S. 33, 125; Thomas Sendlhofer: S. 142; Sommet de l`élevage: S. 135, 136 o., 140 u.l., 143 o.; D. Wintereder: S. 134 o.; Dr. Peter Zieger: S. 26, 59 r., 132, 151.

Bibliografische Information der Deutschen Nationalbibliothek
Die Deutsche Nationalbibliothek verzeichnet diese Publikation in der Deutschen Nationalbibliografie; detaillierte bibliografische Daten sind im Internet unter http://dnb.d-nb.de abrufbar.

Hinweis: Dieses Buch wurde auf chlorfrei gebleichtem Papier gedruckt. Die zum Schutz vor Verschmutzung verwendete Einschweißfolie ist aus Polyethylen chlor- und schwefelfrei hergestellt. Diese umweltfreundliche Folie verhält sich grundwasserneutral, ist voll recyclingfähig und verbrennt in Müllverbrennungsanlagen völlig ungiftig.

Auf Wunsch senden wir Ihnen gerne kostenlos unser Verlagsverzeichnis zu:
Leopold Stocker Verlag GmbH
Hofgasse 5 / Postfach 438
A-8011 Graz
Tel.: +43 (0)316/82 16 36
Fax: +43 (0)316/83 56 12
E-Mail: stocker-verlag@stocker-verlag.com
www.stocker-verlag.com

ISBN 978-3-7020-1303-5

Layout und Repro: DSR Werbeagentur Rypka GmbH, 8143 Dobl/Graz
Druck und Bindung: Christian Theiss GmbH, 9431 St. Stefan

Inhalt

Vorwort 7

Einleitung 8

Überblick über die Mutterkuhhaltung in Österreich 8

Mutterkuhhaltung in EU nicht einheitlich geregelt 8

Grünland ist optimal für Mutterkühe 9

Die Rasse an den Standort anpassen 10

Fruchtbarkeit ist Schlüsselkriterium 10

Mit Markenprogrammen höhere Erlöse erzielen 10

Absetzer müssen gute Masteigenschaften zeigen 10

Für welche Betriebe ist die Mutterkuhhaltung interessant? 11

Definition der Mutterkuhhaltung 11

Definition der Ammenkuhhaltung 11

Wesentliche Punkte für eine erfolgreiche Mutterkuhhaltung 12

Mutterkuhhaltung am biologisch arbeitenden Betrieb 12

Produktionsrichtungen in der Mutterkuhhaltung 14

Kälbermast 15

Einstellerproduktion 15

Jungrinder-Erzeugung 15

Zuchtviehproduktion 16

Ausmast im eigenen Betrieb 16

Kalbinnen-, Ochsen- und Stiermast 16

Ausmast von Kühen 19

Managementsysteme in der Mutterkuhhaltung 20

Abkalbezeiträume und -saisonen 20

Abkalbungen konzentriert im Winter 20

Abkalbungen über das ganze Jahr verteilt 22

Erstbelegung bei Kalbinnen 23

Geburtsgewicht und Geburtsverlauf 23

Deckperiode, Deckstier oder künstliche Besamung 23

Ein Stier für 30 Mutterkühe 23

Künstliche Besamung mit Vor- und Nachteilen 24

Trächtigkeitsuntersuchungen 24

Aufzuchtergebnisse planen 24

Herdentrennung 25

Absetzen der Kälber 25

Mindestens 8 Wochen Trockenstehzeit 25

Abkalbebox vorbereiten 26

Markieren, Eintragung in das Bestandsregister, Enthornung 26

Wiegen 27

Aufzuchterfolg und Gewichtsentwicklung der Kälber 27

Die Mutterkuh 30

Gezielte Aufzucht 30

Geschlechtsreife und Zuchtreife beim Rind 31

Anforderungen an die Mutterkuh 31

Wichtige Eigenschaften der Mutterkuh 31

Fortpflanzung 34

Berücksichtigung der Saisonalität 35

Fruchtbarkeit 35

Ursachen für schlechte Fruchtbarkeitsergebnisse 38

Fruchtbarkeit und Fütterung 40

Die Brunst der Mutterkuh 42

Zyklusstart und Brunstgeschehen 42

Äußere Brunstsymptome der Kuh 44

Fehlende Brunst 45

Fruchtbarkeitssteuerung 48

Besamungstauglichkeit 48
Kurze Zwischenkalbzeiten sind das Ziel! 49
Eckdaten der Herdenfruchtbarkeit 49
Remotierungsbedarf in einer 100-Kuh-Herde 50
Fruchtbarkeitsprobleme durch mangelnde Betreuung 51

Die Geburt 52
Die Vorbereitungen 52
Der normale Geburtsverlauf 53
Geburtshilfe 54
Lage – Stellung – Haltung 54
Richtiges Verhalten bei Komplikationen 55
Die Vorgänge nach der Geburt und tierärztliche Hilfestellungen 56
Nachgeburtsverhaltung (Retentio secundinarum) 56

Das Kalb 58
Die Bedürfnisse des Neugeborenen 58
Das Kalb und seine Probleme 60
Kälberkrankheiten 61
Physiologische Daten eines gesunden Kalbes 61
Durchfälle 61
Kälbergrippe 64
Nabel 65
Selen- und/oder Vitamin-E-Mangel 66

Die kranke Mutterkuh 67
Physiologische Daten des erwachsenen Rindes 67
Interne Krankheiten 68
Schlundverstopfung 68
Tympanien/Blähungen 68
Fremdkörpererkrankung 69
Pansenübersäuerung (Pansenazidose) 69
Pansenfäulnis (Pansenalkalose) 70
Parasitosen 70
Magen-Darm-Würmer 71
Lungenwurmerkrankung 71
Leberegelbefall 72
Kokzidiose/Rote Ruhr 73
Dasselbefall 74
Sommerwunden 74
Kriebelmückenstiche 74
Myasis 75
Räude 76
Trichophytie/Kälberrappen 76
Läuse und Haarlinge 77
Weiderot/Babesiose 77
Weidekeratitis „Pink eye" 78
Infektionskrankheiten 79
BVD-MD/Mucosal disease 79
Paratuberkulose 79
BKF/Bösartiges Katarrhalfieber 80
IBR/IPV/IPB 80
Clostridieninfektionen des Rindes 81
Botulismus 81
Blauzungenkrankheit 82
Tollwut 82
Deckinfektionen 82
Anzeigepflichtige Seuchen des Rindes in Österreich! 83
Bekämpfung der übertragbaren Geschlechtskrankheiten (Deckseuchen) der Rinder 84
Vergiftungen 85
Photosensibilisierung 85
Honig- oder Steinkleevergiftung *(Melilotus officinalis)* 87
Jakobskraut-(Voralpenkreuzkraut-)Vergiftung *(Senecio jacobaea)* 87
Stoffwechselstörungen 87
Gebärparese/Festliegen/Milchfieber 87
Weidetetanie 88
Kalzinose 88
Azetonämie/Ketose 88
Eutererkrankungen 89
Ungewolltes Besaugen 91
Klauenerkrankungen 92
Erste Hilfe 93
Unsere Tiere gesund erhalten! 95
Die Basis: Ständige Aus- und Weiterbildung 95
Die Betriebserhebung 95
Einbindung in die Arzneimittelanwendung sowie Kontrollen und Sanktionen 96
Fruchtbarkeitsprogramm 96
Parasitenprogramm 96
Die Zukunft: Innovative Bestandsbetreuung 96

Tierarzneimittelkontrollgesetz 96
Enthornung 97
Klauenpflege 97
Kastration 99
Burdizzo-Methode 99
Blutige Kastration mit dem Emaskulator 99

Fütterung 100
Fütterung der Mutterkühe 100
Hygienisch einwandfreies Futter 104
Winterfütterung 104
Sommerfütterung 107
Beurteilung der verdauten Ration über den Kot 110
Fütterung der Kälber 111
Fütterungsbedingte Mangelerkrankungen des Kalbes 112
Energieversorgung des Kalbes 115
Fütterung der Jungrinder 115

Stallbau und Stalleinrichtung 116
Zum Einfluss des Lichtes 117
Die erforderlichen Funktionsbereiche in der Mutterkuhhaltung 118
Funktionsbereich Liegen 118
Funktionsbereich Fressen 119
Funktionsbereich Wasseraufnahme 119
Funktionsbereich Abkalbung 120
Funktionsbereich Sortieren, Behandeln, Wiegen und Verladen 120
Funktionsbereich Bewegung 121
Ganzjährige Freilandhaltung von Rindern 121
Ansprüche an die Umwelt 123
Weideformen 125
Die Umtriebsweide 125
Standweide 125
Intensive Standweiden 125
Vollweidehaltung 126
Nutzung von Almflächen 126
Unfälle auf den Almen 127
Besondere Gefahr durch Hunde 127

Zuchtarbeit und Leistungsprüfung 128
Zuchtziel 128
Leistungsprüfung 128
Selektion und Anpaarung 129
Die richtige Rasse wählen 131
Die Rasse an den Standort anpassen 131
Übersicht über die in Österreich vorkommenden Rinderrassen 133
Angus 134
Belgier (Weiß-blaue Belgier) 134
Blonde d'Aquitaine 135
Charolais 136
Fleckvieh 136
Galloway 137
Gelbvieh 138
Murbodner, Waldviertler- und Kärntner Blondvieh 138
Hereford 139
Hochlandrind 140
Limousin 140
Luing 141
Piemonteser 142
Pinzgauer 142
Salers 143
Tiroler Grauvieh 143
Seltene Nutztierrassen 144
Rückgang der Rassenvielfalt 144
Die Gebrauchskreuzung 145
Warum Gebrauchskreuzung? 145
Zuchtziele 145
Grundsätze der Kreuzungszucht 145
Vorteile der Gebrauchskreuzung 146
Zweinutzungsrassen – Reinzucht oder Gebrauchskreuzung? 147
Zuchtbetrieb und Gebrauchskreuzung – ein Widerspruch? 149
Vorsprung durch Nachsprung!? 149
Zuchtstiere rechnen sich ab 10 Mutterkühen 150
Wichtige Eigenschaften des Stieres 151
Einsatz eines Deckstieres 151
Vom Stier verlangen wir folgende Eigenschaften 151

Mit Mutterkühen richtig umgehen 152

Rinder sehen und hören – und reagieren auf die Umwelt 152
Wie Rinder sehen und beobachten 152
Die Wahrnehmungs- und Fluchtzone beim Rind 152
Besondere Stressmomente für Rinder 153
Aggressionsverhalten 153
Betreuungsmaßnahmen 154
Stressarmer Umgang mit Rindern 156
Der Mensch ist der wichtigste Faktor für die Mensch-Tier-Beziehung 156
Stress vermeiden als oberstes Ziel 156
Grundsätze im Umgang mit Rindern 156
5 Grundsätze im Umgang mit Rindern 156
Rinder stressarm bewegen – Treiben 157
Rindern die Richtung vorgeben 158
Die Planung ist der halbe Erfolg 159
Unser Ziel: ein stressarmer Umgang mit Rindern 161
Tierhaltung, Tierschutz und Transport in der EU 161

Betriebswirtschaftliche Überlegungen 163
Die Mutterkuhhaltung aus betriebswirtschaftlicher Sicht 164
Direktkostenfreie Leistung (DfL) oder der Deckungsbeitrag 164
Leistungen einer Mutterkuh 165
Direktkosten einer Mutterkuh 165
Direktkostenfreie Leistung(Deckungsbeitrag) 165
Direktkostenfreie Leistung in der Mutterkuhhaltung 166
Möglichkeiten zur Verbesserung der Wirtschaftlichkeit 167
Leistungen erhöhen 167
Kosten senken 167
Kälberverluste vermeiden 167
Der gute Deckstier rechnet sich 167
Aufzeichnungen und Auswertungen 168
Gesamtbetriebliche Darstellung 168
Arbeitszeitbedarf in der Mutterkuhhaltung 169
Zeitliche Verteilung der Arbeit 169

Vermarktung 170
Vermarktung von Zuchtrindern 170
Vermarktung von schlachtfertigen Jungrindern 171
Vermarktung von Einstellern 171
Vermarktungswege suchen 172
Rindfleischqualität hat viele Aspekte 172
Faktoren, die der Produzent beeinflussen kann 172
Qualitätsbeeinflussende Faktoren am Transport und beim Schlachthof 174
Jungrinderfleisch – ein ideales Produkt aus den Grünland- und Berggebieten 175
Die Strategie der Schweiz zur Vermarktung von Rindfleisch 175
Die Schweiz als Pionier beim Jungrind 175
„Swiss Prim Beef"–Programm für spezielle Fleischrassen 176
Der Rindfleischmarkt in Österreich 176
Die Vermarktung von Rindfleisch optimal gestalten 176
Direktvermarktung von Jungrinderfleisch – Kriterien für den Erfolg 176
Wichtige Hinweise zur Vermarktung 178
Wichtige Erfahrungen bei der Direktvermarktung von Jungrindern 179
Wichtige Kriterien für den Erfolg bei der Direktvermarktung von Jungrindern 180
Die wichtigsten Rechtsbestimmungen für die Direktvermarktung von Rindfleisch 180

Anhang 182
Fahrplan für die Mutterkuhhaltung 182
Literaturverzeichnis 187

Vorwort

Rudolf Grabner

Karl Bauer

Weltweit hat die Mutterkuhhaltung für die Bewirtschaftung der Grünlandflächen eine überragende Bedeutung. In Europa gibt es einige große Länder mit viel Grünlandflächen (wie etwa Frankreich oder England), wo etwa die Hälfte der Kühe als Mutterkühe gehalten wird. In Österreich ist die Zahl der Mutterkühe auf 34 % angestiegen.

Die Mutterkuhhaltung ist ein Betriebszweig, der gegenüber der Milchviehhaltung Vorteile beim Arbeitszeitaufwand bringt, allerdings in Bezug auf die Gesamteinnahmen und die Liquidität Nachteile bringen kann. Die Wirtschaftlichkeit der Mutterkuhhaltung hängt sehr stark mit der Fruchtbarkeit zusammen und das Ziel, jedes Jahr pro Kuh ein gesundes Kalb abzusetzen, wird sehr oft verfehlt.

Die Mutterkuhhaltung wird in der Regel im Nebenerwerb geführt. Ausgenommen sind sehr große Betriebe in Frankreich, Großbritannien, Irland und Deutschland. In den osteuropäischen Ländern besteht für die Mutterkuhhaltung ein großes Potential, da die Flächenausstattung der Betriebe in einigen Ländern sehr gut ist.

Die Überarbeitung und Neuauflage des Buches wurde notwendig, da die bisherigen Themen, wie Herdenführung, Fruchtbarkeit, Fütterung und Gesundheit, mit aktuellen wirtschaftlichen Berechnungen sowie mit dem Herdenmanagement und dem Umgang mit Rindern ergänzt werden sollten. An dieser Stelle sei den beiden Mitautoren des ursprünglichen Buches, Hofrat Dipl.-Ing. Dr. Rudolf Steinwender sowie Dipl.-Tzt. Robert Stodulka, für ihre intensive Mitarbeit am Ursprungswerk, das die Basis dieser vollständigen Überarbeitung und Neugestaltung war, gedankt.

Dieses Buch soll ein unverzichtbarer Ratgeber für Neueinsteiger sein, aber es soll auch für den erfahrenen Mutterkuhhalter viel Neues und Interessantes beinhalten. Insgesamt soll dieses Buch eine intensive und sachliche Auseinandersetzung für alle bieten, die auch in Zukunft Freude an der Arbeit mit Mutterkühen haben und einen Teil des Betriebseinkommens aus diesem Produktionszweig erzielen wollen.

Die Autoren

Überblick über die Mutterkuhhaltung in Österreich

Für welche Betriebe ist die Mutterkuhhaltung interessant?

Einleitung

Überblick über die Mutterkuhhaltung in Österreich

Die Zahl der Mutterkühe hat sich auf 265.000 eingependelt, das entspricht etwa 33 % der Gesamtkuhzahl in Österreich. Damit liegen wir im europäischen Durchschnitt. Erstaunlich ist, dass die neuen osteuropäischen Länder nur sehr wenige Mutterkühe haben. Länder, wie Frankreich, England oder Irland, weisen hingegen sehr hohe Zahlen von Mutterkühen auf.

Milch- und Mutterkuhbestände 2004 bis 2009

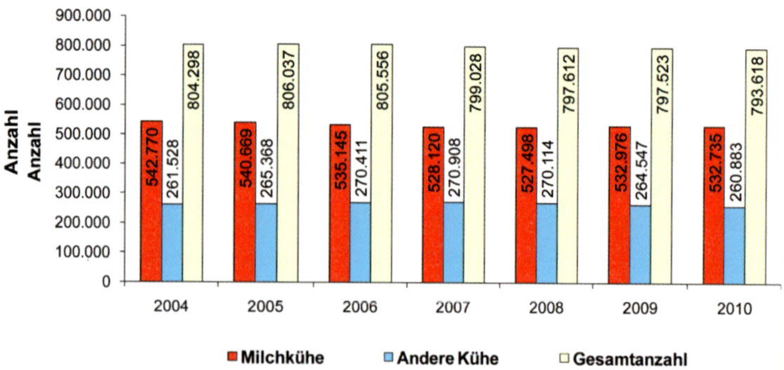

Quelle: STATISTIK AUSTRIA, jeweilige Zwischenzählung 1. Dezember 2009

Mutterkuhhaltung in EU nicht einheitlich geregelt

Die letzte EU-Agrarreform brachte eine flexible Handhabung für die Gewährung und Förderung von Mutterkühen. Neben Österreich hat sich nur Frankreich dazu entschlossen, das System der tierbezogenen Förderungen für die Mutterkühe auf-

Verteilung von Milch- und Mutterkühen in Europa (Zahlen aus 2004)

Land	Milchkühe	Mutterkühe	Gesamtkühe	%Anteil Mutterkühe
EU-25	23.464.000	12.285.000	35.749.000	34%
Frankreich	4.166.000	3.803.000	7.969.000	48%
Deutschland	4.284.000	753.000	5.037.000	15%
Italien	1.909.000	431.000	2.340.000	18%
Österreich	533.000	265.000	798.000	33%
Schweden	402.000	170.000	572.000	30%

recht zu erhalten. In Zukunft wird diese Flexibiltät wahrscheinlich erhalten bleiben und mit Sicherheit wird Frankreich nicht davon abgehen.

In Österreich gehen die Diskussionen ebenfalls dahin, dass die Mutterkühe weiterhin tierbezogen gefördert werden. Europa entwickelte sich in den letzten 5 Jahren von einem Rindfleisch-Exportland zu einem Rindfleisch-Einfuhrland. Das ist eine unmittelbare Auswirkung der europäischen Agrarpolitik seit 1996.

Anteil Mutterkühe an der Gesamtkuhzahl

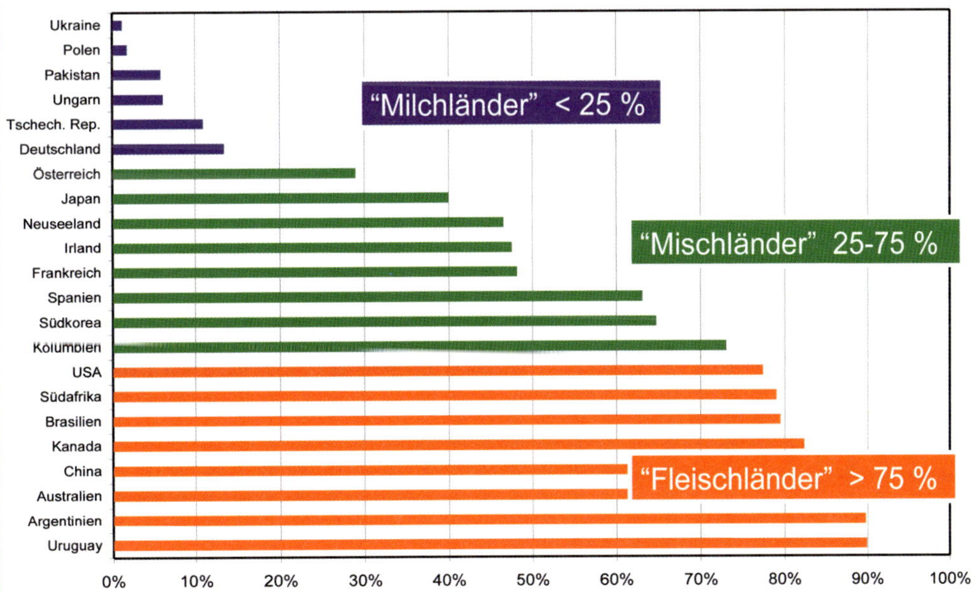

Quelle: Nationale Statistiken (cd-global-beef.xls)

Grünland ist optimal für Mutterkühe

Der Drang zur Mutterkuhhaltung lässt sich mit der optimalen Grünlandnutzung erklären. Mutterkühe brauchen mit Ausnahme von Salz und Mineralstoffen in der Regel kein Zufutter. Gras, Heu und Grassilage sind das optimale Futter. Damit können die Betriebe mit sehr wenig Aufwand arbeiten. Nicht unterschätzt werden darf der Zeitaufwand für Mut-

Mutterkühe leisten einen großen Beitrag zur Erhaltung der Kulturlandschaft.

terkühe. Besonders arbeitsintensiv ist die Abkalbezeit und die Zeit, wo die Mutterkühe wieder belegt werden sollen.

Die Rasse an den Standort anpassen

Es gibt mittlerweile bereits über 30 spezielle Fleischrassen in Österreich, die für die Mutterkuhhaltung eingesetzt werden. Das Wichtigste dabei ist, dass die Rasse an den Standort angepasst ist. Die wesentlichen Punkte dabei sind:

- Eignung des Bodens (Gewicht der Tiere)
- Ertragslage der Flächen (intensiv oder extensiv)
- Klimatische Bedingungen

Der Auswahl der richtigen Rasse für den Standort kommt eine große Bedeutung zu. Wird die falsche Wahl getroffen, erweist sich die Mutterkuhhaltung schon nach wenigen Jahren als Fehlschlag und es kommt zu einer weiteren Betriebsumstellung. Wichtig dabei ist, dass vorher Informationen eingeholt werden, dass viele Betriebe angeschaut und besucht werden und dass mit den Betriebsführern diskutiert wird. Die Rinderrassen sind vielseitig und sehr anpassungsfähig. Trotzdem soll immer die Rasse an den Standort angepasst werden.

Fruchtbarkeit ist Schlüsselkriterium

Die gute Fruchtbarkeit der Kühe ist die Grundlage für eine wirtschaftliche Mutterkuhhaltung. Das Ziel, dass die Mutterkuh pro Jahr ein gesundes Kalb zur Welt bringt, muss unbedingt angestrebt werden. Leider verfehlen aber die meisten Mutterkuhbetriebe dieses Ziel. Bei der Auswertung der Arbeitskreisbetriebe für das Jahr 2009 wurde eine Zwischenkalbezeit von durchschnittlich 408 Tagen ermittelt.

Mit Markenprogrammen höhere Erlöse erzielen

Die Auswertungen der Arbeitskreise zeigen sehr deutlich, dass jene Betriebe, die im Rahmen von Markenprogrammen Jungrinder erzeugen, bessere Deckungsbeiträge erzielen. Der Aufwand ist für diese Jungrinderprogramme nur geringfügig höher. Der Einsatz lohnt sich aber.

Die besten Möglichkeiten haben biologisch wirtschaftende Betriebe, die im Rahmen von österreichweiten Programmen die Jungrinder bis zu 12 Monate vermarkten. Der Markt für diese Bio-Jungrinder ist derzeit ziemlich ausgereizt. Neueinsteiger sollten vorher mit Vermarktungsorganisationen Kontakt aufnehmen.

Absetzer müssen gute Masteigenschaften zeigen

Werden Absetzer aus der Mutterkuhhaltung vermarktet, kommt es besonders darauf an, dass die Tiere ein hohes Potential für die Mast zeigen. Ein guter Wuchs, ein gesund wirkender Gesamteindruck und das Muskelbildungsvermögen sind dabei wichtig.

Mäster zahlen nur für jene Tiere, die dabei ihren Anforderungen entsprechen.

Einsteller, die auf Mastbetriebe gehen, sollten in der Gruppe gehalten und an Kraftfutter gewöhnt werden. Die Einstelltiere verhalten sich dann ruhiger und sie gewöhnen sich an die neue Umgebung viel schneller und problemloser. Mäster legen zusätzlich auf die Enthornung der Einsteller großen Wert.

Für welche Betriebe ist die Mutterkuhhaltung interessant?

Die Mutterkuhhaltung als Betriebszweig ist in Österreich fast nur dann möglich, wenn sie als zweites Standbein betrieben wird. Mit Ausnahmen von wenigen sehr großen Betrieben wird die Mutterkuhhaltung in der Regel im Neben- bzw. Zuerwerb geführt.

Die Mutterkuhhaltung kann einen wichtigen Beitrag zur weiteren aktiven Bewirtschaftung des Betriebes liefern. Die Mutterkuhhaltung braucht aber in der Regel einen einkommensstarken Betriebszweig bzw. einen Nebenerwerb, damit die Existenz des Betriebes nicht gefährdet wird.

Die Mutterkuhhaltung ist interessant für:

- Grünlandbetriebe mit Weidemöglichkeit und der Begeisterung für Rinder; viele Milchviehhalter wollen mit Rindern weiter arbeiten und die Mutterkuhhaltung stellt eine gute Produktionsalternative dar.
- Betriebe, die einem Neben- bzw. Zuerwerb nachgehen. Für den Neben- bzw. Zuerwerb wird die überwiegende Arbeitszeit verwendet und die außerlandwirtschaftliche Betätigung erfordert in der Regel eine große Flexibilität bezüglich der Arbeitszeit ein.
- Betriebe, deren knapper Faktor am Betrieb die Arbeitszeit ist. Häufig betreuen bei kleineren und mittleren Betrieben die Eltern die Milchkühe und die Jungübernehmer gehen einem Nebenerwerb nach. Die Stärke der Mutterkuhhaltung liegt darin, dass die streng zeitgebundenen Arbeiten wegfallen (wie die Melkarbeit) und die Arbeitssituation erleichtert wird.
- Betriebe, die andere einkommensstarke Betriebszweige intensivieren können. Dazu zählen Betriebe mit ausreichender Forstfläche und Betriebe, die Urlaub am Bauernhof anbieten oder die als Direktvermarkter erfolgreich sind.
- Betriebe, die bestehende Stallgebäude nutzen können oder die durch günstige Umbaulösungen praktikable Lösungen finden.

Definition der Mutterkuhhaltung

Bei der Mutterkuhhaltung wird die Kuh nicht gemolken. Das Kalb saugt während der gesamten Laktationszeit bei der Mutter. Das Absetzen des Kalbes von der Mutter erfolgt im Alter von 9–11 Monaten (je nach Dauer der Laktation). Nach dem Absetzen wird die Mutterkuh trocken gestellt und das Kalb wird entweder als Absetzer oder als schlachtreifes Jungrind verkauft oder verbleibt als Nachstellkalbin am Hof. Etwa 5 % der Mutterkuhbetriebe sind eingetragene Zuchtbetriebe, die Zuchttiere ab einem Alter von 10 Monaten anbieten.

Die Mutterkuh …

- Ist eine Kuh einer Fleischrasse, einer Zweinutzungsrasse, einer Robustrasse oder stammt aus einer Kreuzung aus Fleischrasse x Zweinutzungsrasse oder Fleischrasse x Milchrasse.
- Erzeugt Kälber und Einsteller, die für die Rindfleischerzeugung verwendet werden oder die als Zuchttiere zur Fleischerzeugung eingesetzt werden.
- Liefert keine Milch für Lieferungen an die Molkerei.
- Ist in einigen EU-Ländern prämienfähig, wenn bestimmte Voraussetzungen erfüllt sind.

Definition der Ammenkuhhaltung

Bei der Ammenkuhhaltung säugt und zieht die Kuh neben dem eigenen auch fremde Kälber auf. Es gibt die Möglichkeit, gleich nach der Abkalbung ein fremdes Kalb beizugeben – dann säugt die Kuh diese zwei Kälber bis zum Absetzen. Die andere Möglichkeit ist, dass nach dem ersten Kalb, das mit etwa vier bis fünf Monaten verkauft wird, ein weiteres Kalb beigegeben wird. Dieses fremde Kalb säugt die restliche Laktationszeit und wird mit vier bis fünf Monaten abgesetzt. Es kann schwierig und zeitauf-

Ammenkühe brauchen viel Milch

Die Haltungsbedingungen müssen optimal gestaltet sein.

wändig sein, ein fremdes Kalb an die Kuh zu gewöhnen. Die Ammenkuhhaltung bringt pro Kuh höhere Erlöse, weil neben dem eigenen Kalb auch ein fremdes Kalb gesäugt wird. Allerdings ist aber auch das Krankheitsrisiko durch den Zukauf von Kälbern größer. Es hängt von den Verkaufsmöglichkeiten ab, ob sich der Mehraufwand für den Betriebsführer lohnt.

Die Ammenkuh ...

- Ist eine Kuh, die nicht nur das eigene Kalb säugt und aufzieht, sondern ein oder mehrere Kälber neben oder nach dem eigenen Kalb säugt.
- Braucht so viel Milch, dass neben dem eigenen auch das fremde oder die fremden Kälber ausreichend ernährt werden können.
- Braucht mehr Arbeit und Betreuung.
- Braucht mehr Organisation beim Kaufen der Kälber.

Wesentliche Punkte für eine erfolgreiche Mutterkuhhaltung

Die Mutterkuhhaltung hat das Ziel, die Grünlandflächen und die eingesetzte Arbeitszeit bestmöglich zu verwerten. Einige Faktoren sind besonders entscheidend für eine erfolgreiche Mutterkuhhaltung.

Faktoren für den Erfolg

- Kälber saugen die gesamte Laktationszeit bei der Mutterkuh
- Es werden spezielle Fleischrassen, fleischbetonte Zweinutzungsrassen oder Kreuzungskühe von Milchrasse x Fleischrasse oder Zweinutzungsrasse x Fleischrasse als Mutterkühe eingesetzt.
- Im Sommer sind alle Tiere auf der Weide.
- Im Winter werden kostengünstige Laufställe genützt.
- Es werden für die Tierbeobachtung und Betreuung (Füttern, Ausmisten, Weidepflege, Geburtsbeobachtung, Brunstbeobachtung etc.) maximal 50 Stunden pro Mutterkuh und Jahr aufgewendet.
- Die Tiergesundheit und Fruchtbarkeit haben einen hohen Stellenwert.
- Die Arbeitszeit (Futtervorlage, Ausmisten) kann flexibel gestaltet werden.
- Im Vermarktungsbereich werden Qualitätsprogramme bedient.

Mutterkuhhaltung am biologisch arbeitenden Betrieb

Die Europäische Union (EU) hat 2007 und 2008 die biologische Erzeugung in Europa auf eine neue Basis gestellt. Diese Regeln stellen Mindeststandards dar. Die EU hat ausführliche Vorschriften für die Kontrolle und Kennzeichnung der Kühe beschlossen. Die Verordnung (EG) 834/2007 legt als Basis die Ziele, Grundsätze und allgemeinen Vorschriften fest. Die Durchführungsvorschriften sind in der Verordnung (EG) 889/2008 sehr konkret geregelt, etwa für die tierische Erzeugung, die Fütterung, die Krankheitsvorsorge und für tierärztliche Behandlungen.

Die Mutterkuhhaltung passt sehr gut zur biologischen Wirtschaftsweise. Die Extensivierung der landwirtschaftlichen Nutzung entspricht den Grundregeln der biologischen Wirtschaftsweise. Die Kreislaufwirtschaft ist mit einer Reduzierung des Zukaufs von Produktionsmitteln eine Voraussetzung für die Wirtschaftlichkeit in der Mutterkuhhaltung. Es müssen die Grünlandflächen mit Vorsicht und großer Sorgfalt bewirtschaftet werden, um mögliche Schädigungen der Flächen zu vermeiden.

100% Bio-Fütterung

Laut EU-Bio-Verordnung dürfen nur Futtermittel an Rinder verfüttert werden, die zu 100 % aus biologischer Landwirtschaft stammen.

In der Weidewirtschaft setzt sich zunehmend die intensive Standweide oder Kurzrasenweide durch. Sie bedingt einen frühen Austrieb im März oder April, was zu einer Reduktion des Ampfers führt. Im Sommer und Herbst werden den Kühen Mähflächen zu den Weiden dazugegeben, um den schwächer werdenden Futterertrag auszugleichen.

Für die Mutterkuhhalter sind die Regelungen bezüglich der Eingriffe am Tier wichtig. Routinemäßige Eingriffe, wie das Kupieren von Schwänzen oder die Enthornung, sind nur unter Schmerzausschaltung erlaubt. Die chirurgische Kastration ist zulässig, es müssen dabei auf jeden Fall Betäubungs- und/oder Schmerzmittel eingesetzt werden.

Die biologische Rindfleischerzeugung beschränkt sich fast nur auf Bio-Jungrinder, die im Alter von 10 bis 12 Monaten geschlachtet werden. In Österreich vermarktet die ARGE RIND Bio-Jungrinderfleisch und in der Steiermark wird das Styria Beef Programm über den Steirischen Fleischrinderverband vertrieben.

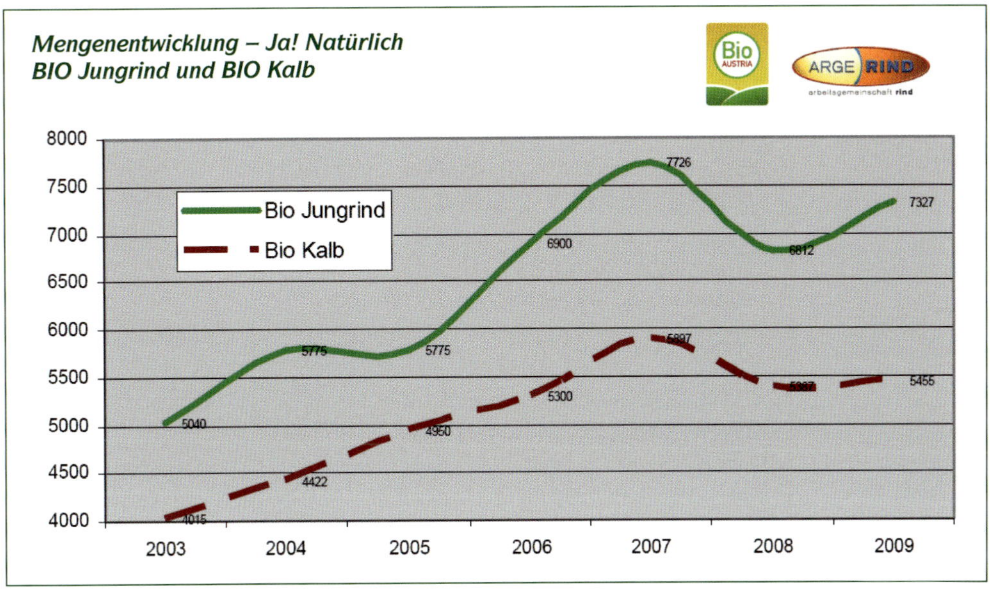

Kälbermast

Einstellerproduktion

Jungrinder-Erzeugung

Zuchtviehproduktion

Ausmast im eigenen Betrieb

Produktionsrichtungen in der Mutterkuhhaltung

In der Mutterkuhhaltung gibt es vier Produktionsrichtungen. Die Wahl richtet sich einerseits nach den Möglichkeiten der Vermarktung und nach den Möglichkeiten am Betrieb. Am Betrieb sind das Futterangebot, die Stallplatzsituation und die Arbeitszeit entscheidend.

Produktionsrichtung	Kurzbeschreibung	Verkaufsalter
Kälbermast	Häufig im Rahmen der Ammenkuhhaltung, wo Milchmastkälber erzeugt werden.	3–4 Monate
Einsteller	Das häufigste und einfachste Verfahren; Einsteller werden mit 250 bis 350 kg an Mastbetriebe verkauft.	8–12 Monate
Jungrinder	Erzeugung von schlachtreifen Jungrindern; Verkaufsgewicht lebend etwa 320–400 kg; in Österreich, Deutschland, Schweiz und teilweise Frankreich	Max. 12 Monate (meist 10–11 Monate)
Zucht	Erzeugung von meist reinrassigen Zuchttieren mit dem Schwerpunkt auf Stieren, die als Deckstiere in Mutterkuhherden verkauft werden; Zuchtkalbinnen für neu beginnende Mutterkuhhalter	12–20 Monate
Eigene Ausmast	Einsteller werden nicht verkauft, sondern werden am eigenen Betrieb ausgemästet; verkürzte Mastdauer	Je nach Erzeugung (Stiere, Kalbinnen, Ochsen)

Kälbermast

Die Kälbermast wird in der Regel im Rahmen der Ammenkuhhaltung durchgeführt. Aus Wirtschaftlichkeitsgründen sollten dafür aber nur weibliche Kälber verwendet werden. Nach etwa 3 Monaten Säugezeit wird das Milchmastkalb mit 120 bis 150 kg zum Schlachten verkauft und der Ammenkuh ein zweites und drittes Milchmastkalb oder aber ein Stierkalb für die Aufzucht zu einem leichten Einsteller mit etwa 200 kg dazugegeben. Einer höheren Wirtschaftlichkeit stehen jedoch ein deutlich höherer Arbeitsaufwand und ein höheres Zukaufs- und Aufzuchtrisiko gegenüber.

Einstellerproduktion

Die Einstellerproduktion ist das häufigste Verfahren der Mutterkuhhaltung und ist besonders für reine Grünlandbetriebe und für kleine Betriebe geeignet. Die weiblichen Kälber werden nach 8- bis 10-monatiger Säugeperiode mit 250 bis 300 kg und die Stierkälber mit 280 bis 350 kg als Absetzer an die Mäster zur Weitermast verkauft. Gut entwickelte und gesunde Kälber sowie Einsteller aus richtig gewählten Gebrauchskreuzungen werden für die Weitermast bevorzugt und erzielen auch bessere Preise. Die Erzeugung von weiblichen Einstellern ist jedoch aufgrund des niedrigen Verkaufspreises und der deutlich schlechteren Mastleistung der Mastkalbinnen meist unwirtschaftlich. In der Ammenkuhhaltung können bei nur 5- bis 6-monatiger Säugezeit auch leichtere männliche Einsteller mit ca. 200 kg verkauft werden.

Einsteller sollten bei Kühen mit viel Milch ohne Kraftfutterergänzung auskommen.

Jungrinder-Erzeugung

Die Erzeugung von Jungrindern stellt im Grünlandgebiet ein finanziell günstiges Verfahren dar. Dazu sollen und werden vorwiegend weibliche Kälber verwendet. Die 280 bis 400 kg schweren Absetzer werden überwiegend als exklusives Qualitätsrindfleisch entweder in der Direktvermarktung oder über den Fleischfachhandel vermarktet. In dieser Erzeugungssparte können Markenprogramme mit lokaler oder überregionaler Absatzstrategie, durchgehender Kontrollierbarkeit der naturnahen Erzeugung der Ware und der artgerechten Haltung der Tiere am leichtesten und am sichersten durchgeführt werden, da dabei der Weg vom Produzenten zum Konsumenten am kürzesten gehalten werden kann. Bei der Direktvermarktung ist außerdem die Möglichkeit gegeben, dem Konsumenten den gesamten Produktionsablauf von der Geburt des Kalbes über die Aufzucht und Schlachtung bis zum Verkauf des Fleisches im Betrieb selbst zu zeigen und zu demonstrieren. Der direkte Kontakt zum Konsumenten und das darauf aufbauende Vertrauensverhältnis sind dabei von unschätzbarem Wert.

Zuchtviehproduktion

Die Zuchtviehproduktion ist zwar in der Regel die wirtschaftlichste Form der Mutterkuhhaltung, sie eignet sich jedoch nur für Betriebe, die bereits Erfahrungen aus der Rinderzucht mitbringen. Zuchtbetriebe müssen entweder in Reinzucht arbeiten oder konsequent die Verdrängungskreuzung betreiben. Das Ziel der Zuchtviehproduktion muss sein, genetisch hochwertige Tiere anderen Mutterkuhbetrieben anzubieten. Nur so ist auf beiden Seiten ein finanzieller Erfolg möglich. Es ist aber zu beachten, dass in der Zuchtviehproduktion der Aufwand für Futter und Betreuung höher liegt und die Teilnahme an der amtlichen Fleischleistungskontrolle Bedingung ist, da nur auf Basis dieser Daten Leistungszucht und Zuchtauslese betrieben werden können. Ein Teil der weiblichen Tiere wird meistens im Betrieb selbst für die Bestandsergänzung der Mutterkuhherde verwendet werden. Bei der Zuchtviehproduktion ist aber immer die erforderliche Milchleistung der Mutterkuh zu beachten und reine Fleischrassen als Mutterkühe sind aus dieser Sicht mit einiger Skepsis zu beurteilen.

Die Teilnahme an der amtlichen Fleischleistungskontrolle ist Bedingung für Zuchtbetriebe.

Ausmast im eigenen Betrieb

Die Einsteller im eigenen Betrieb auszumästen, ist nur dann möglich, wenn genügend Ackerflächen für den Silomaisbau zur Verfügung stehen, um die Ausmast in entsprechend intensiver Form zur Erzeugung bester Fleischqualität durchführen zu können. Selbstverständlich muss auch ausreichend Stallraum für die Mastrinder vorhanden sein. Als mögliche Variante in Betrieben mit Almflächen ist auch die Ochsenproduktion zu erwähnen. Damit kann höchste Fleischqualität auch auf extensiven Flächen produziert werden und nebenbei werden Almen sinnvoll genutzt und bleiben als Kulturland erhalten.

Daneben gibt es in Österreich verbreitet auch noch Mutterkühe, die gemolken werden und deren Milch den Kälbern verfüttert wird.

Kalbinnen-, Ochsen- und Stiermast

Werden die Jungtiere nicht verkauft, sondern am eigenen Betrieb ausgemästet, ergibt sich ein großer Vorteil: Die Tiere brauchen sich nicht auf eine völlig andere Umwelt einzustellen (Stall, Betreuungspersonen) und der Betriebsführer hat die Futterumstellung selbst in der Hand. Die Tiere haben weniger Stress, verlieren weniger Gewicht und kommen wesentlich schneller in die Mastphase. Die Mastdauer kann sich daher um bis zu 30 Tage verkürzen. Für produktionstechnische Hinweise, Futterrationen etc. sei auf das im Leopold Stocker Verlag angebotene Buch „Qualitäts-Rindermast im Grünland" von Dr. Andreas Steinwidder verwiesen.

Kalbinnenmast

Fleisch von Kalbinnen ist dem Stier-(Bullen-) Fleisch qualitativ überlegen und kann bei steigenden Ansprüchen des Verbrauchers mit dem Ochsenfleisch verglichen werden.

Je nach Rasse werden aber Kalbinnen ab einem Lebensalter von 6 Monaten geschlechtsreif, d. h., sie beginnen mit einer regelmäßigen Zyklustätigkeit.

Dies ist im Mastbetrieb unerwünscht und mit Unruhe, Bespringen und geringeren Zunahmen durch mehr Stressfaktoren und geringeren Fress- und Ruhezeiten sowie einer höheren Verletzungsgefahr verbunden, insbesondere bei gemeinsamer Haltung mit männlichen Tieren. Deshalb wird in der Mutterkuhhaltung ab einem Alter von 6 Monaten eine Herdentrennung von weiblichen und männlichen Nachkommen empfohlen. Somit stellt sich in der Mast die Frage nach der Ausschaltung des Sexualzyklus aus zuchthygienischen Gründen, die grundsätzlich medikamentell (die hormonelle Kastration ist in Europa verboten) oder chirurgisch (durch Kastration über die Flanke oder durch die Scheide) durch den Tierarzt erfolgen kann.

Eine Alternative zur Brunstverhinderung ist die Applikation eines Fremdkörpers (z. B. einer Plastikspirale) in die Gebärmutter, wie beim Embryotransfer. Dadurch kommt es einerseits zu einer Zyklusblockade und andererseits zu einem Anstieg des Testosteronspiegels im Blut, wodurch die täglichen Zunahmen steigen und sich das Fleisch-Fett-Verhältnis zugunsten des Fleisches verschiebt (TURIN et al.,1997). Dies konnte auch in einem eigenen Feldversuch bestätigt werden.

Kalbinnen müssen gezielt vermarktet werden, um einen vertretbaren Preis zu erzielen. Nur im Rahmen von Qualitätsprogrammen ist die Kalbinnenmast vertretbar. Ansonsten sind die Preise einfach zu niedrig und die Mast rechnet sich nicht. Über die Erzeugergemeinschaften und die Rinderbörse laufen verschiedene Projekte zu Kalbinnen, auch hier ist es vorteilhaft, sich vorher zu informieren.

Aus den Untersuchungen und Erfahrungen mit Kalbinnen ergeben sich folgende Kernaussagen bzw. Produktionsziele:

- **Alter** bei der **Schlachtung**: etwa 500 Tage
- **Gewicht** bei der **Schlachtung**:
  etwa 550 kg lebend
- **Fütterung/Mast** auf der **Weide**:
  Weide plus 1–3 kg Kraftfutter pro Tag
- **Fütterung/Mast** im **Stall**:
  Gras- plus Maissilage plus ca. 2 kg Kraftfutter

In der angeführten Kalkulation ist mit einem Schlachtgewicht von 340 kg und einem Verkaufspreis von € 2,7 pro kg netto gerechnet. Die Direktkosten liegen bei € 925 (Einstellkalbin, Grundfutter, Kraftfutter, Tiergesundheit, Einstreu, Sonstiges). Die direktkostenfreie Leistung pro Kalbin liegt bei € 95 und pro Standplatz bei € 122. Die Mastdauer beträgt 289 Tage und die täglichen Zunahmen liegen bei 1.030 g (Grabner, eigene Berechnungen, 2009).

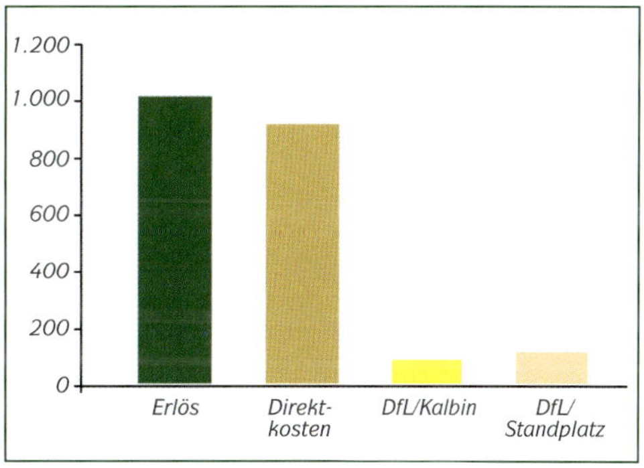

Ochsenmast

Die Ochsenhaltung wurde in den letzten Jahren wichtiger, vor allem wegen der stabilen und guten Preise, die bei Qualitätsprogrammen gezahlt wurden.

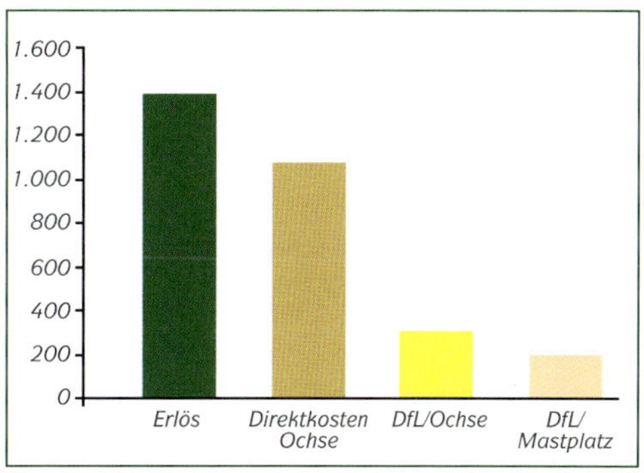

Ochsenmast aus Mutterkuhhaltung

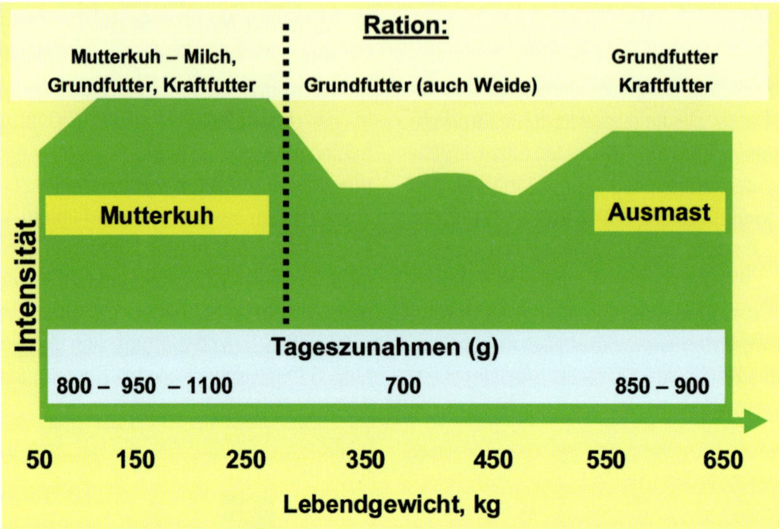

Steinwidder, Grabner

Die eigene Ausmast von Ochsen ist dann interessant, wenn Stallplätze und passende Weideflächen genutzt werden können. In der Darstellung sind die durchschnittlichen Ergebnisse von Arbeitskreisbetrieben (ALMO-Ochsen) aus der Steiermark dargestellt.

Das Schlachtgewicht lag bei 378 kg und der Verkaufspreis bei € 3,71 pro kg. Die Direktkosten lagen bei € 1.085 (Einstellochse, Grundfutter, Kraftfutter, Tiergesundheit, Einstreu, Sonstige). Die direktkostenfreie Leistung pro Ochs lag bei € 317 und pro Standplatz bei € 218. Die Mastdauer betrug 531 Tage und die täglichen Zunahmen lagen bei 891 g (BMLFUW, Bundesbericht, 2009).

Muchsen

Als Muchsen bezeichnet man künstlich hergestellte Kryptorchiden, deren Hoden im Gewichtsbereich von ca. 60–90 kg KM nahe der Bauchwand fixiert werden. Die Bezeichnung Muchse kommt ursprünglich aus der Schweiz, wobei „Mu-" von „Muni" (Stier, Bulle) herrührt und „-chse" dem Wort „Ochse" entspringt. In den USA werden diese Tiere aufgrund des kleinen Skrotums als „Short scrotum bulls" bezeichnet.

Die früher gängige Methode der Erzeugung von „Muchsen" war das Anlegen einer Gummiligatur über den leeren Hodensack, nachdem die Hoden zur Bauchwand, d. h. in den Bauch, geschoben wurden. Nach ca. 3–4 Wochen fiel das nekrotische Gewebe dann ab.

Nach einer neuen Methode werden die Kälber sediert und in Seitenlage ausgebunden. Nachdem die Hoden nach proximal geschoben wurden, wird ein Lokalanästhetikum injiziert. Der leere Hodensack wird nun ca. 5 mm distal der Klemme mittels Skalpell abgesetzt.

Anders als nach einer Kastration sollen die Tiere keinerlei Auswirkungen hinsichtlich Fress- und Sauflust zeigen. Der Einfluss der Körpertemperatur bei der veränderten Hodenlage verhindert die Spermabildung und damit die Möglichkeit der Fortpflanzung (Golze, 1992).

Stiermast

Die Ausmast von Jungstieren am Betrieb wird dann interessant sein, wenn entweder Maissilage als günstiges Grundfutter vorhanden ist oder wenn eine optimale Grassilage mit günstigem Getreide zur Verfügung steht. Die Stiermast beruht auf einer intensiven Fütterung und der Schlachtung der Jungstiere unter 19 Monaten. Die Ergebnisse der Arbeitskreisauswertung für die Stiermast für das Jahr 2009 sind hier dargestellt.

Das Schlachtgewicht lag durchschnittlich bei 380 kg und einem Verkaufspreis von € 3,0 pro kg netto (Verkaufserlös: € 1.234). Die Direktkosten lagen bei € 1.022 (Einsteller, Grundfutter, Kraftfutter, Tiergesundheit, Einstreu, Sonstiges). Die direktkostenfreie Leistung pro Stier lag bei € 212 und pro Standplatz bei € 228. Die Mastdauer betrug 339 Tage und die täglichen Zunahmen lagen bei 1.120 g (BMLFUW, Bundesbericht, 2009).

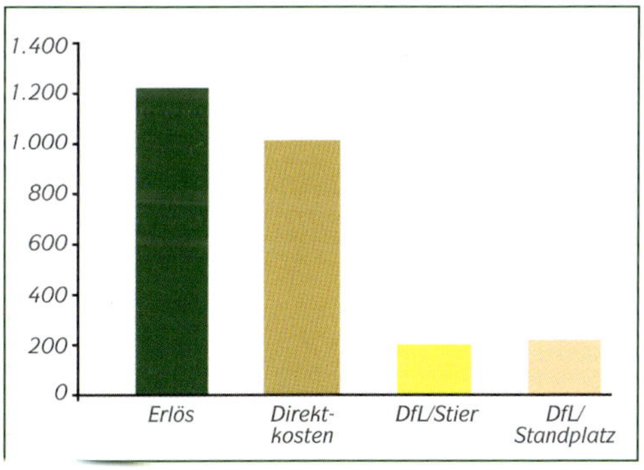

Ausmast von Kühen

Die Ausmast von Kühen ist interessant, weil damit die Verkaufserlöse erhöht werden können. Bei der Ausmast werden preisbildende Faktoren, wie das Schlachtgewicht, die Fleischklasse und die Fettklasse, verbessert.

In der Mutterkuhhaltung wird nach dem Absetzen (das eventuell früher erfolgen kann, z. B. im Alter von 6–8 Monaten) die Mutterkuh trocken gestellt und mit Grundfutter (und eventuell Getreide) weiter gefüttert. Die Kuh braucht kein Kalb zu säugen und braucht auch nicht für das wachsende Kalb Nährstoffe bereitzustellen. Daher legt sie die aufgenommenen Nährstoffe direkt am Körper an.

Im Beispiel wird angenommen, dass sich das Lebendgewicht von 550 kg auf 650 kg erhöht und die Fleischklasse von O auf R verbessert wird. Je nach Preisschema ergeben sich damit deutlich bessere Verkaufserlöse.

Der Verkauf der weiblichen Tiere als Einsteller zur Kalbinnenmast ist nur dann rentabel und empfehlenswert, wenn die hervorragende Qualität des Fleisches von richtig ausgemästeten Kalbinnen auch entsprechend bezahlt wird. Theoretisch wäre auch die Kalbinnenvornutzung zu überlegen und bei entsprechenden Kälberpreisen rentabel. Die Kalbinnenmast ist aber dann zu überlegen, wenn der Absatz an Jungrinder-Produkten bei gleichzeitig sinkenden Preisen stagniert.

Merkmal	vor Ausmast (550 kg)	Nach Ausmast (650 kg)
Lebendgewicht	550 kg	650 kg
Dauer der Ausmast		90 Tage
Tageszunahmen der Kuh		1.100 g
Schlachtgewicht	264 kg (48 % Ausschlachtung)	325 kg (50 % Ausschlachtung)
Fleischklasse	O	R
Preis pro kg	€ 1,70 (264 x 1,70 = 449 €)	€ 2,10 (325 x 2,10 = 683 €)
Mehrerlös durch Ausmast		€ 234,0
Mehrkosten durch Ausmast (90 Tage x 1,20 € pro Tag für Futter und Gesundheit)		€ 108,0 pro Kuh

Abkalbzeiträume und -saisonen

Geburtsgewicht und Geburtsverlauf

Deckperiode, Deckstier oder künstliche Besamung

Aufzuchtergebnisse planen

Herdentrennung

Absetzen der Kälber

Mindestens 8 Wochen Trockenstehzeit

Abkalbebox vorbereiten

Markieren, Eintragung in das Bestandsregister, Enthornung

Wiegen

Managementsysteme in der Mutterkuhhaltung

Die Mutterkuhhaltung muss bewusst geplant und gesteuert werden. Als Oberbegriff wird dafür „Management" verwendet. Vor allem geht es darum, die Produktionsabläufe zu planen und dann umzusetzen. Besonders die Mutterkuhhaltung verleitet dazu, alles „laufen" zu lassen, aber das wirkt sich mit Sicherheit mittelfristig negativ aus. In den Bereich des Managements fallen unter anderem die Abkalbezeit, das Decken oder Besamen, das Trennen der Herde, das Weidemanagement, das Trockenstellen und die Auswahl der Tiere für die Remontierung.

Abkalbezeiträume und -saisonen

Die Abkalbezeiträume sollten möglichst eng beisammen sein und innerhalb von 6–12 Wochen liegen. Diese kurzen Abkalbezeiträume ermöglichen eine kurze Beobachtungszeit und sie stellen sicher, dass die Absetzer etwa gleich schwer sind. Weitere Vorteile: Die Herdentrennung wird erleichtert und das Trockenstellen kann mit der ganzen Herde erfolgen.

Abkalbungen konzentriert im Winter

Ein System in der Mutterkuhhaltung ist, dass die Abkalbungen konzentriert im Winter erfolgen. Der Vorteil dieses Systems: Abkalbungen und Decken oder Besamungen können im Stall überwacht werden und Eingriffe sind so leichter möglich.

Ein großer Vorteil liegt in der Fütterung der Jungrinder. Wenn sie mit 3–5 Monaten auf die Weiden kommen, können sie das Weidefutter bereits sehr gut aufnehmen und die Tageszunahmen sind hoch. Im Herbst wird die ganze Herde dann in den Stall getrieben, die Jungrinder abgesetzt und die gesamte Kuhherde wird trocken gestellt. Im Stall stehen dann nur die Kühe und somit ist weniger Stallraum notwendig.

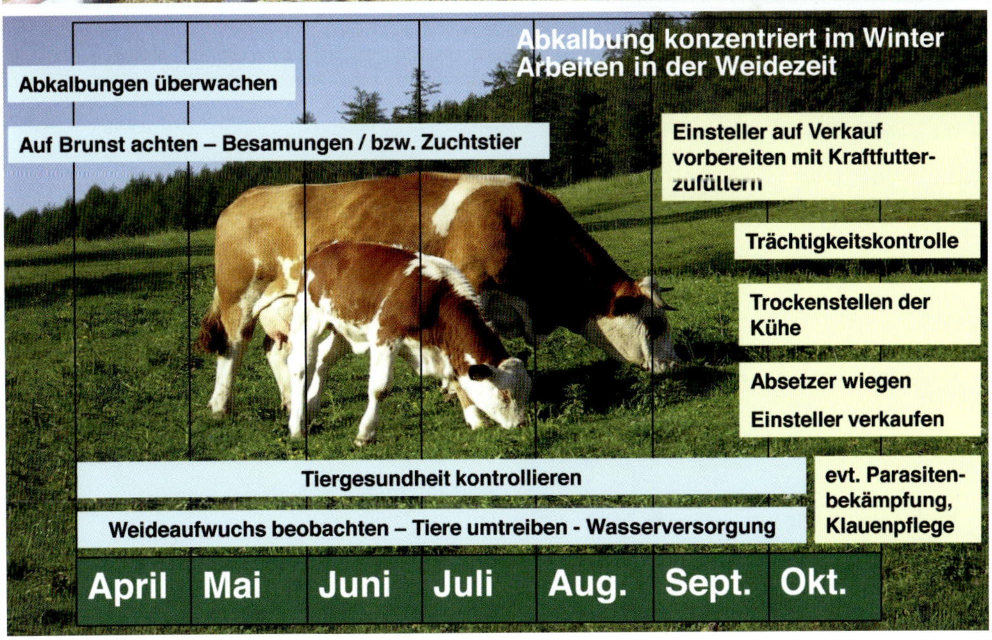

Abkalbungen über das ganze Jahr verteilt

Erfolgen die Abkalbungen nicht konzentriert, sondern über das ganze Jahr verteilt, gibt es keine Konzentration der Abkalbezeit. Dabei werden an das Management große Aufgaben gestellt, weil das ganze Jahr über Abkalbungen zu überwachen sind. Die Herdentrennung ist schwieriger und es müssen auch im Sommer Besamungen erfolgen. Meist wird ein Deckstier eingesetzt, weil die künstliche Besamung im Sommer aufwändiger ist (Tierbeobachtung, Fixieren der Kühe auf der Weide …). Der Vorteil liegt darin, dass Kühe, die nach den ersten Besamungen nicht trächtig werden, im Herdenverband verbleiben können.

Abkalbungen über das ganze Jahr verteilt – Arbeiten im Jahreslauf

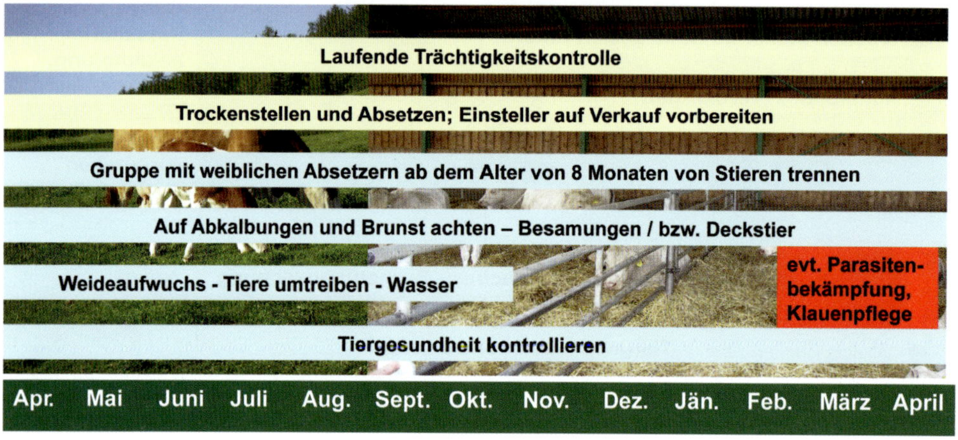

Vorteile der Abkalbezeiträume auf einen Blick	
Winterabkalbung Dezember – März	■ Bessere Beobachtungsmöglichkeit ■ Mehr Zeit für die Beobachtung der Abkalbung ■ Wirtschaftlicher, weil Jungrinder anfangs die Milch und dann das Weidefutter nutzen können ■ Höhere Absetzgewichte – dadurch höhere Erlöse ■ Einfacher zu organisieren, da nur Kühe mit Kalb oder trocken stehende Kühe in der Herde sind ■ Weniger Stallplatz notwendig
Frühsommerabkalbung Mai – Juli	■ Geringe Kälberverluste durch gute Hygiene auf der Weide ■ Gesündere Kälber durch geringere Belastung (Hygiene) ■ Bessere Fruchtbarkeit der Kühe, weil sich Bewegung, Licht und die bessere Nährstoffversorgung positiv auswirken
Herbstabkalbung September – Oktober	■ Kälber sind widerstandsfähiger ■ Geringere Kälberverluste, da hygienische Bedingungen auf der Weide sehr gut sind

Erstbelegung bei Kalbinnen

In Mutterkuh-Produktionsherden herrscht in den großen Produktionsländern in der Regel die saisonale Abkalbung vor. Eine Folge davon ist, dass auch die Jungkalbinnen so belegt werden, dass sie in diesen saisonalen Rhythmus passen.

Eine Grundregel besagt, dass die Kalbinnen nach dem Lebendgewicht und der Körperkondition beurteilt werden. Wenn eine Kalbin 60 % des gewünschten Endgewichtes erreicht, wird sie belegt. Das kann im Alter von 14–20 Monaten sein.

Die Gewichte der Kühe variieren je nach Futterangebot und Boden. Für spezielle Fleischrassen und Kreuzungsmutterkühe kann die 60-%-Regel angewendet werden.

Erstbelegung mit 60 % vom Endgewicht der Mutterkuh	Gewünschtes Endgewicht der Kuh	Gewicht bei Erstbelegung
Leichte Kühe	600 kg	360 kg
Mittlere Kühe	700 kg	420 kg
Schwere Kühe	800 kg	480 kg

Geburtsgewicht und Geburtsverlauf

Das Geburtsgewicht sollte festgestellt und vermerkt werden. Es gibt wichtige Hinweise und Rückschlüsse für die Verwendung von Besamungsstieren oder Zuchtstieren im Natursprung. Das Geburtsgewicht hängt mit dem Kalbeverlauf zusammen – je schwerer die Kälber bei der Geburt sind, desto schwieriger verläuft die Geburt. Der Geburtsverlauf ist besonders in der Mutterkuhhaltung wichtig, weil das Kalb die wichtigste Leistung der Kuh ist und das einzige, was der Betrieb verkaufen kann. Leichtgeburten müssen die Regel sein. Bei speziellen Fleischrassen und Kreuzungen liegen die Geburtsgewichte für männliche Kälber um die 40 kg oder leicht darüber; bei weiblichen Kälbern unter 40 kg. Zum Management des Geburtsverlaufes gehört, dass die Stiere sorgfältig ausgewählt werden und dass die Kuh genügend Zeit für die Geburtsvorbereitung hat (Trockenstellen, Fütterung, Abkalbebox etc.).

Deckperiode, Deckstier oder künstliche Besamung

Die beste Zeit, eine Kuh nach einer normal verlaufenden Abkalbung zu besamen oder zu decken, ist der Zeitpunkt der zweiten Brunst. Zu diesem Zeitpunkt nimmt die Kuh am leichtesten auf. Danach kann die Mutterkuh durch den steigenden Milchbedarf des Kalbes in ein Energiedefizit gelangen und nimmt weniger leicht auf. Die Deckperiode ist bei konzentrierten Abkalbezeiträumen möglichst kurz zu halten.

Der Deckstier ist Garant für trächtige Kühe, wenn die Kühe gesund sind.

Ein Stier für 30 Mutterkühe

Um die Deckperiode kurz zu halten, wird der Deckstier zwischen 6 und 9 Wochen zur Herde dazugegeben oder es erfolgt der Sprung aus der Hand. Dabei wird in einer Deckbucht die brünstige Kuh zum Stier gebracht; nach einem halben Tag sollte die Kuh gedeckt sein. Besonders gut eignet sich der Sprung aus der Hand, wenn es sich um einen jungen (12–18 Monate alten) Stier handelt. Junge Stiere belegen ansonsten die brünstige Kuh öfters, was sehr kräfteraubend für den Jungstier ist. In größeren Herden kann es dann vorkommen, dass der Jungstier die später brünstigen Kühe gar nicht mehr deckt.

Einem erfahrenen Altstier können zwischen 30 und 40 Kühen in der Herde zugeteilt werden. Geht der Stier in der Herde, sollte bei einem Jungstier die Herde nicht mehr als 10 Kühe umfassen.

Künstliche Besamung mit Vor- und Nachteilen

Die künstliche Besamung wird dann eingesetzt, wenn es sich um kleine Herden handelt (unter 10 Mutterkühen) oder um Zuchtbetriebe, die den Zuchtfortschritt optimal ausnutzen wollen. Eine Schwierigkeit ist das Erkennen des optimalen Belegzeitpunktes: Mutterkühe zeigen die Brunst häufig nur zurückhaltend und kaum erkennbar. Das ist hormonell bedingt und wird durch das häufige Saugen der Kälber am Euter verursacht. Es ist daher notwendig, die Herde sehr genau zu beobachten und auf Brunstzeichen zu achten. Die wichtigsten Brunstzeichen sind das Aufspringen, die Duldung des Aufspringens und der Brunstschleim.

Wenn der Brunstschleim glasklar und fadenziehend ist, ist die Belegung optimal. Wird in der Früh die Hauptbrunst festgestellt (Duldung, glasklarer fadenziehender Schleim), so ist die Besamung am Nachmittag erfolgversprechend.

Trächtigkeitsuntersuchungen

8–12 Wochen nach dem Belegen oder dem Decken sollte eine Trächtigkeitsuntersuchung für Gewissheit sorgen. Wird das System mit der Winter- oder Frühsommerabkalbung angewendet, sollte zumindest zum Zeitpunkt des Absetzens die Trächtigkeitsuntersuchung erfolgen. In der Mutterkuhhaltung ist es nicht wirtschaftlich, nicht trächtige Kühe über ein Jahr zu füttern. Diese Kühe sollten nach dem Absetzen des Kalbes in eine optimale Schlachtkondition gebracht und dann verkauft werden.

Aufzuchtergebnisse planen

Als Betriebsführer sollte man sich Ziele für die Aufzucht von Kälbern setzen. Ein solches Managementziel könnte sein, dass von 20 Kühen zumindest 19 Kälber geboren und 18 Kälber abgesetzt werden. Das würde dann eine Aufzuchtquote von 0,9 bedeuten, was sehr gut ist. Ergebnisse von Arbeitskreisbetrieben aus Österreich zeigen, dass dieses Ziel nur von den besten Betrieben erreicht wird. Die Werte der Grafik zeigen, dass nur wenige Betriebe dieses Ziel erreichen und dass mehr als ¾ der Betriebe deutlich unter dem Ziel von 0,95 geborenen Kälbern pro Mutterkuh liegen.

Geborene Kälber je Mutterkuh
Betriebsdurchschnitte von 172 Betrieben

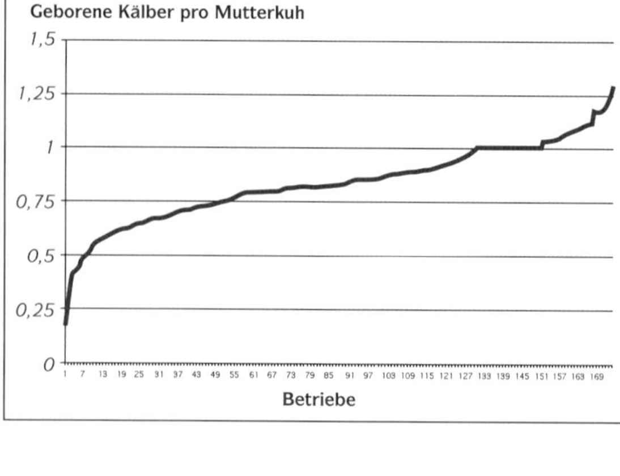

Herdentrennung

Es gibt zumindest zwei unbedingt notwendige Herdentrennungen: Einmal muss beim Absetzen die Gruppe der trocken stehenden Kühe von den anderen getrennt werden und zweitens müssen die Kühe mit weiblichen Kälbern von den Kühen mit den männlichen Kälbern getrennt werden und es darf in der Gruppe mit den weiblichen Kälbern kein Deckstier mitlaufen. Eine weitere Herdentrennung erfolgt, wenn bestimmte Kühe mit einem Stier zusammen sein sollen.

Herdentrennung verhindert ungewollte Trächtigkeit.

> Die Trennung der weiblichen Kälber ab dem Alter von höchstens 8 Monaten (sicherer sind 7 Monate) ist dann notwendig, wenn ein Deckstier in der Herde ist, da sonst ungewollte Trächtigkeiten möglich sind. Besonders Kreuzungskalbinnen können sehr früh trächtig werden, was dann in der Regel zu Geburtsproblemen und Abgängen führt.

Absetzen der Kälber

Der Absetzzeitpunkt kann schwanken und sollte sich nach der Vermarktung richten (z. B. schlachtreife Jungrinder mit 11 Monaten, Einsteller eher mit 8–9 Monaten) und nach anderen Aktivitäten mit der Herde. So kann der Absetztermin bei Winter- und Frühsommerabkalbungen mit dem Einstallen im Herbst zusammenfallen. Besonders wichtig ist, dass die Treibgänge, die Sortiereinrichtung und Einzäunung oder der Stallraum sowohl für die Kühe als auch für die Absetzer stabil und sicher sind. Das Absetzen ist für die Mutterkühe, für die Absetzer und auch für die Betriebsführer ein beträchtlicher Stress und auch hier muss geplant und gezielt vorgegangen werden.

Es ist vorteilhaft und sinnvoll, das Gewicht beim Absetzen festzustellen: Kühe zu wiegen, kann einen Überblick über die körperliche Kondition geben und damit wichtige Hinweise für die Fütterung während der Trockenstehzeit. Der jährliche Vergleich von den Gewichten der Absetzer kann Rückschlüsse auf den eingesetzten Stier, auf die Weidenutzung etc. geben.

Mindestens 8 Wochen Trockenstehzeit

Die Mutterkuh braucht mindestens 8 Wochen Trockenstehzeit (die Zeit vom Absetzen bis zur Abkalbung). Nur damit ist sicher, dass sich die Kuh auf die bevorstehende Abkalbung und die Milcherzeugung vorbereiten kann. In der Trockenstehzeit wird die Kuh verhalten gefüttert, um zu verhindern, dass sie verfettet zur Abkalbung kommt.

Hat eine Mutterkuh in der Säugezeit viel Gewicht verloren und ist in schlechter Kondition, ist eine bessere Versorgung der Kuh nötig, wobei allerdings gutes Grundfutter mit Heu und Grassilage ausreichen sollte. Zu beachten ist der Mineralstoffgehalt der Ration.

Abkalbebox vorbereiten

Die Abkalbebox muss möglichst sauber sein. Sie sollte groß genug sein, damit sich die Kuh auch ungehindert bewegen kann (Richtwert: 3 x 4 m = 12 m²). Die Abkalbebox muss zugfrei sein und eine helle Beleuchtung und eine Fixiermöglichkeit sollten ebenfalls vorhanden sein. Besonders in der Mutterkuhhaltung empfiehlt sich das Anbringen einer Kamera, die es ermöglicht, ohne ein Betreten des Stalles die Abkalbung zu beobachten.

> Mutterkühe sind sehr empfindlich und können bei Störungen durch den Menschen eine eingeleitete Geburt abbrechen (Aufstehen ...), was das Kalb massiv gefährdet.

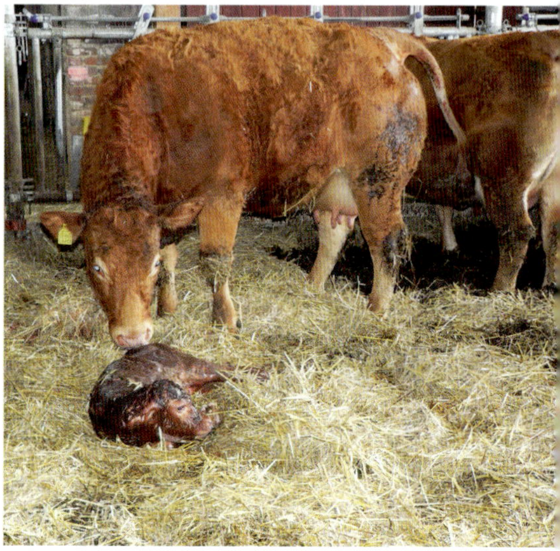

Kuh und Kalb müssen sich ungestört kennen lernen.

Die Abkalbebox ist idealerweise unmittelbar neben der Kuhherde angebracht, damit die anderen Kühe merken, dass die Kuh noch da ist. Die Abkalbebox wird 3–7 Tage vor der erwarteten Abkalbung bezogen. Die Verweildauer in der Abkalbebox richtet sich nach den zeitlichen Möglichkeiten und dem Gesundheitszustand von Kuh und Kalb. Auf jeden Fall dient der Aufenthalt in der Abkalbebox dazu, dass sich Kuh und Kalb kennenlernen und die wichtige Kuh-Kalb-Beziehung aufbauen können.

Markieren, Eintragung in das Bestandsregister, Enthornung

Es ist vorteilhaft, das Kalb innerhalb der ersten zwei Lebenstage mit den zwei identischen Ohrmarken zu kennzeichnen. Der Gesetzgeber schreibt die Kennzeichung innerhalb der ersten Lebenswoche vor. Weiters muss das Kalb in das Bestandsregister eingetragen werden und es muss die Meldung der Geburt an die zentrale Datenbank erfolgen (innerhalb von 7 Tagen). Damit ist Identität und Herkunft des Tieres eindeutig und einwandfrei gegeben.

Enthornen erweist sich als zweckmäßig, um die Verletzungsgefahr für Tier und Mensch zu verringern. Viele Zuchtbetriebe und auch viele Mastbetriebe kaufen nur enthornte Einsteller oder Zuchttiere zu.

> Das Enthornen ist mit einem zugelassenen Brennstab möglich, wobei bei älteren Tieren (in Österreich über 2 Wochen alte, in Deutschland über 6 Wochen alte Kälber) eine lokale Betäubung notwendig ist. Der Einsatz genetisch hornloser Stiere erübrigt das Enthornen.

Bei Laufstallhaltung wird die Enthornung besonders empfohlen, um Verletzungen bei Rangkämpfen zu vermeiden.

Zehn tägliche Kontrollpunkte des Landwirtes	
1.	Vollzähligkeit und Gesamteindruck der Herde
2.	Stehen – Gehen – Liegen
3.	Futter- und Wasserangebot und -aufnahme
4.	Wiederkauverhalten
5.	Kotbeschaffenheit und Verschmutzung
6.	Erkennbare Brunsten
7.	Verletzungen, Ausfluss
8.	Atembewegungen, Husten
9.	Eutergesundheit
10.	Atmung, Bewegung und Saugen (ABS) der Kälber

Wiegen

Um den wirtschaftlichen und züchterischen Erfolg feststellen zu können, sind die Erfassung des Geburtsgewichtes und Geburtsdatums sowie des Absetzgewichtes und Absetzdatums erforderlich. Beim Abwiegen des neugeborenen Kalbes sollen gleichzeitig die Kennzeichnung, Nabeldesinfektion und die Kontrolle des Gesundheitszustandes von Mutter und Kalb durchgeführt werden. Dass auf jedem Betrieb eine Viehwaage vorhanden sein muss, erscheint daher selbstverständlich.

Aufzuchterfolg und Gewichtsentwicklung der Kälber

Die Wirtschaftlichkeit der Mutterkuhhaltung wird ganz wesentlich vom Aufzuchtergebnis und dem Absetzgewicht der Einsteller bestimmt. Um sich an realistischen Ergebnissen hinsichtlich Aufzuchterfolg und Gewichtsentwicklung orientieren zu können, werden im Folgenden Ergebnisse eines Mutterkuhversuches dargestellt, den die Bundesanstalt für alpenländische Landwirtschaft Gumpenstein gemeinsam mit der Kammer für Land- und Forstwirtschaft in Kärnten auf dem kammereigenen Betrieb „Ossiacher Tauern" von 1977 bis 1987 durchgeführt hat (STEINWENDER und GOLD, 1989). Der Betrieb liegt in 960 m Seehöhe, hat 65,5 ha arrondierte Grünland- und Weideflächen, großteils ebene bis mittlere Hanglage und etwa 1.000 mm Jahresniederschlag. Als Mutterkühe standen während der gesamten Versuchsdauer 65 Fleckviehkühe in Reinzucht zur Verfügung. Die Herde wurde in drei Untergruppen geteilt und im Rotationsverfahren mit den Vaterrassen Fleckvieh (FV), Deutsch Angus (DA), Charolais (CH) und Limousin (LI) angepaart. Dadurch war gewährleistet, dass jede Kuh mehrmals in allen Rassenkombinationen als Mutterkuh vertreten war und allfällige erbliche Unterschiede zwischen den Mutterkuhgruppen damit ausgeschaltet waren. Die Abkalbungen erfolgten im Zeitraum von Mitte Jänner bis Mitte März, Weidebeginn war um den 10. Mai und die Kälber wurden meistens Mitte Oktober abgesetzt.

Abkalbeverlauf

Der Abkalbeverlauf zwischen den Gebrauchskreuzungsgruppen zeigt eine deutliche Differenzierung zwischen den großrahmigen und den mittelrahmigen Rassen. Werden die Abkalbungen ohne Hilfe bzw. mit leichter Geburtshilfe durch eine Person zusammengefasst, ergibt sich für die DA- und LI-Gruppe ein hoher Anteil von 85 bzw. 82 %, beim FV von 71 % und beim CH von 55 %.

Daraus ist zu ersehen, dass die Forderung nach Einsatz von auf Leichtkalbigkeit geprüften Stieren bei großrahmigen Rassen durchaus berechtigt ist. Stiere der Rasse Charolais sollen auf keinen Fall bei Kalbinnen eingesetzt werden.

Aufzuchtverluste

Im gesamten Versuchszeitraum wurden bei 629 Abkalbungen 645 Kälber geboren. Das ergibt einen Zwillingsgeburten-Anteil von 2,5 %. Von den geborenen Kälbern wurden bei FV x DA 96,7 %, FV x CH 95,8 %, bei FV 92,8 % und bei FV x LI 88,8 % aufgezogen. Die Aufzuchtergebnisse differieren zwischen den Gruppen beträchtlich und sind bei FV x DA und FV x CH als sehr günstig zu beurteilen. FV x LI zeigte deutlich höhere Aufzuchtverluste als die beiden anderen Kreuzungsgruppen. Der Verlust eines Kalbes bedeutet im praktischen Betrieb, dass aus wirtschaftlichen Gründen die Mutterkuh ausgeschieden und durch eine Kalbin ersetzt werden muss.

Die Kuh leckt das neugeborene Kalb trocken und regt damit den Kreislauf an.

Geburts- und Absetzgewichte

In der nachfolgenden Tabelle sind die Geburts- und Absetzgewichte sowie die Tageszunahmen der Kreuzungsgruppen, getrennt für Stier- und Kuhkälber, angegeben. Das Geburtsgewicht der Stierkälber liegt im Mittel aller Rassen bei 42,5 kg und ist bei den großrahmigen Rassen deutlich höher als bei den mittelrahmigen Rassen.

Gewichtsentwicklung bei den Kreuzungsgruppen

Merkmal	Stierkälber				Kuhkälber			
	FV	FV x CH	FV x DA	FV x LI	FV	FV x CH	FV x DA	FV x LI
Anzahl (n)	98,0	78,0	60,0	39,0	80,0	88,0	68,0	16,0
Geburtsgewicht (kg)	42,5	43,7	37,9	40,9	37,6	40,1	35,6	36,7
Absetzgewicht (kg)	328,0	336,2	310,5	323,6	287,5	295,5	269,7	290,5
Absetzalter (Tg)	236,0	233,0	235,0	252,0	240,0	236,0	233,0	251,0
Tageszunahme (g)	1210,0	1250,0	1162,0	1125,0	1047,0	1084,0	1005,0	1014,0

Die weiblichen Kälber haben mit 37,6 kg ein um etwa 11 % niedrigeres Geburtsgewicht. Das Absetzgewicht der Stierkälber liegt im Mittel bei 328 kg, das der Kuhkälber bei 287,5 kg. Das relativ hohe Absetzgewicht der Kreuzungsgruppe FV x LI resultiert aus einem um 16 Tage höheren Absetzalter. In den Tageszunahmen sind die beiden mittelrahmigen Rassen bei Stier- bzw. Kuhkälbern annähernd gleich, liegen aber besonders bei den Stierkälbern deutlich hinter den großrahmigen Rassen. Über alle Rassengruppen gerechnet sind die Tageszunahmen der Stierkälber um 12 % höher als die der Kuhkälber. Während der Winterperiode betrug die mittlere Tageszunahme bei den Stierkälbern 1.036 g und bei den Kuhkälbern 970 g, in der Weideperiode dagegen 1.242 bzw. 1.049 g.

Die Mutterkuhgruppe mit den weiblichen Kälbern wurde in den Jahren der zweiten Hälfte der Versuchsperiode gealpt, da ab dieser Zeit eine kammereigene Alm zur Verfügung stand. Die Alpung erfolgte von Mitte Juni bis Anfang September. Bis zum Absetzen lief die Gruppe wieder auf der Heimweide. Es zeigten sich bei den Alpungsgruppen gegenüber den weiblichen Tieren, die früher nur auf dem Heimbetrieb geweidet wurden, keine wesentlichen Unterschiede in der Gewichtsentwicklung. Es handelt sich aber um eine sehr gute Almfläche in zwei Höhenstufen, wobei zuerst die niedrige Stufe, dann die höhere Lage und zeitlich vor dem Abtrieb wieder die niedrige Höhenstufe beweidet wurde.

Auf sehr kargen und steilen Almflächen ist jedoch die Entwicklung der Kälber deutlich schwächer, da die Milchleistung der Kühe zurückgeht, die Futteraufnahme abnimmt und ein höherer Energieaufwand für die Futtersuche benötigt wird. Solche Almflächen sollen nur von Jungvieh und Ochsen genutzt werden.

Geburtsverlauf und Keulenbemuskelung

Der Geburtsverlauf und die Keulenbemuskelung hängen zusammen. Je stärker die Keulenbemuskelung, desto schwieriger sind die Geburten. Neben der Keulenbemuskelung von Vater und Mutter spielt die Beckenlänge der Mutter und die Beckendurchgangsbreite eine wesentliche Rolle.

Als Extrembeispiel sei hier die Rasse Blau-Weiße Belgier genannt. Ursprünglich eine Zweinutzungsrasse wurde bei einem Teil der Population das

Optimal bemuskelter Limousin-Zuchtstier

Zuchtziel: Maximierung der Bemuskelung umgesetzt. Das Ergebnis nach etwa 50 Jahren dieser Zuchtrichtung: Die reinrassigen Kühe können sich ohne Hilfe in Form von Kaiserschnitt und der Technik des Embyrotransfers nicht fortpflanzen. Würde man die extrem auf Bemuskelung gezüchteten Tiere der Rasse Blau-Weiße Belgier der Natur überlassen, würden sie wahrscheinlich nicht überleben.

Die Ursache der extremen Bemuskelung der Blau-Weißen Belgier ist durch das so genannte „Doppellender-Gen" bedingt. Tritt das Gen homozygot auf, vererbt es die Doppellende, also diese extreme Bemuskelung der Keule. In der Kreuzung ist dieses Gen nicht dominant und deshalb kommt es zu geringen Problemen, wenn z. B. große Fleckvieh- oder Schwarzbuntkühe mit Blau-Weißen Belgiern besamt werden.

Gezielte Aufzucht

Anforderungen an die Mutterkuh

Fortpflanzung

Die Brunst der Mutterkuh

Fruchtbarkeitssteuerung und Besamungstauglichkeit

Die Mutterkuh

Gezielte Aufzucht

Die Aufzucht von Kalbinnen zur Bestandsergänzung ist in mehrfacher Hinsicht ein wichtiger Abschnitt für den Erfolg eines Betriebes.

Während der Zeit des Saugens an der Kuh sorgt ein Kälberschlupf dafür, dass das Kalb mit dem notwendigen Futter versorgt wird. Ab einem Alter von ca. einem halben Jahr ist bei frühreifen Rassen eine Herdentrennung nach Geschlecht notwendig, da durch die beginnenden Geschlechtsaktivitäten die Unruhe steigt.

Die erste Zuchtentscheidung fällt mit dem Absetzen zusammen, das mit etwa 9 Monaten erfolgen sollte. Die Anzahl der notwendigen Nachstellungen je Jahr hängt vom durchschnittlichen Erstkalbealter und von der Abgangsrate ab, d. h., je älter die Herde, desto weniger Kalbinnen müssen pro Jahr nachgestellt werden (siehe Grafik).

Aus der Gruppe der vorhandenen Kälber wählt man nun die besten zur Weiterzucht aus, sie sind Träger der nächsten Generation. Je strenger man selektieren kann, umso besser entwickelt sich das Herdenniveau und umso rascher tritt der gewünschte Zuchtfortschritt ein. Als erster Schritt sollten diejenigen Kälber von der Zucht ausgeschlossen werden, die Mängel oder Fehler aufweisen oder nicht die entsprechende Zuchtqualität besitzen. Ab einem Gewicht von 350 kg oder ab 16 Monaten sollten sie mit einem auf Leichtkalbigkeit geprüften Stier besamt oder mit einer entsprechenden Rasse (z. B. Limousin) gedeckt werden, um Geburtsprobleme hintan zu halten.

Die weitere Aufzucht der Jungkalbinnen sollte nicht zu intensiv sein, damit sie nicht zu stark verfetten. Nur eine ausgewogene, wiederkäuergerechte und leistungsgerechte Fütterung garantiert Gesundheit und Fortpflanzungsfähigkeit. Die Folgen von Fütterungsfehlern sind Stoffwechselerkrankungen, Leberschäden und hartnäckige Fruchtbarkeitsstörungen.

Ausscheidungsgründe für Jungtiere von der weiteren Zuchtbenutzung	
Entwicklungsmängel	Wachstum, Gewicht, Bemuskelung, Form und Fundament
Aufzuchtschäden	Krankheiten, Fruchtbarkeit, Geburt
Nutzungsmängel	Muttertrieb, Geburtsprobleme, Euter und Säugeverhalten, Vornutzung, Saisonalität, Milchleistung (Kälberentwicklung)

Geschlechtsreife und Zuchtreife beim Rind

Nach dem Eintreten der Geschlechtsreife beginnen in den Eierstöcken und in der Gebärmutter zyklische Vorgänge abzulaufen. Der Beginn der Geschlechtsreife von Rindern wird vorwiegend vom Lebendgewicht und der Körperkondition beeinflusst. Eine intensive Aufzucht führt zu einem früheren zeitlichen Eintritt der ersten Brunst. Unabhängig von der Rasse tritt die Geschlechtsreife bei Erreichen von etwa 40 % des Gewichtes eines ausgewachsenen Rindes ein. Bei Kalbinnen der Rasse Fleckvieh setzt daher die erste Brunst mit 250 bis 300 kg ein. Die Zuchtreife (= Erstbelegezeitpunkt) liegt dann vor, wenn die Kalbinnen etwa 65 % des Gewichtes der ausgewachsenen Tiere erreichen (siehe Tabelle unten).

erwartetes Gewicht	Geschlechtsreife	Zuchtreife
600–620 kg	250–270 kg	390–430 kg
680–700 kg	270–300 kg	430–460 kg

Anforderungen an die Mutterkuh

Um den wirtschaftlichen Erfolg in der Mutterkuhhaltung zu sichern, müssen ganz bestimmte Anforderungen an die Tiere gestellt werden. Das Kalb ist das einzige Verkaufsprodukt und daher sind eine hohe Aufzuchtquote, gesunde und frohwüchsige Kälber, hohe Absetzgewichte und beste Mastoigenschaften bei den Einstellern wirtschaftlich entscheidende Forderungen.

Wichtige Eigenschaften der Mutterkuh

Die Hauptforderung an die Mutterkuh ist, jährlich ein gesundes, frohwüchsiges Kalb zu gebären und genug Milch für dessen Aufzucht zu erbringen. Dazu sind folgende Voraussetzungen nötig:

Leichtkalbigkeit

Abkalbungen ohne menschliche Hilfe sollen in der Mutterkuhhaltung die Regel sein. Leichtkalbigkeit übt auf den Aufzuchterfolg und die nachfolgende Fruchtbarkeit der Mutterkuh einen stark positiven Einfluss aus und erspart Kosten, Zeit und Arbeit. Kälber aus leichten Geburten sind erfahrungsgemäß auch vitaler und mit weniger Aufzuchtrisiko behaftet.

> Im Kalbeverlauf können rassespezifische Unterschiede beobachtet werden, die einerseits genetischer Natur sein können, andererseits mit einem rassespezifischen Charakter in Verbindung gebracht werden können. Der wichtigste Faktor ist das Geburtsgewicht der Kälber.

Ein absolutes Kälbergewicht von ca. 40 kg muss diskutiert werden, weil ein hohes Kälbergewicht auch bei großrahmigen, schweren Mutterkühen viele Probleme verursacht. Bei Charolais sowie bei den großen italienischen Fleischrassen, aber manchmal auch beim Fleckvieh ist die Schwergeburtshäufigkeit hoch. Die Häufigkeit von Schwergeburten erhöht sich mit der Steigerung des absoluten Geburts-

Kälber aus leichten Geburten sind vitaler.

gewichtes sprunghaft. Eine Ausnahme bildet die Rasse Hereford, bei der auch bei geringem Geburtsgewicht häufiger schwere Abkalbungen vorkommen. Beim reinrassigen Hereford kennen wir eine höhere Schwergeburtsrate als bei Hereford-Kreuzungen, obwohl erstere einen kleineren Körper haben. Der Rassencharakter (Habitus) dominiert. Dies kann mit der „frontösen Kopfform" erklärt werden. Bei Charolais verstärken sich die Geburtsschwierigkeiten auch noch durch starke Gelenke der Kälber.

Die Erhöhung von Schwergeburten bei Kalbinnen ist bei jeder Rinderrasse bekannt, trifft aber bei Fleischrassen vermehrt zu und steigert sich von 4 % auf 16 %. Auch hinsichtlich des Geschlechtes der Kälber gibt es Unterschiede; bei den Stierkälbern ist die Anzahl der schweren Abkalbungen doppelt so hoch wie bei Kuhkälbern. Hinsichtlich der Häufigkeit der schweren Abkalbungen, durch Stiere verursacht, kann unter den einzelnen Rassen folgende Reihenfolge aufgestellt werden: Charolais, Fleckvieh, Limousin, Angus und Hereford

Die Stiere der einzelnen Rassen üben einen Einfluss auf die Dauer der Trächtigkeit, auf das Geburtsgewicht der Kälber und auf Brustkörpertiefe und -umfang aus. Auch die Rasse der Mütter beeinflusst die Schwergeburtenrate. Dieser Zusammenhang verschwindet aber, wenn wir die Häufigkeit des Auftretens mit dem Geburtsgewicht der Kälber vergleichen.

Bei den Müttern stehen die Becken- und Körpermaße sowie das Lebensalter mit den Kalbeproblemen in Zusammenhang.

Bei jeder Rasse kommen Schwergeburten am häufigsten bei der Kalbin vor und sinken mit der Zahl der Kalbungen.

Eignung zur Extensivhaltung

Zwischen den einzelnen Rassen bestehen Unterschiede in Hinsicht auf die Eignung für verschiedene Extensivverhältnisse.

Unter durchschnittlichen Zuchtbedingungen entstand unter den Rassen eine Reihung hinsichtlich der Produktionsparameter. Diese Reihung wird aber unter Extensivverhältnissen umgeworfen. Somit kann bei Extensivhaltung auch eine günstigere Beurteilung des Fleckviehs verstanden werden. Die Produktionsparameter beziehen sich zwar in erster Linie auf Fleischproduktion und Mastverhältnisse (Futterkosten), im Weiteren aber auch auf die Vermehrungsfähigkeit.

> Die Säugeperiode bei Mutterkühen dauert im allgemeinen 9 Monate. Bei reinrassigen Fleischrassekühen spielt die Säugeperiode keine so stark behindernde Rolle bei der Brunstauslösung wie bei Kühen der Milch- bzw. Zweinutzungsrassen, vor allem während der Umstellungsphase. Mutterkühe geben weniger Milch (Absetzen, Abstoßen des Kalbes) als Milchkühe. Somit eignen sich Mutterkühe besser für Extensivbedingungen.

Bei Verwendung von Milchtypen muss ein um 30–50 Tage früheres Absetzen überlegt werden. Vorübergehendes Absetzen verursacht bei solchen Kühen eine Brunstinduktion.

Gute Muttereigenschaften

Eine gute Mutterkuh soll das Kalb nach der Geburt rasch trockenlecken und sofort zum Säugen animieren. Dies ist deshalb so wichtig, weil die Kolostralmilch nur wenige Stunden nach der Geburt einen hohen Gehalt an Immunglobulinen enthält und das neugeborene Kalb seinerseits nur kurze Zeit diese hochwichtigen Schutzstoffe direkt durch die Darmwand aufnehmen und im Körper sofort die Schutzwirkung gegen Infektionen aufbauen kann. Auch weiterhin muss sich die Kuh intensiv um ihr Kalb kümmern, das Saugen von anderen, meist schon älteren Kälbern abwehren und damit dem eigenen Kalb die ihm gebührende Milchmenge sichern. Kühe mit schlechten Angewohnheiten, wie Schlagen beim Saugen des Kalbes oder Besaugen anderer Kühe, sollen aus der Herde entfernt werden, da solche Eigenschaften teils erblich sind, teils anderen Tieren angelernt werden können. Gegenseitiges Besaugen soll möglichst schon in der Aufzuchtphase erkannt werden, da dadurch oftmals noch nicht laktierende Euteranlagen schwere Infektionen erleiden.

Kuh und Kalb müssen eine Beziehung aufbauen.

Milchleistung

Die Gewichtsentwicklung des Kalbes wird sehr wesentlich von der Milchleistung der Mutterkuh beeinflusst. Daher muss neben einer ausreichend hohen Leistung von etwa 3.000 kg Milch während der Laktation auch ein gutes Durchhaltovermögen (Persistenz) verlangt werden, da das Kalb während der gesamten Aufzuchtperiode ausreichend Milch erhalten soll, weil nur dadurch eine gleichmäßig gute Entwicklung sowie hohe Absetzgewichte erreicht werden. Kühe von unseren einheimischen Zweinutzungsrassen bieten am sichersten eine ausreichende Milchleistung. Kreuzungskühe mit Fleischrassen sollen nicht mehr als 50 % Fremdblutanteil haben, da sonst die Milchleistung zu stark reduziert wird.

Frühreife und Langlebigkeit

Um die Aufzuchtkosten gering zu halten, sollen die Mutterkühe mit etwa zwei Jahren das erste Mal kalben. Das hat weiters den Vorteil, dass die Kühe nicht zu schwer werden und der Erhaltungsbedarf relativ niedrig bleibt. Außerdem können die Jungkühe nahtlos in den Jahresrhythmus der Mutterkuhherde eingebunden werden. Dabei muss aber auf die Langlebigkeit besonders geachtet werden, denn nur langlebige Mutterkühe sind auch wirtschaftliche Mutterkühe. Die meisten Fleischrassen können als frühreif betrachtet werden. Der Hybridisierungsvorteil von Kreuzungen kann in den verschiedenen Kombinationen (Fleischrasse x Fleischrasse, Milchrasse x Fleischrasse, Zweinutzungsrasse x Fleischrasse) nachgewiesen werden. Reine Fleischrassen vertragen im Verlauf der Aufzucht Extensivverhältnisse besser als Milchrassen und reagieren auf verbesserte Fütterung auch mit früherer Zuchtreife.

In manchen Jahren kann die Zuchtreife der Jungtiere witterungsbedingt (besserer Futterertrag) früher eintreten, ähnlich wie bei der Intensivierung der Fütterung. Unter vollkommen extensiven Verhältnissen weist der Zeitpunkt der Zuchtreife jedoch große Unterschiede auf. Ab einem Alter von 6 Monaten empfiehlt es sich deshalb, eine Herdentrennung der Kühe mit weiblichen und männlichen Kälbern durchzuführen.

Festsitzende Euter

Gut angesetzte und festsitzende Euter sind besonders bei der Laufstallhaltung wichtig, weil sie nicht so schnell und stark verschmutzen. Damit verhindert man insbesondere bei den noch jüngeren und empfindlicheren Kälbern unnötige Infektionsquellen und Verdauungsstörungen. Die neugeborenen Kälber kommen an festsitzende Euter auch leichter heran und können dadurch rascher die so wichtige Kolostralmilch aufnehmen. Euterverletzungen kommen dann auch seltener vor.

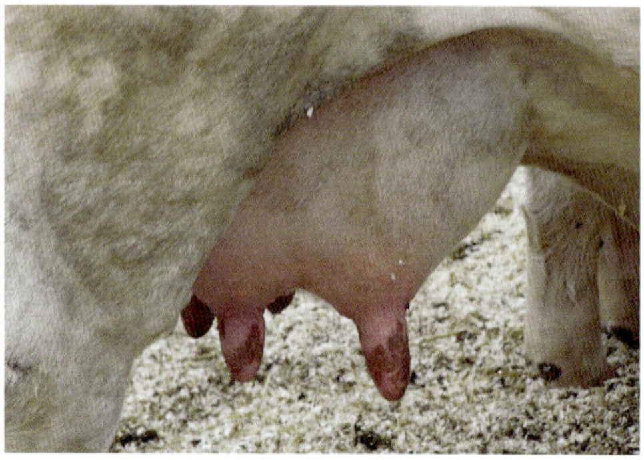

Das Euter muss fest sitzen und kurze Zitzen haben.

Mastleistung

Die Mutterkuh gibt genauso die Erbanlagen für eine gute Mastleistung an die Nachkommen weiter wie der Stier. Sie sollte daher zumindest die Anlage für gute Bemuskelung und gutes Wachstum mitbringen. Bei der Auswahl der Jungkalbinnen für die Bestandsergänzung muss auf diese Eigenschaft besonders geachtet werden.

Fortpflanzung

Die Fruchtbarkeit unserer Nutztiere ist ein sehr komplexes, dynamisches und sensibles Geschehen und die Basis einer wirtschaftlichen Tierhaltung. Als Maß gilt die Fortpflanzungsleistung des Tieres. Eine Kuh gilt als fruchtbar, wenn sie jährlich ein gesundes Kalb zur Welt bringt und es bis zum Absetzen aufzieht. Wird dieses Ziel nicht nur am einzelnen Tier, sondern im gesamten Betrieb (Herde) erreicht, kann der Kälberanfall über das Jahr gesteuert werden: saisonal, wenn alle Kälber im Herbst abgesetzt werden; asaisonal bei Jungrindfleischproduzenten, die das ganze Jahr über produzieren.

In der Fleischrinderzucht gibt es keinen Milchertrag und so „produziert" die Mutterkuh nur die Frucht-

barkeit. Die Wirtschaftlichkeit der Fleischrinderzucht kann aber selbst bei ausgezeichneter Fruchtbarkeit nicht immer sicher erreicht werden. Es gilt daher, die Aufwandskosten auf ein Minimum zu senken, d. h., unter Extensivbedingungen zu produzieren.

Berücksichtigung der Saisonalität

Das Ziel ist, dass die Kühe schnell und zu einem Zeitpunkt befruchtet werden, der gewährleistet, dass die Kälber im nächsten Jahr bereits auf der Weide aufwachsen können. Das ist eine Annäherung an den natürlichen Vermehrungsrhythmus der Rinder zur Abkalbung im zeitigen Frühling. Die Verlängerung der Deckperiode ergibt eine lange Abkalbeperiode und eine verhältnismäßig niedrige Trächtigkeitsrate. In Problembetrieben versucht man trotzdem, dies mit der Verlängerung der Deckperiode zu korrigieren, was aber früher oder später zur ganzjährigen Abkalbung führt.

> Je mehr sich die Deckperiode dem Sommer nähert, umso schwächer sind die Befruchtungsergebnisse; bei den am Anfang des Jahres abgekalbten Kühen können wir von einem 75 %igen Befruchtungserfolg, bei den später abgekalbten Kühen von einem 66 %igen Befruchtungserfolg ausgehen, von den früher abgekalbten Kühen zeigen 90 % binnen 60 Tagen Zyklen, von den später abgekalbten nur 50 % in der 180-tägigen Deckperiode.

Die Deckperiode kann durch Brunstsynchronisation verkürzt werden.

In gut gehaltenen Herden kommt es in den ersten zwei Wochen der Zuchtperiode bei mehr als der Hälfte des Bestandes zur Brunst. Diese Tiere werden in der natürlichen Brunst gewöhnlich mit Stieren gedeckt. Nach Ablauf dieser zwei Wochen stehen in der 100-tägigen Periode noch 2,5 Monate zur Verfügung, um die bisher nicht zur Brunst gelangten und nachstierenden Tiere zu behandeln. In diesem Fall ist eine tierärztliche Untersuchung begründet, da damit auch Sterilitätsbehandlungen durchgeführt werden.

Der Zeitpunkt der Abkalbung ist auch deshalb wichtig, da es davon abhängt, ob die Jungtiere bis zum nächsten Frühling ihre Zuchtreife erreichen, damit sie dann in Zucht genommen werden können. Zu dieser Zeit erreichen die Kälber ein Alter von 14 bis 15 Monaten und falls sie entsprechend entwickelt sind (entsprechendes Körpergewicht mindestens 400 kg), wird auch ihre Zucht erfolgreich sein. Die Befruchtungsergebnisse werden entscheidend vom Körpergewicht der Kälber beeinflusst. Der Zeitpunkt der Zuchtreife wirkt auch auf die späteren Befruchtungsergebnisse der Kälber ein.

Fruchtbarkeit

Zur Einhaltung des für den Betrieb günstigsten Abkalbezeitraumes der Mutterkuhherde müssen das problemlose Trächtigwerden der Kühe und eine Zwischenkalbezeit von maximal 365 Tagen gefordert werden. Dies ist ganz besonders bei konzentrierter Abkalbung zur zeitlichen Begrenzung der Kalbeperiode, der Deckperiode und der bestmöglichen Nutzung der Weide wichtig.

Das Fruchtbarkeitsgeschehen von Tieren wird vorwiegend hormonell gesteuert. Die Hormone gelangen über das Blut zu den Zielorganen. Auf den sensiblen Hormonhaushalt wiederum wirken zahlreiche Umwelt- und Tierfaktoren ein:

- Fütterung
- Klima, Jahreszeit, Tageslänge
- Saugen des Kalbes bzw. Milchgewinnung
- Erkrankungen
- Haltungsbedingungen
- Absetztermin und Trockenstehdauer
- Alter, Genetik, Körperkondition

Absetzzeitpunkt					
Abkalbezeit	Kälberaufzuchtphase	Belegzeit	Produktionszeit	Vorbereitungszeit	Abkalbezeit
Februar	März	April	Mai – Oktober	November	Dezember/Jänner

Zum Teil können sich diese Faktoren auch direkt auf die Fruchtbarkeit auswirken. Beispielsweise kann eine nicht bedarfsgerechte Fütterung die Funktion der inneren Geschlechtsorgane sowie die Entwicklung des Fötus beeinträchtigen.

Ein Geschlechtszyklus dauert 21 (18–24) Tage. Diese Zeitspanne wird in 4 Phasen, Vorbrunst, Hauptbrunst, Nachbrunst und Zwischenbrunst, eingeteilt (siehe Abbildung „Brunstverlauf").

> Bei Mutterkühen dauert die Brunst oft nur kurze Zeit, zusätzlich können die Brunstzeichen teilweise schwach sein. Vor allem dann, wenn kein Stier bei der Herde gehalten wird, hat daher die Brunstbeobachtung und die tierindividuelle Aufzeichnung eine große Bedeutung.

Beim Rind erfolgt der Eisprung (Ovulation) am Ende der Hauptbrunst. Das Ei ist etwa 6–8 Stunden befruchtungstauglich. Die Samen des Stiers müssen in den weiblichen Genitalen jedoch nachreifen und sind 20–24 Stunden befruchtungsfähig. Der optimale Zeitpunkt der Besamung bzw. Belegung liegt daher in der zweiten Hälfte der Hauptbrunst bis etwa 4–6 Stunden nach Abklingen der äußeren Brunstsymptome.

An die Hauptbrunst schließt die **Nachbrunst** (Dauer ca. 12–24 Stunden) an. Die Brunstsymptome klingen ab, eine Besamung bzw. Belegung ist zumeist nicht mehr erfolgreich, da die reifen Spermien die Eizelle nicht mehr zeitgerecht erreichen. Das alleinige Erkennen des Abblutens der Kühe 1–3 Tage nach der Brunst ist oft auf eine stille Brunst zurückzuführen. Eine Besamung nach dem Abbluten bleibt somit in jedem Fall erfolglos. Aus dem Grad der abgehenden Blutmenge kann möglicherweise auf den Erfolg einer vorangegangenen Befruchtung geschlossen werden. Findet sich nur ein sehr kleiner „Blutfaden", so ist eine Einnistung der befruchteten Eizelle wahrscheinlich, geht eine deutliche Menge Blut-Schleim ab, so ist eine Einnistung der Eizelle sehr unwahrscheinlich. Eindeutige Aussagen über ein dauerhaftes Verbleiben können jedoch nicht getroffen werden!

Nach dem Eisprung bildet sich aus den Resten der gesprungenen Eiblase der Gelbkörper. Dieser bildet dann Progesteron und dieses Hormon hemmt

Der optimale Besamungszeitpunkt

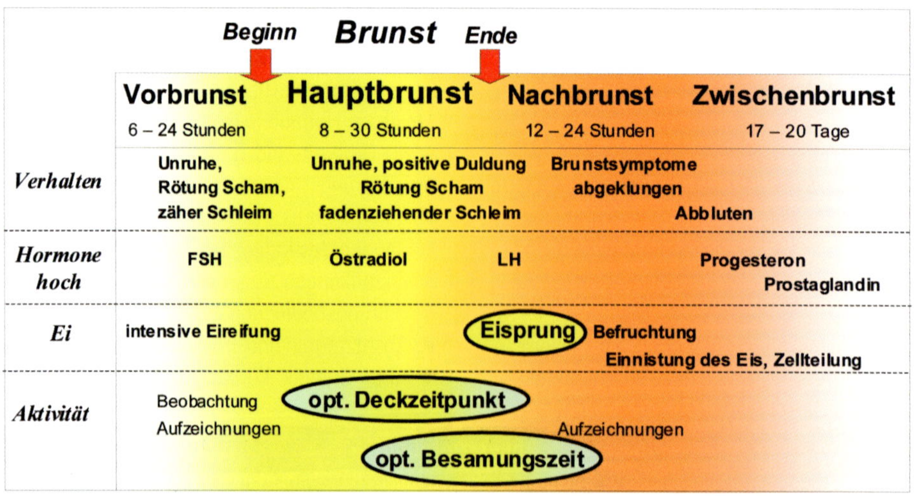

Bei Mutterkühen: kurze Brunst – schwache Brunstzeichen

dann das weitere Heranreifen einer neuen Eiblase. Es bereitet aber auch die Einnistung des befruchteten Eies in die Gebärmutterschleimhaut vor.

Wenn keine Befruchtung des Eies erfolgte, wird der Gelbkörper nach 17–18 Tagen wieder abgebaut – die neuerliche Heranreifung eines Follikels wird eingeleitet.

Wichtige Hormone im Fruchtbarkeitsgeschehen

Sexualhormone wirken im Organismus in kleinsten Mengen. Sie stehen in Wechselwirkungen mit zahlreichen weiteren Hormonen bzw. mit Organfunktionen.

Eine zentrale Bedeutung nimmt das **Releasinghormon (GnRH)** des Hypothalamus (= Teil d. Zwischenhirns) ein. Dieses Hormon wirkt auf die Hirnanhangsdrüse (Hypophyse).

Die Hirnanhangsdrüse produziert ein **follikelstimulierendes Hormon (FSH)** und ein **Luteinisierungshormon (LH)**. Diese wirken direkt auf die Eierstöcke.

Das FSH ist für die Heranreifung der Eiblase (Follikel) verantwortlich. Das LH steuert gemeinsam mit dem FSH den Eiblasensprung sowie die Bildung des Gelbkörpers. Der Gelbkörper produziert wiederum das Progesteron (Trächtigkeitsschutz).

Durch das häufige Säugen des Kalbes bei Mutterkuhhaltung dürfte über hormonelle Wirkung (Prolaktin) die LH-Freisetzung reduziert werden, wodurch eine verzögerte Brunst bzw. schlechtere Fruchtbarkeitsergebnisse möglich sind. Speziell in der Mutterkuhhaltung muss daher der Brunstbeobachtung und den regelmäßigen Aufzeichnungen besonderes Augenmerk geschenkt werden.

In den Eierstöcken werden in der Brunst **Östrogene** gebildet. Diese steuern die äußeren Brunster-

Hormonveränderungen während des Zyklus

Hormon – wesentliche Wirkung

Progesteron: Trächtigkeitsschutz
Prostaglandin: Auflösung d. Gelbkörpers
Östrogen: Brunst
FSH: Heranreifung des Follikels
LH: Eisprung

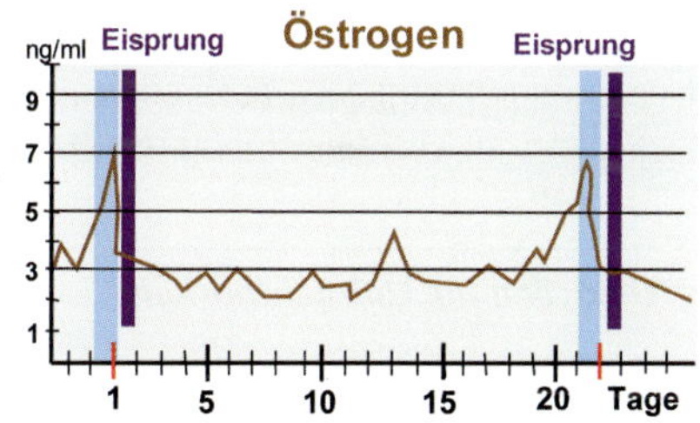

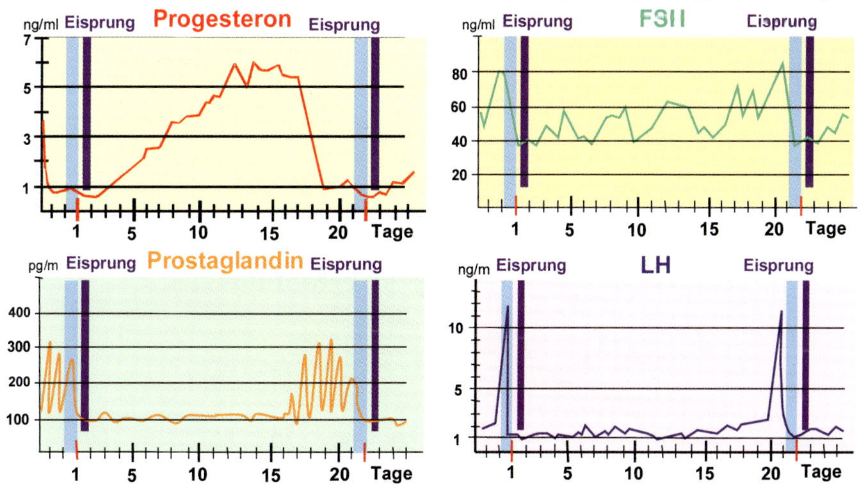

scheinungen (Brunstverhalten, Schleimfluss etc.). Östrogen wirkt aber auch auf das Zwischenhirn und die Hirnanhangsdrüse. So kann es beispielsweise die Bildung von GnRH und FSH bremsen. Dadurch steigt der LH-Spiegel im Blut an – der Eiblasensprung wird „vorbereitet". Östrogenhaltige Futtermittel können zu Brunsterscheinungen führen.

Das **Progesteron** wird vom Gelbkörper des Eierstocks gebildet. Progesteron kann als Trächtigkeits-Schutzhormon bezeichnet werden. Durch Progesteron wird die Brunst während der Trächtigkeit unterdrückt. Dabei wirkt es hemmend auf LH und GnRH.

Progesteron wirkt aber auch auf die Gebärmutterschleimhaut und bereitet die Einnistung des befruchteten Eies vor. Zusätzlich steuert Progesteron die Dauer des Zyklus. Ein Progesterontest (Blut oder Milch) kann zur Brunst- und Trächtigkeitskontrolle, aber auch bei Fruchtbarkeitsstörungen durchgeführt werden.

Die Gebärmutterschleimhaut bildet **Prostaglandine** (Prostaglandin F2). Prostaglandin F2 kann zur Auflösung des Gelbkörpers am Eierstock führen. Damit kann ein neuer Zyklus beginnen, aber auch eine bestehende Trächtigkeit unterbrochen werden.

Ursachen für schlechte Fruchtbarkeitsergebnisse

Im Fruchtbarkeitsgeschehen von Kühen wirken viele unterschiedliche Faktoren zusammen. In den folgenden Abschnitten werden häufige Ursachen für schlechte Fruchtbarkeitsergebnisse und Möglichkeiten zur Verbesserung bzw. Sicherung der Fruchtbarkeit beschrieben.

Gebärmutterrückbildung

Die Gebärmutter benötigt in den ersten 3 Wochen nach der Abkalbung eine Erholungsphase (Rückbildung). Solange die Gebärmutter nicht zurückgebildet ist, kann es zu keiner Trächtigkeit kommen. Die Folgen mangelnder Gebärmutterrückbildung sind vermehrte Sekretansammlung, Gebärmutterentzündung und Ausfluss.

Kurze Zyklen

In den ersten 30 bis 40 Tagen nach der Abkalbung (p.p. = post portum) ist auch eine verkürzte Zyklusdauer möglich. Stark verkürzte Zyklen können die Ursache für Fruchtbarkeitsstörungen sein. Der Grund dafür könnte in den niedrigen Progesteron- und er-

Häufige Ursachen für Unfruchtbarkeit

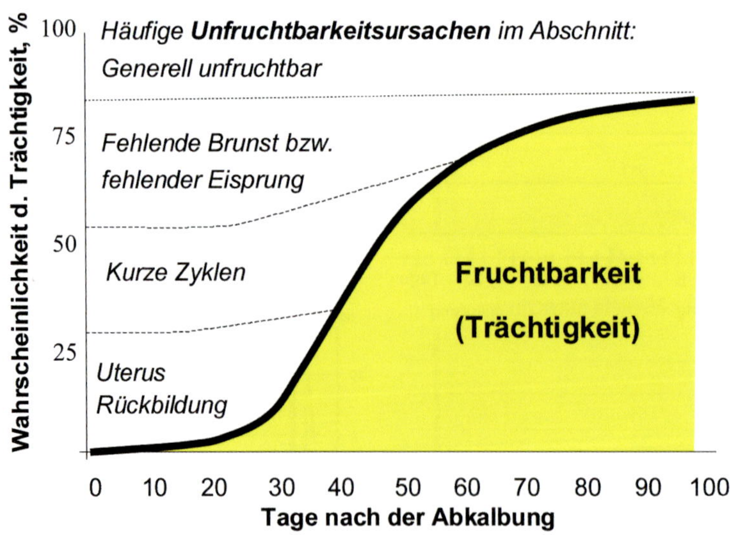

höhten Prostaglandinkonzentrationen zu suchen sein. Dadurch kommt es zur Auflösung des Gelbkörpers am Eierstock. Ein neuer Zyklus beginnt sehr rasch und eine (möglicherweise) bereits bestehende Trächtigkeit wird unterbrochen. Auch in der Mutterkuhhaltung kann dieses Syndrom beobachtet werden.

Verlängerte Zyklen

Von irrtümlich verlängerten Zyklen spricht man dann, wenn eine Brunst übersehen wurde. Eine tatsächliche verlängerte Zyklusdauer (über 25 Tage) kann zumeist auf Fütterungs- und Haltungsmängel zurückgeführt werden. Vor allem bei der Abkalbung verfettete Kühe zeigen in der Folge oft verlängerte Zyklen.

Unregelmäßige Zyklen

Unregelmäßige Zyklen sind zumeist auf Hormonschwankungen zurückzuführen. Dieses Phänomen tritt bei Hochleistungstieren, Kalbinnen und jungen Kühen häufiger auf.

Zu kurze, unregelmäßige oder auch verlängerte Zyklen können zwar die Ursache für schlechte Fruchtbarkeitsergebnisse sein, ein absolutes Hindernis für eine erfolgreiche Trächtigkeit stellen sie jedoch nicht dar.

Zum Teil kann es jedoch in Folge zu Brunstlosigkeit oder zur Zystenbildung kommen.

Verzögerter Eisprung

Durch Ovulationsträgheit oder mangelnde Eireifung kann es trotz Brunsterscheinungen zur Verzögerung bzw. zum Ausbleiben des Eisprungs kommen. Die Tiere werden nicht trächtig. Follikel, die nicht ovulieren, können zu Follikelzysten werden. Auch in diesem Fall können einseitige Rationen (minderwertiges und/oder futterhygienisch bedenkliches Heu etc.) und Vitaminmangel die Ursachen dafür darstellen.

Dauerbrunst

Vor allem Kleearten in einseitigen Rationen, aber auch stark mit Pilzen befallene Futtermittel können hohe Gehalte an Pflanzenöstrogenen aufweisen. Sie bewirken Dauerbrunst, Zysten, Unfruchtbarkeit und auch Aborte.

Eierstockzysten

Wenn kein Eisprung erfolgt, bleibt die Eiblase am Eierstock bestehen. Daraus kann sich eine Zyste (flüssigkeitsgefüllte Blase) entwickeln. Follikelzysten führen zu unregelmäßigen und verkürzten Zyklen, verlängerter Brunstdauer und zu verstärkten Brunsterscheinungen.

Eierstockzysten können auf Fütterungsfehler (Nähr-, Mineral- und Wirkstoffversorgung), östrogenhaltige oder verpilzte Futtermittel, Stoffwechselerkrankungen, Haltungsstress oder genetische Veranlagungen zurückgeführt werden. Auch starke Schwankungen in der Energieversorgung, unbalancierte Energie-/Eiweißverhältnisse, mangelnde Nährstoffversorgung stellen Ursachen dafür dar. Eine tierärztliche Untersuchung und Behandlung der Problemtiere ist notwendig.

Embryonaler Fruchttod

Embryonaler Fruchttod kann infektiöse oder nichtinfektiöse Ursachen haben. Zu den nichtinfektiösen Ursachen sind Hormonschwankungen, Haltungsfehler, starker Stress, Stoffwechselbelastungen, Zwillingsträchtigkeiten, Aufnahme östrogenhaltiger oder verpilzter/verschimmelter Futtermittel, hohe Nitratgehalte oder Eiweißüberschüsse im Futter sowie genetische Defekte zu zählen. Infektiös bedingter Fruchttod kann auf Viren, Pilze und Bakterien zurückgeführt werden. Beispielsweise führen BVD-Infektionen im Bestand auch zu einer Zunahme des

Merkmal	Kontrollgruppe	Beta-Carotin-Gruppe
embryonaler Fruchttod bis 7. Trächtigkeitsw. (%)	31,3	0
Frühaborte 8. bis 20. Trächtigkeitsw. (%)	12,5	0
Insgesamt	**43,8**	**0**

Häufigkeit von embryonalem Fruchttod und von Frühaborten (LOTTHAMMER, 1978)

embryonalen Fruchttodes und damit zu Fruchtbarkeitsstörungen.

Gebärmutterentzündungen

Gebärmutterentzündungen gehen zumeist mit krankhafter Schleimproduktion und Eiterbildung einher. Bei einer Gebärmutterentzündung kann sich das befruchtete Ei nicht einnisten – die Tiere rindern wieder um. In schweren Fällen kann eine Gebärmutterentzündung auch zur Sterilität führen. Mangelhafte Geburtshygiene und unsachgemäße Geburtshilfe, Schwergeburten und Verletzungen bei der Geburt, Nachgeburtsverhalten bzw. mangelnde Behandlung, Milchfieber und andere Stoffwechselerkrankungen sowie Fütterungsmängel (hohe K-Gehalte etc.) und schlechte Haltungsbedingungen sind als Ursachen zu nennen. Stress rund um die Abkalbung kann die natürliche Selbstreinigungskraft der Gebärmutter verringern.

Fruchtbarkeit und Fütterung

Im Hinblick auf das gesamte Fruchtbarkeits- und Fortpflanzungsgeschehen kommt der Energieversorgung in den einzelnen Leistungsstadien eine Schlüsselstellung zu. Sowohl ein Überschuss als auch ein Energiedefizit haben negative Folgen für die Fruchtbarkeit. Richtige Ernährung muss bereits bei der Aufzucht von Jungtieren beginnen. Verhaltene Aufzucht trägt ab dem zweiten Lebensjahr wesentlich zu einer guten Fruchtbarkeit und somit zu einer längeren und wirtschaftlichen Nutzung bei. Im Gegensatz dazu führt eine „treibende" Aufzucht zu Fundamentschäden und zur Maststerilität; die Tiere zeigen vermehrt unterentwickelte Eierstöcke, zystöse Entartungen und vor allem Stillbrünstigkeit.

Mit der Geburt des Kalbes bringt die Jungkuh nach einem mehrjährigen Aufwand ihren ersten Nutzen. Sie lernt rasch, ihr Kalb saugen zu lassen, und durch eine entsprechende und langanhaltende Milchleistung steigt das Gewicht des Kalbes an. Je nach Rasse können auch andere Kälber gelegentlich saugen oder sie werden abgedrängt, wenn ein starker Mutterinstinkt ausgeprägt ist. Gutsitzende Euter sollen dazu vorhanden sein.

Im niedrigen Leistungsbereich hat die Milchleistung kaum Einfluss auf die Fruchtbarkeit. Nicht eine maximale, sondern eine betriebsoptimale Leistung ist gefordert. Für das Rind stellt die Weidehaltung die natürlichste Haltungsform dar. Ausreichende Bewegung und die natürlichen Umweltreize (Bewegung, Sonne, Luft) wirken sich positiv auf das Verhalten aus.

Das Beta-Carotin spielt eine wichtige Rolle im Fruchtbarkeitsgeschehen und ist wichtig für die Entwicklung des Gelbkörpers und für die Progesteronbildung. Eine ausreichende Carotinversorgung ist bereits durch eine deutlich gelbe Farbe des Blutserums erkennbar. Je heller und wässriger die Farbe, desto schlechter die Versorgung. Ein Mangel tritt am ehesten bei Rationen mit Mais- und Rübenblattsilage und in der Winterfütterungszeit auf. Da der Beta-Carotin-Gehalt im Blutserum vor und während der Geburtsphase physiologisch bedingt stark abnimmt, sollten zur Vermeidung von Fehlinterpretationen nur Proben bis zu 3 Wochen vor oder ab 6 Wochen nach dem Kalben genommen werden.

Der Carotinbedarf der Kuh liegt bei ca. 300 mg. Bei schlechter Futterqualität, langer Lagerzeit und bei Luftzutritt geht der Beta-Carotin-Gehalt besonders beim Heu zurück.

Merkmal	Kontrollgruppe	Beta-Carotin-Gruppe
Zeitintervall Brunstbeginn bis Eisprung (Tage)	2,2	1,3
Dauer der Brunst (Tage)	2,4	1,9
Häufigkeit von Zysten (%)	50	0

Beta-Carotin-Zufuhr und Fruchtbarkeit (MEYER et al., 1975)

Beta-Carotin-Mangel kann verursachen:

- geringere Hormon-Aktivitäten
- schwache Brunstzeichen oder stille Brunst
- Verzögerung des Eisprungs
- Beeinträchtigung der Entwicklung des Gelbkörpers (Gelbkörperzysten)
- erhöhte Infektionsgefahr
- embryonalen Fruchttod
- Nachgeburtsverhaltungen

Überprüfen der Körperkondition

Eine praxistaugliche und einfache Möglichkeit zur Bewertung der Nährstoffversorgung der Mutterkühe stellt die regelmäßige Beurteilung der Körperkondition (Fett- und Fleischauflage, Body condition scoring, BCS) dar (siehe Kapitel „Die Brunst der Mutterkuh", Seite 42).

Mutterkühe müssen in guter Kondition sein.

Störung	Ursache
Stille Brunst, verzögerter Eisprung	mangelnde Energieversorgung nach Abkalbung Eiweißüberschuss Beta-Carotin-Mangel im Winter ganzjährige Stallhaltung fette Kühe Mangan-, Zink-, Jod-Mangel
Nachstieren	Phosphormangel Energie-, Mineralstoff- und Vitaminmangel verzögerter Eisprung
Zysten	Natriummangel, Kaliumüberschuss unausgewogene Eiweißversorgung Energiedefizit Mineralstoff- und Vitaminmangel einseitige Zwischenfruchtgaben
Genitalkatarrh	Verfütterung von verdorbenem Futter (Schimmel) Eiweißüberversorgung (Harnstofftest) Kaliumüberschuss Strukturmangel Phosphorüberschuss hoher Nitratgehalt im Futter Energie- und Eiweißüberschuss vor der Abkalbung
Brunstlosigkeit und Gelbkörperzysten	Kaliumüberschuss Eiweißüberversorgung Phosphorüberschuss
Nachgeburtsverhaltungen	erheblicher Strukturmangel verschimmeltes Futter Kalziummangel Selenmangel

Die Brunst der Mutterkuh

Die äußerliche Brunst ist Ausdruck der Paarungsbereitschaft, die sich aufgrund von Verhaltensveränderungen in Bezug auf Aktivität, Attraktivität und Empfänglichkeit dem Stier gegenüber äußert und aufgrund von hormonellen Abläufen entsteht. Ohne ausreichende Fruchtbarkeitsleistung sind kein zusätzliches Kalb und keine zusätzliche Laktation erzielbar, sie ist deshalb die Grundlage jeder Art von Rinderproduktion überhaupt. Der Brunstbeobachtung kommt große Bedeutung zu, da deutlich sichtbare Brunstsymptome häufig fehlen und so Stillbrünstigkeit entsteht.

Gerade der Besamungserfolg hängt sehr stark von der Beobachtung des Tieres in der Zeit nach der Geburt ab, wo an den Geschlechtsorganen Rückbildungsvorgänge und Umstellungen im Hormonhaushalt stattfinden, die für den erneuten Start des Fruchtbarkeitsgeschehens verantwortlich sind. Und dies gerade zu einer Zeit, in der der Züchter gleichzeitig und selbstverständlich die höchste Milchleistung erwartet. Bei Mutterkühen wird die Gebärmutterrückbildung schneller abgeschlossen, da das infolge des Säugens ausströmende Oxytocin und die mäßige Milchproduktion dazu ideale Verhältnisse schaffen. Die Rückbildung findet schnell statt, aber der spät einsetzende Zyklus kommt nach 1–2 Brünsten meistens zum Stillstand. Die entstandene Brunstlosigkeit bleibt im Verlauf des Sommers bestehen und die Kuh wird oft erst in der nächsten Saison wieder zyklisch.

Aufreiten ist ein typisches Brunstsymptom

Zyklusstart und Brunstgeschehen

Obwohl die Tiere durch Zucht auf lange Nutzungsdauer und größeren Rahmen spätreifer geworden sind, ist es durch (zu) gute Haltungs- und Fütterungsbedingungen dazu gekommen, dass bei Kalbinnen oft schon ab einem Alter von 12 Monaten erste Brünste auftreten können.

Bei Kühen tritt im Normalfall ab etwa 15 Tagen nach der Geburt die erste Brunst, noch ohne Brunstanzeichen, auf, nach 30 bis 35 Tagen tritt die zweite Brunst auf. Die danach auftretenden Brünste können zur Besamung genutzt werden. Kühe, die bis zum 45. Tag keine Brunst gezeigt haben, sollten einer eingehenden tierärztlichen Untersuchung unterzogen werden.

> Bei ganzjähriger Stallhaltung (Anbindestall) führt der Mangel an Bewegungsmöglichkeit bei Milchkühen dazu, dass Brunstsymptome weniger gut ausgeprägt sind. Im Vergleich dazu gibt es im Laufstall bessere Trächtigkeitsraten, kürzere Zwischenkalbezeiten und somit weniger Abgänge wegen Unfruchtbarkeit. Außerdem treten hier weniger Stoffwechselstörungen und Geburtsprobleme auf, was sich ebenfalls positiv auf die Fruchtbarkeit auswirkt.

Normalerweise wiederholt sich die Brunst alle 21 Tage, obwohl Zykluslängen von 18 bis 24 Tagen durchaus normal sind. Das Geschehen wird von den Eierstöcken ausgelöst und unterliegt einem genau festgelegten hormonellen Zusammenspiel. Dort reift auch ein Eibläschen (Follikel) heran, das nach Brunstende die Eizelle freisetzt, um im Eileiter befruchtet zu werden. Tritt keine Befruchtung ein, wiederholt sich der Brunstzyklus nach 3 Wochen.

Progesteronspiegel und Eierstockbefunde während des Zyklus

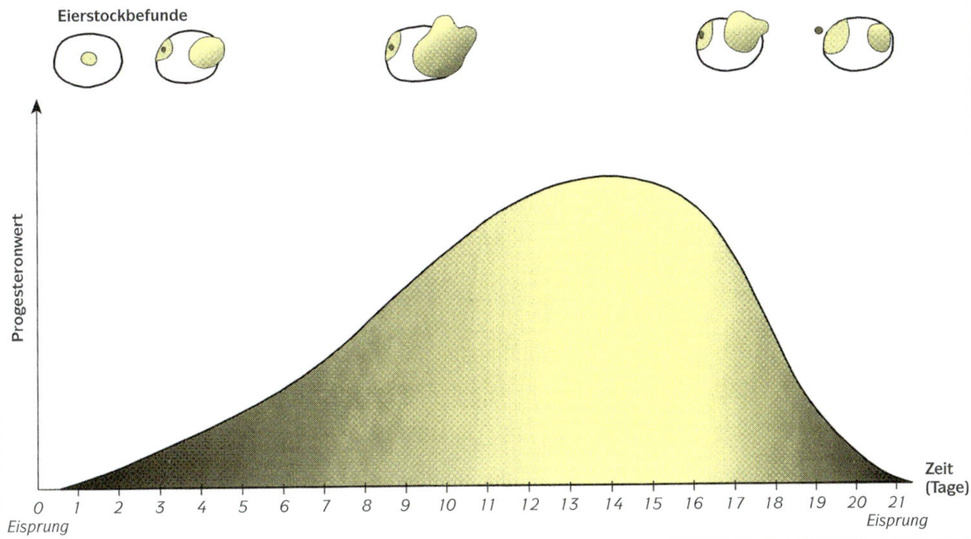

Anstelle des Eibläschens bildet sich im Eierstock zwischen den Brunstzyklen das so genannte Gelbkörpergewebe. Dieser Gelbkörper produziert das Trächtigkeitsschutzhormon Progesteron, das auch im Blut und in der Milch nachweisbar ist und Rückschlüsse auf den Funktionszustand der Eierstöcke erlaubt. Auch zwischen zwei Brünsten laufen im Eierstock stets hormonell bedingte Geschehnisse der Follikelan- und -umbildung ab. Dabei ist zu beachten, dass aus einer Vielzahl von stets vorliegenden kleinen Follikeln einige heranreifen und sich einer davon zu einem dominanten Follikel entwickeln kann, der sich aber wieder rückbildet.

Während die hormonelle Pulsfrequenz nach der Geburt bei Milchkühen in kleinen, schnellen Wellenschlägen erfolgt, ist sie bei Mutterkühen langsamer, dafür aber mit größeren Schüben verbunden, was mit der Rückbildung der dominanten Follikel gekoppelt ist. Dadurch kommen Mutterkühe später in Brunst als Milchkühe. Auch die Brunstdauer kann unterschiedlich lang sein (8–30 Stunden), wie auch die Brunstsymptome darin wellenförmig ausgeprägt werden. Die einzelnen Brunstsymptome können dabei vollständig und/oder stark oder unvollständig und/oder schwach (bis still) ausgeprägt sein. Dazu kommt, dass auch zwischenzyklisch laufend hormonelle Aktivitäten bestehen, die zu bestimmten Zeiten sogar leichte Brunsterscheinungen – auch bei Trächtigkeit – auslösen können (Zwischenbrunst) und nur durch das Führen eines Brunstkalenders richtig erkannt werden können. Durch das Hinzukommen außerlandwirtschaftlicher Arbeiten und durch extensive Haltungsformen haben viele Land-

Verkehrte Parallelstellung

wirte heute nicht mehr die nötige Zeit, eine genaue Brunsterkennung durchzuführen. Die Folgen sind Nachstieren und Nichtträchtigkeit durch falschen Besamungszeitpunkt, Stillbrunst oder Sterilitäten. In Verbindung mit schlechter Futtergrundlage und falscher Aufstallung geht auch die Brunststärke, d. h. die Ausprägung einzelner Brunstsymptome, zurück.

Äußere Brunstsymptome der Kuh

Stadium	spezifische	unspezifische
Vorbrunst bis 3 Tage	Kontaktsuche, Aufsprungversuche, Rötung und Schwellung von Scham und Scheide, zäher Schleim	Nervosität, Unruhe, geringe Fresslust
Hauptbrunst 8 bis 30 Std.	Duldungsreflex, Brunstschleim (klar, fadenziehend)	wechselnde Aktivität, Kreuzwippen, Schleimspuren an Hinterschenkeln
Nachbrunst 12 bis 24 Std.	Abbluten: 1–3 Tage später	Abklingen der Symptome

Wichtig für eine exakte Brunstkontrolle ist die

- **Intensität** (mindestens 30 Minuten viermal pro Tag, d. h. zweimal außerhalb der Fütterungszeiten
- **Genauigkeit** (Kenntnisse über Fruchtbarkeit und Brunstverhalten als Voraussetzungen für eine exakte Beobachtung)
- **Präzision** (Konzentration auf bestimmte Tiere, um eine möglichst hohe Brunsterkennungsrate zu erreichen)

Methoden der Brunstbeobachtung (in %)

Methode	Brünste	Abweichung
24-Std.-Beobachtung	89	Basis
Aufsprungdetektor	87	2
3-malige Beobachtung	86	3
2-malige Beobachtung	81	8
Schwanzmarkierung	71	18
zufällige Beobachtung	43	46

Fehlerquoten der einzelnen Brunstsymptome

Brunstzeichen	Fehlerquote
Duldung	2,4%
Aufreiten auf andere Kühe	2,5%
aufgerauhter Schwanzansatz	3,3%
erhöhte Aktivität	4,2%
Brüllen	4,6%
Schleimspuren	5,2%
Blutspuren	7,6%

Darüber hinaus sind der Beginn, die Stärke und die Dauer einer Brunst von großer Bedeutung. Besonders das Eintreten der ersten Brunst nach der Geburt ist ein wichtiger Hinweis für die weitere Fortpflanzungsfähigkeit. Bei hoher Brunstbeobachtungsrate kommt es immer darauf an, die nichtbrünstigen Tiere herauszufinden, um Maßnahmen zu setzen. Mangelhafte Tierbeobachtung, fehlender Überblick über das Zyklusgeschehen und fehlinterpretierte Brunstsymptome führen zu falschen Besamungszeitpunkten und Fehlbesamungen.

Probleme, die sich bei der Brunstbeobachtung ergeben

- nicht beobachtete Brunst
- fehlinterpretierte Brunstsymptome mit der Folge einer zu frühen oder zu späten Besamung bzw. der Besamung während einer Zwischenbrunst.

Ursache dafür sind mangelhafte Tierbeobachtung und Brunstkontrolle sowie unzureichende Fachkenntnisse bezüglich des Brunst- und Fruchtbarkeitsgeschehens. Nicht immer sind die äußeren Brunstzeichen vorhanden; bei stillbrünstigen Tieren deuten oft nur an der Schwanzunterseite, den Sitzbeinhöckern oder an den Schenkeln klebende Schleimhautspuren auf Brunst hin. Bei mehrmaligen, außerhalb der Arbeitszeiten im Stall durchgeführten Kontrollen steigt die Sicherheit, brünstige Tiere deutlich zu erkennen. Um den Brunstzyklus genau verfolgen zu können, sollen alle Beobachtungen in einem Brunstkalender festgehalten und eventuell der Progesterongehalt (im Blut) bestimmt werden. Dies ist besonders bei stillbrünstigen Tieren von großer Bedeutung, da diese zwar einen regelmäßigen hormonellen Zyklus haben, jedoch keine deutlichen äußeren Brunsterscheinungen zeigen.

Ein hoher Progesteronwert besagt, dass das Tier nicht in Brunst, aber eventuell trächtig sein kann, ein niedriger Wert, dass das Tier nicht trächtig und vermutlich in Brunst ist! Andere Hilfsmittel, wie die Prüfung des Brunstschleims, die Messung des elektrischen Widerstandes oder der Leitfähigkeit, bringen zusätzliche Sicherheit.

Ein noch nicht ganz geklärtes Phänomen ist auch eine durch das Saugkalb ausgelöste Brunstlosigkeit, die als Reaktion auf das Saugen angesehen werden kann und eine verlängerte Zwischenkalbezeit bewirkt. Dieser Effekt, der besonders im Winter und in Herden ohne Stier auftritt, kann durch frühzeitiges Absetzen des Kalbes ausgeglichen werden. Auch durch eine mangelhafte Fütterung verspätet sich der Beginn der Eierstockfunktion.

Fehlende Brunst

In der Mutterkuhhaltung kann das Ausbleiben der Brunst (Anöstrie) die Fruchtbarkeit für eine lange Zeitdauer negativ beeinflussen. Es ist bekannt, dass Kühe mit verspätet einsetzender Brunst schlechtere Verbleiberaten und verlängerte Zwischenkalbezeiten

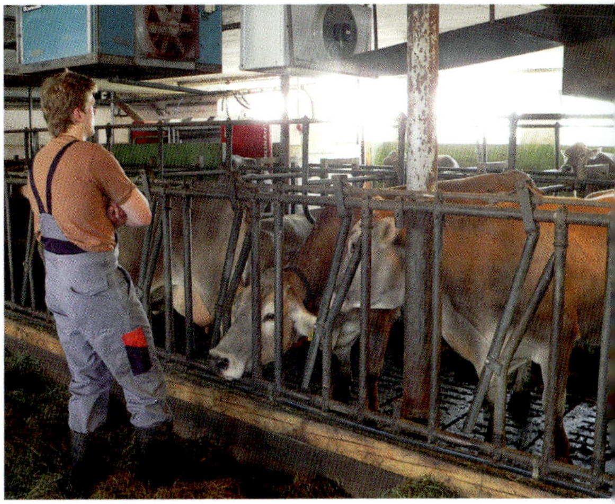

Die Tierbeobachtung ist entscheidend.

haben. Problematisch wird es, wenn die Zeitspanne von der Abkalbung bis zur 1. erkennbaren Brunst über 55 Tage beträgt bzw. weniger als 85 % der Kühe bis zum 60. Säugetag keine sichtbare Brunst zeigen. **Das Ausbleiben der Brunst ist in der Praxis einer der wesentlichsten Faktoren für verschlechterte Fruchtbarkeitsergebnisse. Aus diesem Grund wird auf die Ursachen besonders ausführlich eingegangen.**

Ein Ausbleiben der Brunst kann auf viele unterschiedliche Faktoren zurückgeführt werden.

- Hormonelle Reize durch das saugende Kalb (bzw. durch mehrmaligen Milchentzug)
- Mangelhafte Fütterung und Nährstoffversorgung vor und nach der Abkalbung
- Jahreszeit (Licht, Temperatur, Nährstoffversorgung)
- Zu jung oder zu alt bei der 1. Abkalbung
- Nachgeburtsverhalten und nachfolgende Gebärmutterentzündung
- Fehlende äußere Reize (kein Stier, Bewegungsmangel)
- Allgemeinerkrankungen (siehe oben)

Teilweise beeinflussen sich die angeführten Faktoren auch gegenseitig. So leidet zum Beispiel bei schlechter Tiergesundheit häufig auch die Futter- und Nährstoffaufnahme und in Folge auch die Fruchtbarkeit.

Fehlende Brunst durch saugendes Kalb

In Versuchen konnte gezeigt werden, dass durch das Absetzen der Kälber vor dem Beginn der 1. Brunst (20. bis 40. Tag) und Milchentzug durch Melkung die Brunst früher einsetzt und die Fruchtbarkeit verbessert werden kann. Das häufige Saugen des Kalbes erhöht die Prolaktinkonzentration, wodurch die LH-Freisetzung (notwendig für Eisprung) eingeschränkt werden dürfte. Unter praktischen Bedingungen kann dieser negative „Säugeeffekt" auf die Fruchtbarkeit in der Mutterkuhhaltung nicht verhindert werden. Weder das frühe Absetzen noch das Verhindern des mehrmaligen Säugens pro Tag kann für die Praxis generell empfohlen werden. Um trotzdem gute Fruchtbarkeitsergebnisse zu erreichen, muss daher der Fütterung dem Management, der Beobachtung und den tierindividuellen Aufzeichnungen zum Fruchtbarkeitsgeschehen besonderes Augenmerk geschenkt werden.

Das Saugen beeinträchtigt die Brunst.

Mineralstoffbedarf – Mengenelemente

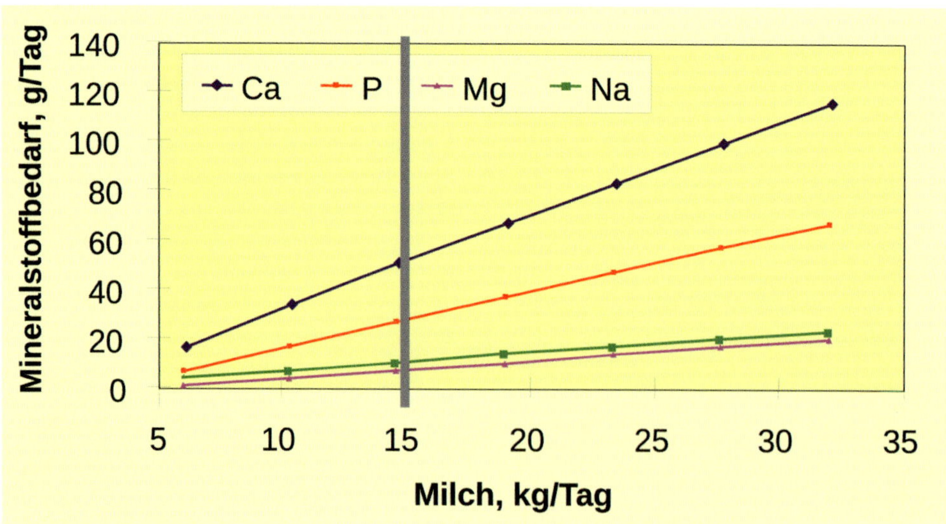

Ohne Ergänzung: Ca: meist ausreichend | P: häufig ausreichend

Mg: Mangel möglich | Na: Mangel !!!

Fütterungsfehler und fehlende Brunst

Die Nährstoffversorgung der Mutterkühe hat einen großen Einfluss auf die Fruchtbarkeit. Vor allem das Zyklusgeschehen bzw. das Trächtigwerden hat im Organismus im „Kampf" um die Nährstoffe eine relativ geringe Priorität (siehe stark vereinfachte schematische Darstellung). Daher zeigt sich eine mangelhafte Fütterung sehr rasch und häufig auch in schlechteren Fruchtbarkeitsergebnissen.

Priorität der Nährstoffversorgung im tierischen Organismus

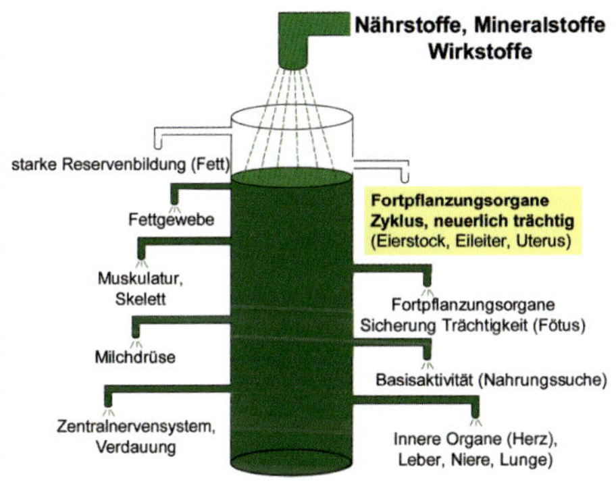

In mehreren Studien konnte ein Zusammenhang zwischen der Nährstoffversorgung vor bzw. nach der Abkalbung und der Fruchtbarkeit festgestellt werden. Eine praxistaugliche und einfache Möglichkeit zur Bewertung der Nährstoffversorgung der Mutterkühe stellt die regelmäßige Beurteilung der Körperkondition (Fett- und Fleischauflage, Body condition scoring, BCS) dar. Dazu werden je nach Ernährungszustand der Tiere Punkte von 1 bis 5 vergeben. Extrem abgemagerte Tiere erhalten 1,0 Punkte – extrem verfettete Tiere 5,0 Punkte.

- **Verfettete Kühe** (BCS über 4) haben häufiger Schwergeburten und damit auch schlechtere Fruchtbarkeitsergebnisse. Bei fetten Kühen kommt es zusätzlich zu einem starken Fettabbau zu Säugebeginn. Die entstehenden Ketonkörpern belastet den Stoffwechsel (Ketose!) und verringern die Fruchtbarkeit. Durch vermehrte Freisetzung von Progesteron aus dem Fettgewebe kann es weiters zu einer Reduktion der Östrogenwirkung kommen.
- Kühe, die **in schlechter Körperkondition zur Abkalbung** kommen (BCS unter etwa 2,5 auf der Skala von 1–5) zeigen häufiger eine verlängerte Dauer bis zur 1. Brunst bzw. eine schlechtere Fruchtbarkeit als gut konditionierte Kühe (optimal BCS 3–3,5).
- Kühe, die in **schlechter Körperkondition** abkalben, reagieren in der Fruchtbarkeit stark auf die **Fütterung nach der Abkalbung**. Das heißt, eine schlechte Energieversorgung nach der Abkalbung wirkt sich bei zu mageren Mutterkühen deutlicher als bei gut konditionierten Kühen aus. Bei überkonditionierten Kühen (BCS über 4) sind die Auswirkungen einer energetischen Unterversorgung auf die Tiergesundheit und die Fruchtbarkeit meist fatal.
- Unabhängig von der Energieversorgung, vor und auch nach der Abkalbung muss immer eine **bedarfsangepasste Eiweiß- und Mineralstoffversorgung** gewährleistet sein. Vor allem am Ende der Winterfütterungsperiode ist eine ausreichende **Vitaminversorgung** (Karotin, A, D, E) sicherzustellen.

Fehlende Brunst und Jahreszeit

In vielen Untersuchungen werden jahreszeitliche Einflüsse häufig durch Fütterungs- und Haltungsbedingungen überlagert bzw. beeinflusst. Unter Konstanthaltung dieser Faktoren dürfte jedoch vor allem die Tageslänge einen gewissen Einfluss auf die Fruchtbarkeit von Kühen haben. Ein rascheres Einsetzen der 1. Brunst wird dann beschrieben, wenn die Abkalbungen in die Frühjahrsmonate fallen. Bei sonst guten Bedingungen kann aber auch in den anderen Jahreszeiten ein gutes Fruchtbarkeitsergebnis erwartet werden!

Einfluss der Rasse bzw. Genetik

Wie stark sich die Rasse bzw. Genetik, unter Konstanz der anderen Faktoren, tatsächlich auf die Fruchtbarkeit auswirkt, ist nur teilweise geklärt. Möglicherweise bestehen tatsächlich genetisch bedingte physiologische Unterschiede. Als gesichert gilt, dass sich genetisch bedingte Unterschiede in der Leistung (Milchleistung) und Futteraufnahme und damit Nährstoffversorgung auf die Fruchtbarkeit auswirken. Es ist bekannt, dass sehr milchbetonte Tiere unter Bedingungen der extensiven Mutterkuhhaltung schlechtere Fruchtbarkeitsergebnisse zeigen. Dieser Effekt ist bei erstlaktierenden Kühen stärker als bei Kühen in weiteren Säugeperioden ausgeprägt. Es muss daher die Rasse auf die Haltungs- und Fütterungsbedingungen abgestimmt werden. Für extensive Bedingungen sind nur Extensivrassen zu empfehlen!

Einfluss des Erstkalbealters

Kalbinnen, die sehr jung abkalben, zeigen eine verlängerte Dauer bis zur 1. erkennbaren Brunst und auch geringere Fruchtbarkeitsraten. Das anzustrebende Erstkalbealter hängt von der Rasse und der Futtergrundlage ab. Großrahmige, fleischbetonte Rassen sind spätreifer als Zweinutzungs- und Milchrassen. Für Mutterkuhkalbinnen der Rasse Fleckvieh kann je nach Fütterungsintensität und Futtergrundlage ein Erstkalbealter zwischen etwa 26 und 30 Monaten empfohlen werden. Eine sehr extensive Aufzucht (über 32 Lebensmonate) ist mit hohen Kosten verbunden und damit zumeist nicht wirtschaftlich.

Fehlende Brunst und Stiereffekt

Durch die Haltung eines Stieres kann die Fruchtbarkeit direkt und indirekt verbessert werden. Der Stier erkennt die Brunst und den richtigen Belegzeitpunkt. Zusätzlich werden Mutterkühe in der Hauptbrunst mehrmals besprungen. Indirekt dürfte sich der Stier aber auch positiv auf den Hormonhaushalt der Kuh auswirken, sodass die Fruchtbarkeit dadurch verbessert wird. In Versuchen konnte dieser Effekt auch beim Einsatz von sterilisierten Stieren nachgewiesen werden.

Allgemeinerkrankungen

Gebärmutterentzündungen, schwere Infektionen des Euters oder der Klauen, Stoffwechselstörungen, Nachgeburtsverhaltungen etc. können zu Stillbrünstigkeit und zu verminderter Fruchtbarkeit führen.

Fruchtbarkeitssteuerung und Besamungstauglichkeit

Um eine optimale Nutzung der Herde zu gewährleisten, greifen viele Mutterkuhhalter zur Besamung. Allerdings ist die Brunstbeobachtung bei freilebenden Fleischrindern schwer, da die Duldungsphasen verkürzt und die Brunstsymptome auch nur schwach sind.

> Kommt es nach einer Besamung trotzdem zum Nachstieren, so sind dafür mehrere Gründe maßgebend; die **Feststellung der Besamungstauglichkeit** stellt dabei das größte Problem dar. Die Folge ist, dass der **richtige Besamungszeitpunkt** nicht festgelegt werden kann.

Dennoch gibt es die Möglichkeit, über einen Vitaminstoß eine Woche lang die Brunstsymptome zu verstärken. Gleichzeitig wurden die Häufigkeit von Zwillingsgeburten sowie eine Verkürzung der Zwischenkalbezeit beobachtet. Der Besamer hat darum vor der Durchführung der Besamung abzuklären, wie sich die Kuh seit der Geburt entwickelt hat (Vorbericht), und auch Möglichkeiten, neben den äußeren auch die inneren Brunstsymptome zu beurteilen. Bei einer problemlosen, zyklischen und brünstigen Kuh reichen in der Regel die Angaben des Züchters aus und die Besamung kann im letzten Drittel der Brunst durchgeführt werden. Die Besamung wird in der Abkalbebox vorgenommen, um ein möglichst stressfreies Arbeiten zu gewährleisten.

Durch reichliche Stroheinstreu wird nicht nur das Wohlbefinden gefördert und die Krankheitsanfälligkeit gesenkt, sondern auch eine längere und deutlichere Brunst bewirkt.

Zeitliche Ausprägung von Brunstsymptomen in Abbhängigkeit von der Bodenbeschaffenheit

Brunstsymptom	harter/weicher Boden	
Brunstdauer	9,4 Std.	13,8 Std.
Aufsprünge	3,2 Std.	7,0 Std.
Duldung	2,9 Std.	6,3 Std.

Grundsätzlich sollte bei Problemkühen eine tierärztliche Untersuchung vorausgehen, um den Besamungserfolg sicherzustellen. Außerdem sollte es eine Selbstverständlichkeit sein, ca. acht Wochen nach einer Besamung durch eine Trächtigkeitsuntersuchung abzuklären, ob die Kuh tatsächlich trächtig ist. Dabei ist es wiederum wichtig, die nichtträchtigen Kühe herauszufinden.

Die Erhebung der Besamungstauglichkeit ist neben der Durchführung der Brunstbeobachtung einer der größten Problembereiche im Fruchtbarkeitsgeschehen, da der Besamungserfolg nach Erstbesamung bei etwa 60 % liegt und auch andere Ursachen eine Rolle spielen (Haltung und Fütterung, Besamungstechnik usw.). Viele Betriebsleiter wissen heute wenig über die Ursachen und Symptome des Brunstgeschehens, das die eigentliche wirtschaftliche Basis der Rinderhaltung ist.

9 Hilfsmittel zur Brunsterkennung
1. Brunstkalender
2. Scheidenrohr mit Taschenlampe
3. Messung der Körpertemperatur
4. Bewegungsmesser (Pedometer)
5. Milch-/Blutprogesterontest
6. Brunstmessgerät (pH-Wert/elektr. Widerstand)
7. Tail-Paint-Farbpatronen
8. Suchstier
9. Webcam-System, auch zur Geburtenüberwachung

Kurze Zwischenkalbzeiten sind das Ziel!

Auch gut funktionierende Betriebe sind heute am Erhalt ihres Leistungsniveaus interessiert. Dabei kann eine systematische, routinemäßige Bestandsbetreuung durch den Rindergesundheitsdienst mithelfen, eventuelle Schwachstellen zu verbessern. Heute ist diese Form der Problemlösung auf breiter Ebene eingeführt und wird gerade im Bereich der Fruchtbarkeit als Schwerpunkt den Betrieben über die Tierärzte angeboten. Als Ziele werden dabei eine verlustarme Produktion bei Erhalt der Tiergesundheit und des Tier- und Konsumentenschutzes angestrebt.

Eckdaten der Herdenfruchtbarkeit

Maß	Definition	Grenzwert
Zwischenkalbezeit	Zeitabstand zwischen 2 Kalbungen	bis 400 Tage
Güstzeit	Tage von der Abkalbung bis zum Eintritt der Trächtigkeit	bis 100 Tage
Rastzeit	Tage von der Abkalbung bis zur ersten Besamung	bis 60 Tage
Besamungsindex	Anzahl an Besamungen, um die Kühe trächtig zu bekommen	unter 2
Erstbesamungserfolg	Prozent der Kühe, die nach Erstbesamung trächtig werden	ca. 70 %

Remotierungsbedarf in einer 100-Kuh-Herde

Abgangsrate	Erstkalbealter (Monate) 22	24	26	28	30	32	34	36
	Benötigter Aufzuchtfärsenbestand für die eigene Herde (Anzahl der Tiere aller Altersstufen)							
20 %	40	44	48	51	55	59	62	66
22 %	44	48	52	56	61	65	69	73
24 %	48	53	57	62	66	70	75	79
26 %	52	57	62	67	72	76	81	86
28 %	56	62	67	72	77	82	87	92
30 %	61	66	72	77	82	88	94	99
32 %	65	70	76	82	88	94	100	106
34 %	69	75	81	87	94	100	106	112

(Quelle: Bill Menzi / Hoard's Dairyman, 25. 9. 1994)

Durch die Remontierung wird eine produktive Herde geschaffen.

Die Zwischenkalbezeit kann zu empfindlichen finanziellen Verlusten führen, wenn sie länger als normal (max. 400 Tage) dauert. Darum muss der Mutterkuhhalter bestrebt sein, diese Zeit zu verkürzen. Allerdings ist die Zwischenkalbezeit von vielen Faktoren abhängig, die teils beeinflussbar und teils nicht beeinflussbar sind.

Von den Symptomen her sind es vor allem Zyklus- und Brunstanomalien, Nachgeburtsverhalten und Entzündungen, deren Ursachen vom Boden über das Futter bis zum Tier hin zu suchen sind und mit beträchtlichen wirtschaftlichen Verlusten einhergehen:

- z. B. die Verkürzung der ZKZ um 30 Tage an einer Kuh bringt über 10 Laktationen gerechnet: **+ 1 Kalb**
- z. B. die Verkürzung der ZKZ bei 10 Kühen um 30 Tage bringt in einem Jahr: **+ 1 Kalb**
- z. B. kostet ein einmaliges Nachstieren unter Einschluss aller direkten und indirekten Kosten nach 21 Tagen ca. € 5,–!

Ökonomische Bewertung der verlängerten Zwischenkalbezeit

Direkte Kosten durch
- Behandlungen, Wartezeiten
- Belegungen
- Arbeitsaufwand

Indirekte Kosten durch
- Verzögerungszeit
- Kälberverlust
- Nachstellungen bei Abgang
- Verlust der Saisonalität
- geringerer Zuchtfortschritt

Bei Winterkalbung in den Monaten Dezember/Jänner erfolgt die Belegung in den Monaten März/April. Zu dieser Zeit sind die Winterfutterqualitäten oft gering, so dass auch wesentlich schlechtere Trächtigkeitsraten als in den Frühsommermonaten auf der Weide erzielt werden. Die wirtschaftlichen Auswirkungen der Fruchtbarkeit sind gestaffelt in der Tabelle noch einmal verdeutlicht.

Auswirkungen verschiedener Produktionsmerkmale auf den Deckungsbeitrag in der Mutterkuhhaltung

Merkmal	Differenz	Deckungsbeitrag
Abkalberate	–5 –10	–10 –20
Aufzuchtrate	–5 –12	–10 –23
Absetzgewicht	–10 –7	–20 –15

Fruchtbarkeitsprobleme durch mangelnde Betreuung

Ursachen für Fruchtbarkeitsstörungen liegen meist nicht am Einzeltier, sondern sind ein Bestandsproblem. Die Fruchtbarkeit ist zu etwa 80 % von der Umwelt und zu etwa 20 % genetisch bedingt. Durch optimale Betreuung ist es möglich, eine befriedigende Fruchtbarkeitsleistung zu erzielen bzw. Fruchtbarkeitsstörungen zu vermeiden.

Abgesehen von saisonalen klimatischen Einflüssen werden direkt oder indirekt fast alle Umweltfaktoren vom Betriebsmanagement bestimmt. Je höher die Leistung, desto schmäler der Grat und damit die Gefahr, in ein Problem hineinzurutschen. Sind mehr als 30–50 % der Tiere eines Bestandes von Fruchtbarkeitsstörungen betroffen, so spricht man von „Herdensterilität", deren Behebung die Erforschung der Ursachen im Betrieb erfordert. Die geringere Beobachtungsfrequenz in Mutterkuhherden mit Deckstier führt dazu, dass Problemkühe erst später erkannt werden. Anhand von Eckdaten lassen sich heute Betriebe analysieren und ihre Fruchtbarkeitssituation einschätzen.

Wichtige Sterilitätsformen des Einzeltieres und der Herde

- **Brunstlosigkeit (Azyklie)**
  keine befruchtungsfähige Eizelle vorhanden, Inaktivität, Blockade der Eierstockfunktion
- **Stille/schwache Brunst**
  keine sichtbaren Brunstsymptome
- **Unregelmäßige Brunst (verkürzter/verlängerter Zyklus)**
  mangelnde Brunstbeobachtung, Embryonaltod, Zwischenbrunst
- **Ovarielle Funktionsstörungen**
  Atrophie, verzögerte Ovulation, Follikelatresie, Zysten, Gelbkörper (persist.)
- **Gebärmuttererkrankungen**
  Entzündungen I–IV, Mumifizierung/Steinfrucht, Abortus

10 Eckdaten eines tierärztlichen Fruchtbarkeitsprogrammes für Mutterkühe

1. Ausreichende und problemlose Trockenstehzeit
2. Normale Geburts-/Nachgeburtsphase
3. Entsprechende Körperkondition (BCS, RFD), keine Stoffwechselprobleme
4. Gynäkologische Untersuchung aller Problemtiere ab dem 20. Tag
5. Gute Brunstbeobachtung
6. Gynäkologische Untersuchung aller Problemtiere, die bis zum 45. Tag keine Brunst zeigen
7. Trächtigkeitsuntersuchung aller Tiere ab der 7. Woche
8. Routinemäßige Euter- und Milchuntersuchungen
9. Regelmäßige Klauenpflege
10. Mitgliedschaft beim Tiergesundheitsdienst und Bestandsbetreuung

Die Vorbereitungen

Der normale Geburtsverlauf

Richtiges Verhalten bei Komplikationen

Die Geburt

Die Vorbereitungen

Das wertvollste, aber zugleich auch schwächste Glied in der Mutterkuhhaltung ist das Kalb. Von einer Mutterkuh wird erwartet, dass sie mindestens ein Kalb pro Jahr bringt, andernfalls ist eine Mutterkuhhaltung nicht wirtschaftlich.

Die normale Trächtigkeit dauert bei unseren Rassen ca. 285 Tage. Bei einem großen Kalb oder bei Zwillingskälbern tritt manchmal eine frühere Geburt auf. Mit Zwillingsfrüchten ist in ca. 40 % der Fälle ein Verhalten der Nachgeburt verbunden. Eine Trächtigkeit kann auch durch verschimmeltes oder gefrorenes Futter abgebrochen werden. Überdies sind manchmal Krankheiten an einem Abort schuld.

Das Übertragen des Kalbes kann heute durch Hormoninjektionen abgekürzt werden. Sollte eine Trächtigkeit bereits 295 Tage dauern, empfiehlt es sich, vom Tierarzt eine Hormoninjektion geben zu lassen. 3 Tage später tritt im Allgemeinen die Geburt ein. Ein Nachteil dieser Methode ist lediglich darin zu sehen, dass zumeist Nachgeburtsverhaltungen bemerkt werden.

Die Geburt ist grundsätzlich ein normaler physiologischer Vorgang, der sich in eine Vielzahl von Einzelabschnitten unterteilt. In der Herde sondern sich tragende

Tiere von der Gruppe ab und suchen einen ruhigen und geschützten Platz auf. In der Stallhaltung gewöhnt man das Tier an ausreichend großen (ca. 12 m²), gut eingestreute und von der Herde nicht getrennte Abkalbeboxen zwei Wochen vor der Geburt, um eine stressfreie Geburt zu ermöglichen. Auf keinen Fall sollte man sonst freilaufende Tiere in der Abkalbebox anhängen, da durch den Stress ein komplettes Erliegen des Geburtsvorganges verursacht werden kann.

Der Geburtsvorgang sollte beobachtet und, wenn notwendig, rechtzeitig Geburtshilfe geleistet werden. Die wichtigste „Erste Hilfe", die der Landwirt zu leisten und zu beurteilen hat, ist die Geburt. Wie jeder Start im Leben kann auch die Kälbergeburt mit Schwierigkeiten verbunden sein.

Zu frühe Geburtshilfe, mangelnde Hygiene, ein schwieriger Geburtsverlauf und eine unsachgemäße Versorgung von Geburtsverletzungen sind Ursachen für nachfolgende Sterilitäten, lebensschwache Kälber oder Kälberverluste.

Um Schwergeburten vorzubeugen, kann man durch gezielte Anpaarungen regulierend wirken, indem man nur mit solchen Stieren besamt, die nachweislich Leichtkalbigkeit vererben, d. h., Kälber mit leichten Geburtsgewichten bringen, die sich durch besondere Wüchsigkeit und überdurchschnittliche Tageszunahmen auszeichnen.

Faktoren für Schwergeburten sind

- Größe und Alter der Kuh
- Beckenvolumen
- Geburtsgewicht und Geschlecht des Kalbes
- Lage des Kalbes
- Umfang des Kalbes
- Trächtigkeitsdauer
- Rasse(n)
- Genotypen
- Fütterung
- Fitness
- Temperatur und Jahreszeit

Der normale Geburtsverlauf

Bei der Geburt unterscheiden wir drei Phasen:

1. Das Vorbereitungsstadium

- Stärkere Lockerung des weichen Geburtsweges durch hormonell gesteuerte Wasseraufnahme ins Gewebe
- Einfall der Beckenbänder (3 Wochen vor der Geburt eintretend), Wachstum des Eutergewebes

2. Das Eröffnungsstadium (4–8 Std.)

- Es treten erste Wehen auf.
- Aufstehen und Niederlegen des Tieres wird beobachtet.
- Die Wehen bewirken das Vorschieben der Fruchtblase, das zur Eröffnung des Muttermundes, der Scheide und der Scham führt, bis die Fruchtblase aus der Scham heraustritt.

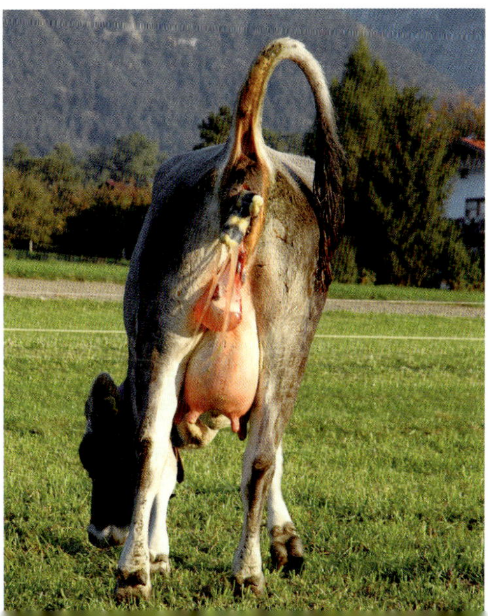

3. Das Austreibungsstadium (1–3 Std.)

Beim Austreibungsstadium kommt es zum Springen der Fruchtblase und zum Auspressen der Frucht.

Die Geburt geht im Liegen leichter vonstatten, da hiebei die Bauchpresse intensiver zur Geltung kommen kann. Außerdem liegt die Frucht höher. Durch Zugleistung kann die Geburt abgekürzt werden. Beim Anschlingen ist zu beachten, dass keine Eihautteile miteingebunden werden.

Die Geburt geht im Liegen leichter vonstatten.

Geburtshilfe

Falls Geburtshilfe geleistet werden soll, werden dazu zwei bis drei Personen und folgendes Material benötigt:

1. Zwei saubere Geburtsstricke. Die Stricke müssen sauber sein (möglichst ausgekocht, nicht im Stall hängen und verstauben gelassen).
2. Zwei Hölzer, Gleitmittel
3. Sauberes Langstroh
4. Warmes Wasser zum Reinigen der äußeren Scham, saubere Hände, Seife. Bis 2 Stunden nach dem Sprung der Fruchtblase kann auf die weitere Geburt gewartet werden (Geduld!).
5. Kaltes Wasser zur berieselnden Atmungsaktivierung des Kalbes
6. Nabeldesinfektionsmittel

> Nur dann, wenn der Blasensprung nicht erfolgt oder zwei Stunden danach kein weiterer Ablauf bemerkt wird, soll weiter eingegriffen werden.

Bei der Geburtshilfe ist weiters zu beachten:

1. Ablegen des Tieres in einer Abkalbebox, Ruhe bewahren.
2. Einzelnes kurzes Anschlüpfen der Gliedmaßen
3. Bei der Geburt soll keine rohe Gewalt angewendet werden. Reicht die Kraft von zwei Personen nicht aus, muss tierärztliche Hilfe in Anspruch genommen werden. Zug nur mit den Wehen!
4. Nach Durchtritt des Kopfes hat die Zugrichtung in Richtung auf die Hintergliedmaßen zu erfolgen, also nach unten. Die Wirkung kann durch abwechselndes Ziehen an den Gliedmaßen erhöht werden. Nur während der Wehen ziehen.
5. Schutz des Dammes bewirken. Leinsamenschleim oder ein Gleitmittel kann bei verzögerten Geburten von Vorteil sein (Trichter mit Schlauch).
6. Bei Steißlagen ist die Geburt schwieriger, da die Keilwirkung ausbleibt.

Lage – Stellung – Haltung

Lage

Bezeichnet die Position, welcher Teil dem Beckeneingang zugeteilt ist. Es gibt

- eine Vorderendlage (normal, d. h. Kopf voraus)
- eine Hinterendlage (Steißlage, d. h. Becken voraus)
- eine Bauchquerlage (senkrecht und waagrecht)
- eine Rückenquerlage (senkrecht und waagrecht)

Stellung

Rücken des Kalbes zum Rücken des Muttertieres.

- Bei **seitlicher Stellung in Hinterendlage** kann man zum Korrigieren das Kreuzen der Beine nutzen.
- Bei **seitlicher Stellung in Vorderendlage**: Drücken auf die Augen. Bei unterer Stellung in Vorderendlage: Fuß drehen.
- Bei **seitlicher Stellung in Hinterendlage** und unterer Stellung in Hinterendlage: Drehung der Hintergliedmaßen.

Haltung

Die Haltung der Gliedmaßen und des Kopfes in Bezug auf den Körper; Genickhaltung und Brustkopfhaltung.

- Seitenkopfhaltung: Korrigieren mit Augenhaken.
- Schwierig ist die Rückenkopfhaltung.
- Fußnackenhaltung
- Vorderkniehaltung
- Schultergelenksbeugehaltung
- Sprunggelenksbeugehaltung
- Hüftgelenksbeugehaltung

Richtiges Verhalten bei Komplikationen

Kälber können nach der Geburt blau anlaufen oder nicht atmen. Aus diesem Grunde ist es sehr wichtig, Geburtstermine regelmäßig zu überwachen, um bei Komplikationen rechtzeitig eingreifen zu können. Unmittelbar danach sind neben der richtigen Nabelversorgung Atmung, Bewegung und der Saugreflex (ABS des Kalbes!) zu kontrollieren und lebensschwache Kälber zu beobachten.

> Bei Kälbern muss man als erstes danach trachten, die Atemwege frei von Geburtsschleim zu bekommen. Nach dem Hochziehen an den Hinterbeinen streift man mit einer sauberen (!) Hand vom Nasenrücken in Richtung Flotzmaul. Keinesfalls sollte man mit den Fingern in den Nasenlöchern herumbohren, da das Kalb keine Abwehrstoffe hat und einer bakteriellen Infektion schutzlos ausgeliefert ist.

Danach kann man das Kalb aus einer Gießkanne mit kaltem Wasser begießen. Durch diesen plötzlichen Kälteschock werden der Überlebenstrieb und das Atemzentrum stimuliert und aktiviert. Mund-zu-Mund-Beatmung und Brustmassage am seitlich liegenden Tier können ebenfalls atmungsfördernd wirken. Dabei wird jeweils die oben liegende Vorderextremität langsam und synchron mit der Ausatembewegung gegen den Brustkorb gedrückt.

Als letzte Möglichkeit kann nur noch der Tierarzt ein atmungsanregendes Kreislaufmittel injizieren, wenn auch die vorherige Gabe, z. B. von Kreislauftropfen, unwirksam blieb.

Wichtig nach der Geburt: die Atmung kontrollieren

Da der bloße Nabelstrang eine direkte Verbindung ins Körperinnere ist und nach der Geburt beste Bedingungen für Bakterien bietet, dient die Nabelversorgung der schnellen Eintrocknung und Verhinderung eines raschen Keimwachstums. Als Erstes ist der Nabelstumpf mit sauberen Händen auszustreifen, um Blutreste, die ein idealer Nährboden für Bakterien sind, zu entfernen. Danach wird der Nabel mit Penicillinpuder oder mit einer leichten Jodlösung äußerlich benetzt. Am besten dafür eignen sich Sprays.

Die Vorgänge nach der Geburt und tierärztliche Hilfestellungen

1. Aufstehen der Kuh (oder Festliegen)
2. Abgang der Nachgeburt (oder Abnahme)
3. Rückbildung der Gebärmutter (oder Vorfall)
4. Mangelnde Futteraufnahme und langsames Wiederkäuen führen zu Energiemangel (Ketose).
5. Immunität gegenüber eingedrungenen Keimen (oder Gebärmutterentzündung)
6. Mangelnde Euterhygiene führt zu Mastitis.
7. Beginn der Eierstockaktivität (oder Brunstlosigkeit)

Normalerweise steht die Kuh unmittelbar nach der Geburt auf. Damit wird auch das Risiko eines Gebärmuttervorfalles durch Nachwehen reduziert. Für das Festliegen gibt es mehrere Ursachen.

Festliegen der Mutterkuh

eher geburtsbedingt

- Erschöpfung
- Beckenbruch
- Muskelriss
- Nervenquetschungen
- Abfall des Kalziumgehaltes
- Abfall des Phosphorgehaltes

andere Formen

- Knochenweiche
- Herzschwäche
- Leberstörungen
- Euterentzündung (Mastitis)
- Abfall des Magnesiumgehaltes

Der Abfall des Kalziumgehaltes im Blut wird auch als Milchfieber (Gebärparese) bezeichnet und ist durch Fresslust, abgestumpftes Bewusstsein, Lähmung der Hintergliedmaßen, Lagerung des Kopfes auf die Flanke, durch tiefe und langsame Atmung und kühle Oberfläche gekennzeichnet.

Erste Hilfe erfolgt durch Kalzium, Magnesium und eventuell auch durch Phosphorinfusionen. Bei einem **Gebärmuttervorfall** ist bis zum Eintreffen des Tierarztes die Gebärmutter hochzulegen und durch saubere Leintücher vor Verschmutzung zu schützen.

Nachgeburtsverhaltung *(Retentio secundinarum)*

Das Nichtabgehen der Nachgeburt ist eine häufige Ursache für Fruchtbarkeitsprobleme. Wenn die Nachgeburt nicht innerhalb von 12 Stunden nach der Geburt vollständig abgeht, ist eine tierärztliche Behandlung der Tiere erforderlich. Auf 100 Geburten kommen etwa 3–8 Nachgeburtsverhaltungen. Die Ursachen für diese Erkrankung können sehr vielfältig sein und die Entstehung ist sehr komplex, so dass das fehlende Abgehen der Nachgeburt in den meisten Fällen nicht ursächlich abgeklärt wird (oder nicht abgeklärt werden kann).

Folgende Faktoren werden, einzeln oder in Kombination, für das Nachgeburtsverhalten verantwortlich gemacht:

- Abnorme Trächtigkeitsdauer
- Verkürzte Trächtigkeitsdauer: zumeist bei Zwillingsträchtigkeit, infolge Abort, durch Gifteinwirkung, Allergien, hormonell oder erblich bedingte Störungen
- Verlängerte Trächtigkeitsdauer: hormonelle Störungen des Muttertieres oder des Fötus, erbliche Faktoren, nach Entbindung durch Kaiserschnitt
- Ernährung und Stoffwechselstörungen
- Mineralstoffmangel: Bei einem Kalziummangel zieht sich die Gebärmutter während bzw. nach der Abkalbung nur verzögert und ungenügend zusammen (Wehenschwäche – Schwergeburt), auch die Nachgeburt geht verzögert, unvollständig oder gar nicht ab. In der Gebärmutter zurückgebliebene Nachgeburtsteile und Lochialflüssigkeit stellen einen optimalen Nährboden für das Wachstum von Bakterien dar. Die Gefahr, dass es infolge von Keimvermehrung zu einer Gebärmutterentzündung kommt, ist bei Hypokalzämie stark erhöht. Die Zwischenkalbezeit von Kühen mit klinischer Gebärparese ist

durchschnittlich um 20 Tage verlängert.

- Spurenelement- und Vitaminmangel: v. a. Beta-Carotin, Vitamin A, Jod, Vitamin-E-Selenversorgung spielen hier eine bedeutende Rolle
- Energiemangel (Ketose) führt zu Wehenschwäche und erhöhter Infektanfälligkeit, stark verfettet zur Abkalbung anstehende Tiere neigen zu erhöhter Schwergeburtsanfälligkeit und Nachgeburtsverhaltung.
- Infektionen
- Aborterreger: Pilze und Pilzgifte: Verschimmeltes Futter stellt oftmals die Ursache für Abort, Nachgeburtsverhalten und Fruchtbarkeitsstörungen dar. Pilze, Bakterien, Prasiten (Toxoplasmen) und Viren können nur durch weiterführende Untersuchungen von Blut, Fötus und Nachgeburtsteilen als Verursacher nachgewiesen werden.
- Stressfaktoren
- Zu kurze Trockenstehzeit
- Transport/Standortwechsel von hochtragenden Tieren

Im Mutterkuhbetrieb ist die Kontrolle des Abgehens der Nachgeburt oft nur schwer möglich, da sie auch von den Kühen aufgefressen wird. Es muss daher durch regelmäßige Beobachtung auf Nachgeburtsteile geachtet werden, die aus der Scheide hängen.

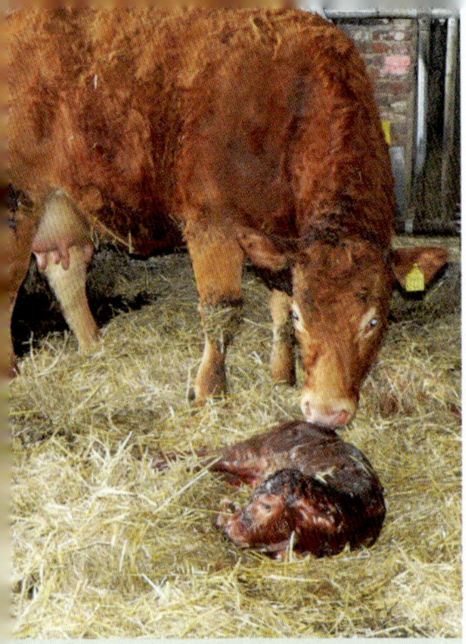

Die Bedürfnisse des Neugeborenen

Das Kalb und seine Probleme

Kälberkrankheiten

Das Kalb

Die Bedürfnisse des Neugeborenen

Innerhalb der ersten Viertelstunde sollte das Kalb seinen Kopf heben, aufstehen und das Euter seiner Mutter gesucht und gefunden haben. Diese erste Milchaufnahme ist die wichtigste im Leben eines jeden Neugeborenen, da zum Zeitpunkt der Geburt noch keine Antikörper gegen Erreger, die sich in seiner unmittelbaren Umgebung befinden, vorhanden sind. Die Biestmilch (Kolostrum) ist in ihrer Zusammensetzung von der normalen Milch gänzlich verschieden. Durch die hormonelle Vorbereitung zur Geburt werden die Blutgefäße für verschiedene Stoffe insbesondere der spezifischen Antikörper vermehrt durchlässig, was eine erhöhte Konzentration dieser Stoffe in der Kolostralmilch bewirkt. Der Immunoglobulinkörperanteil ist mit 17 % um Etliches höher als in der Normalmilch mit 0,7 %. Ebenso ist ein sehr hoher Vitamin-A-Spiegel vorhanden, der durch geeignete Fütterung des Muttertieres vor der Geburt entscheidend positiv beeinflusst werden kann.

Das Muttertier soll auch mindestens 3 Wochen vor der Geburt in den Abkalbebereich gebracht werden, um eine optimale Bildung von Antikörpern als Antwort auf die Auseinandersetzung mit den Erregern dieser neuen Umgebung zu gewährleisten. Die Milch ist braunrot, oft mit sichtbaren Blutbeimengungen, und hat einen bittersalzigen Geschmack. Nach ca. einer Woche ist das Gemelk wieder normal. In der ersten Lebensstunde sollte mindestens 1 Liter Biestmilch aufgenommen werden. SCHRAG et. al. setzen 6 % des Körpergewichtes in den ersten 6 Lebensstunden, also 2–2,5 Liter Kolostrum, als Optimum an. Das heißt, dass am ersten Lebenstag zwischen 3 und 4 Liter Biestmilch aufgenommen werden sollen.

Als sehr gute Faustregel haben SCHRAG et. al. folgende Formeln aufgestellt: Körpergewicht in kg : 100 x 6 als Kolostrumaufnahme in der ersten Lebensstunde, Körpergewicht in kg : 10 als Kolostrumaufnahme am 1. Lebenstag.

Das Ablecken des Kalbes regt den Kreislauf an.

Die erste Milchaufnahme ist die wichtigste im Leben eines jeden Neugeborenen.

Pro Kalb werden zwischen 10 und 30 Liter Kolostrum in der ersten Woche benötigt. Es kommt immer wieder vor, dass Muttertiere bei der Geburt sterben und nur das Kalb überlebt. Aus diesem Grunde sollte jeder Betrieb einen eingefrorenen Kolostrumpool von Altkühen zur Verfügung haben. Meistens wird die gesamte Kolostralmilch sowieso nicht von einem Kalb verbraucht. In vielen Milchbetrieben ist dies bereits üblich.

Die schnelle Aufnahme von Biestmilch ist auch noch aus einem ganz anderen Grund so wichtig: Das Kalb ist nur in den ersten 24 Stunden seines Lebens in der Lage, die Abwehrstoffe über den Darm in die Blutbahn aufzunehmen. Später ist diese Resorptionsmöglichkeit nicht mehr gegeben. Kälber sind von Natur aus auf wildeuterähnliche Strukturen geprägt, die weiter oben hängen. Bei Milchkühen sind die Zitzen aufgrund ihrer Eutermasse tiefer und das bedeutet für das Kalb eine verspätete Kolostrumaufnahme. Wenn man weiß, dass mit jeder Stunde nach der Geburt die Inhaltsstoffe in der Biestmilch langsam abnehmen, so kann man sich das Ausmaß einer verspäteten Milchaufnahme selbst ausrechnen. Bevor das Kalb zu saugen anfängt, wird es von der Mutter trocken geleckt, was einerseits eine kreislaufstimulierende Wirkung hat und andererseits die geruchliche Identifizierung des Kalbes prägt.

In den ersten Lebenstagen sollte auch das Einziehen von Ohrmarken vorgenommen werden, da die Tiere noch nicht so scheu gegenüber dem Menschen sind. Unerfahrene Kalbinnen lassen nach der Geburt häufig das Kalb nicht gleich saugen und verzögern so die essentielle Biestmilchaufnahme. Vorsicht ist auch geboten bei angesaugten Kalbinnen, da das Kolostrum für das eigene Kalb fehlt.

Das Kalb und seine Probleme

Das Kalb als Hauptprodukt, das sich durch hohes Gewicht nach 8- bis 10-monatigem Saugen auszeichnen soll, ist das schwächste, also krankheitsanfälligste, Glied in der Produktionskette. Die unumstrittenen Vorteile der Mutterkuhhaltung hinsichtlich extensiver Fleischproduktion, bester Ausnutzung der Weideflächen, kostengünstigem Arbeiten sowie der daraus resultierende Gewinn dürfen die beste Planung nicht vermissen lassen. Wie schon erwähnt, führen gerade Kälberverluste ebenso wie Krankheiten zu erheblichen Leistungseinbußen. Aus diesem Grunde kommt der Haltung, dem Stallklima und dem Management zentrale Bedeutung zu.

Der Kälberschlupf ist die wichtigste Rückzugszone für Kälber.

> Die Krankheitsanfälligkeit ist in der kalten Jahreszeit erhöht. Hohe Bestandsdichten im Stall und eine übermäßige Schadstoffkonzentration sowie unzureichende hygienische Maßnahmen können zu schweren Durchfällen und Lungenentzündungen führen.

Mit zwei Wochen sollte das Kalb schon das erste Raufutter bester Qualität im Kälberschlupf angeboten bekommen, um eine rasche Vormagenentwicklung zu erreichen. Mit sechs Wochen ist der ideale Zeitpunkt zum Enthornen gekommen. Durch zeitlich terminisierte Abkalbungen wird hiermit auch wieder eine Arbeitserleichterung für den Mutterkuhhalter geschaffen, da man sich durch gute Planung ein mehrmaliges „Einfangrodeo" erspart.

Die Ansprüche des Kalbes innerhalb einer Herde sind doch etwas anders als die von erwachsenen Rindern. Das Abwehrsystem ist noch nicht stark genug, um sich auch wirklich erfolgreich gegen Krankheitserreger (Kälbergrippe, Durchfälle etc.) zu wehren. Der Kälberschlupf, der als richtige Ruhezone nur von Kälbern benutzt werden darf, ist daher besonders wichtig. Er muss immer sauber, hell und vor allem zugfrei sein. Eine eigene Futterraufe für Heu und ein eigener Kraftfutterautomat sollen auch zur Verfügung stehen. Es müssen immer mehr Liegeplätze als Kälber vorhanden sein (min. 1,2–1,5 m²/Kalb).

Weiters ist es günstig, wenn die Kälber nicht allzu große Altersunterschiede aufweisen, da sonst jüngeren Tieren durch Milchräubern die Milch gestohlen wird und diese dann in ihrer Entwicklung zurückbleiben. Um die Tageszunahmen feststellen zu können, empfielt es sich, die Kälber nach der Geburt zu wiegen. Daraus kann man bei der Ermittlung des Absetzgewichtes mittels folgender Formel die Tageszunahmen errechnen.

$$\textbf{Tägliche Zunahme} = \frac{\text{Absetzgewicht} - \text{Geburtsgewicht}}{\text{Alter in Tagen}}$$

Hat man aus irgendeinem Grunde das Wiegen nach der Geburt vergessen, so kann man wie folgt rechnen :

$$\textbf{Durchschnittliche Tagesentwicklung} = \frac{\text{Absetzgewicht}}{\text{Alter in Tagen}}$$

Kälberkrankheiten

Physiologische Daten eines gesunden Kalbes

Allgemeinverhalten:	lebhaft und aufmerksam
Ernährungszustand:	gut
Haarkleid:	glatt, glänzend, anliegend, nicht verschmutzt
Hautelastizität:	erhalten
Innere Körpertemperatur:	38,5–39,3 Grad Celsius
Kopfschleimhäute:	blassrosa, kein Ausfluss
Puls:	72–92 Pulsschläge pro Minute, kräftig, regelmäßig
Atmung:	20–40 Atemzüge pro Minute, tief, regelmäßig
Pansenmotorik:	erst ab dem dritten Lebensmonat bei Raufuttergabe hörbar
Kot:	nach der Geburt: Mekonium/Darmpech; grün-schwarz, zäh, bis zur 4. Woche: gelb-ockerfarben, breiig, gelegentlich fettig
Harn:	durchsichtig, klar, ohne Fremdbeimengungen (Blut, Fibrin)

Krankheiten

Mangelkrankheiten
- Weidetetanie (Mg-Mangel)
- Hirnrindennekrose (Vit.-B_1-Mangel)
- Weißmuskelkrankheit (Vit.-E-Selen-Mangel)

Organkrankheiten
- Wiederholtes Aufblähen
- Labmagenverlagerung
- Harnröhrenverschluss
- Läuse- und Haarlingsbefall

Infektionskrankheiten
- Akuter Durchfall
- BVD/MD
- Kälbergrippe
- Kälber- oder Glatzflechte
- Nabelentzündung

Vergiftungen
- Chronische Kupfer-Vergiftung (falsches Mineralstofffutter)
- Giftpflanzen

Vorbeugung: saubere und gesunde Euter, einwandfreies Futter, gutes Stallklima, keine Zugluft, Vitamine A und E.

Durchfälle

Die Verlustrate von Kälbern nach der Geburt ist durch Kälberdurchfälle besonders hoch. Beim Durchfall kommt es zu einer beschleunigten Darmpassage des Darminhaltes, wodurch eine ausreichende Wasserrückresorption nicht mehr gegeben ist. Der Kot wird durch den vermehrten Wassergehalt dünner und im Strahl abgesetzt. Farbabweichungen und Blut- oder Fibrinbeimengungen sind je nach Durchfallerreger vorhanden.

Durch den hohen Wasser- und Elektrolytverlust trocknen die Tiere sehr rasch aus, was durch das Einsinken der Augäpfel (Wasserverlust über 10 %) und das nicht bzw. sehr langsame Verstreichen der

Hautfalte seitlich am Hals erkennbar ist. Das Problem bei diesem Geschehen ist, dass es durch den Wasserverlust zu einer Bluteindickung kommt und dadurch eine ausreichende Sauerstoffversorgung des Tieres nicht mehr gegeben ist. Dieser Zustand kann bis zum Festliegen und zum Koma führen. Als Ursachen für Durchfallerkrankungen sind mehrere verschiedene Faktoren zu nennen.

1. **Viren:** Rota, Corona, Parvo
2. **Bakterien:** *E. coli*, Salmonellen
3. **Parasiten:** Kokzidien, Kryptosporidien
4. Ernährungsbedingte Durchfälle
5. Kombinationsinfektionen von Viren und Bakterien
6. Stressbedingte Durchfälle

Die häufigsten Ursachen sind mit Sicherheit Virus-Bakterien-Mischinfektionen, wobei die zuerst stattgefundene Schädigung der Darmschleimhaut durch Viren die daran anschließende Bakterienbesiedelung begünstigt.

Rota- und Corona-Virus-Durchfälle

Diese Durchfallerreger treten sehr häufig unmittelbar nach der Geburt bis maximal 1–2 Wochen nach der Geburt auf. Normalerweise werden die Darmzotten der Dünndarmschleimhaut kontinuierlich von einem Schleimhautepithel, das von der Basis der Zotten gebildet wird, überzogen. Dadurch wird eine gute Resorption von Nährstoffen ermöglicht. Ebenso ist der Darm in der Lage, Schleim zu bilden. Dieser Schleim ist als Vorbereitung für die weitere Verdauung wichtig. Diese Viren besiedeln nun die Schleimhautkrypten und Zottenspitzen und verhindern dadurch diesen kontinuierlichen Überzug der Darmzotten. Daraus ergibt sich zwangsläufig eine Schrumpfung der Darmzotten, was gleichzeitig auch mit einem Resorptionsverlust verbunden ist. Das ursprüngliche Verhältnis Resorption : Sekretion beträgt 3:1, bei der Rückbildung der Zotten kommt man auf

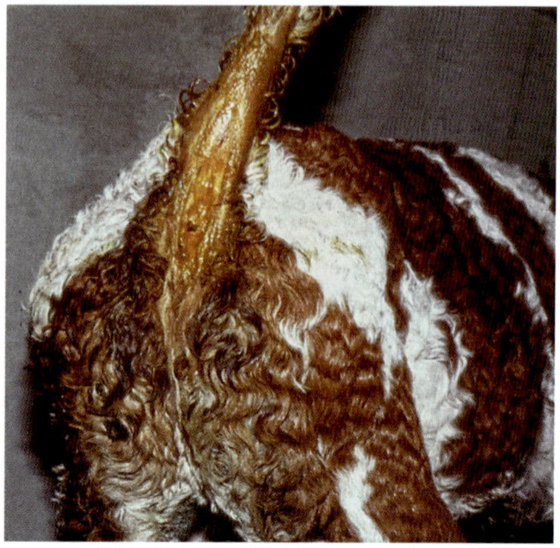

Der Kot bei Rota- und Corona-Virus-Durchfall ist gelb und manchmal blasig.

ein Verhältnis 1:1. Daraus ergeben sich logischerweise ein Elektrolytmangel infolge der Resorptionsschwäche des Darmes und eine beschleunigte Darmpassage aufgrund des erhöhten Flüssigkeitsgehaltes des Inhaltes. Der Kot ist gelb, machmal etwas blasig, die Tiere trocknen sehr rasch aus. Oftmals verlieren Jungtiere bis zu 10 % ihres Körpergewichtes an Flüssigkeit an einem Tag!

Therapie: Das Kalb sollte sofort, getrennt von den anderen Herdenmitgliedern, aufgestallt werden. Absolute Sauberkeit, Ruhe und ein zugfreier, warmer Platz sind jetzt wichtig. Der Flüssigkeitsverlust muss schnell mittels einer geeigneten Infusionslösung ausgeglichen werden. Nach neuesten Erkenntnissen soll das Kalb weiter seine Vollmilchrationen dreimal täglich (2–3 Liter/Mahlzeit) bekommen und zwischen jeder Mahlzeit sollte eine Elektrolyt/Diät-Zwischentränke in der Menge von 1–1,5 Litern angeboten werden. Die Vollmilchrationen sind sehr wichtig, damit der tägliche Erhaltungsbedarf an Nährstoffen gedeckt wird. Die Elektrolyttränken sollen jedoch nur die täglichen Verluste wettmachen. Daher ist bei einer alleinigen Diättränkegabe eine sichere energetische Unterversorgung des schon stark geschwächten Kalbes vorprogrammiert. Um die Sekundärinfektionen durch Bakterien in Grenzen zu halten, verwendet man einige Tage Breitbandantibiotika. Die schmerzhaften Darmkrämpfe werden mittels geeigneter krampflösender Mittel behandelt.

TIPP!

Zur problemlosen Verabreichung dieser relativ hohen Flüssigkeitsmengen eignen sich im Fachhandel erhältliche so genannte „Drencher" recht gut.

Prophylaxe: Neben ausreichender Geburts- und Aufstallungshygiene bringt eine einmalige Muttertierimpfung 4 Wochen vor der Geburt gute Erfolge. Die Antikörper, die vom Muttertier gebildet werden, sind dann zum Zeitpunkt der Geburt in der Kolostralmilch und schützen so das Kalb.

Koli-Durchfall

Escherichia coli ist an und für sich ein banaler Keim, der in jedem gesunden Darm auch vorkommt. Ein bestimmtes Haftantigen macht aber manche dieser Kolikeime zu gefährlichen Durchfallerregern. Kolidurchfälle treten gehäuft in den ersten beiden Lebenswochen auf und äußern sich durch ihren charakteristisch gefärbten weißen Kot, der unter starkem Pressen abgesetzt wird. Wie bei den anderen Durchfällen verlieren die Kälber viel Wasser und Elektrolyte. Dazu kommt noch eine durch hämolysierende *E. coli* hervorgerufene Septikämie, die mit einer erheblichen Störung des Allgemeinverhaltens verbunden sein kann (Fieber, Tiere liegen viel).

Therapie: Breitbandantibiotika gegen die Erreger und Flüssigkeitsersatz durch Infusionen. Zwischentränken und Vollmilch wie bei Durchfall.

Prophylaxe: Muttertierimpfungen sowie äußerste Hygiene bei der Geburtshilfe und im gesamten Stall.

Salmonellose

Die durch Salmonellen hervorgerufenen Durchfälle zeichnen sich durch besonders raschen und heftigen Verlauf aus, der meist eine hochgradige Störung des

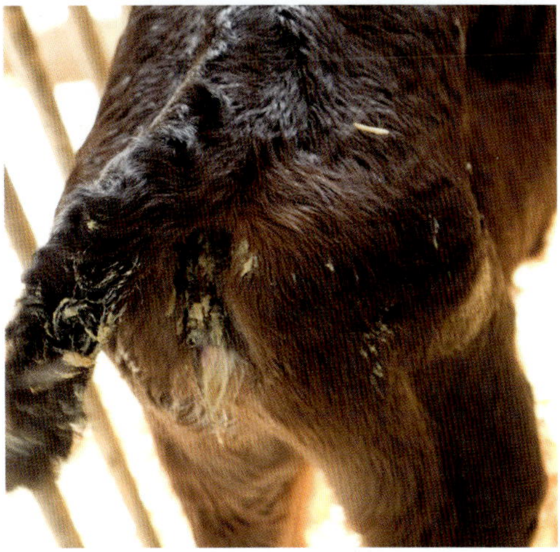

Koli-Durchfall äußert sich durch einen charakteristisch gefärbten weißen Kot.

Allgemeinbefindens infolge der Intoxikationserscheinungen einer Septikämie hervorruft. Bei der Salmonellose unterscheidet man zwei für die Rinder besonders ansteckende Typen:

- *Salmonella dublin:* besonders gefährlich für Kälber. Ältere Rinder, die klinisch gesund sind, scheiden diese Bakterien aus und stellen dadurch eine potentielle Infektionsquelle dar. Deshalb sollten solche Dauerausscheider so schnell wie möglich verwertet werden.
- *Salmonella thyphimurium:* Ebenfalls ein problematischer Keim, der als Umweltkeim sehr weit verbreitet ist. Er wird hauptsächlich durch Nagetiere, wie Mäuse und Ratten, verbreitet. Deshalb immer eine gute Schädlingbekämpfung durchführen, wenn Salmonellen dieses Typs Probleme im Betrieb machen.

Salmonellose beim Rind äußert sich in zahlreichen verschiedenen Symptomen. Neben den klinisch unauffälligen Salmonellenausscheidern, die nur durch eine bakteriologische Untersuchung ausfindig gemacht werden können, gibt es noch die septikämische Verlaufsform, bei der die Tiere Fieber und höchstgradige Störungen des Allgemeinbefindens zeigen. Pathoanatomisch findet man an den Lebern solcher Tiere immer wieder punktförmige gelbe Nekrosen und einen hochgradig blutigen Darm mit fibrinösem Inhalt.

Bei der klassischen Durchfallsform fällt Folgendes auf: Der Kot wird unter starkem Pressen abgesetzt. Die Farbe ist grünlich und mit zahlreichen Blasen durchsetzt. Besteht der Durchfall schon einige Tage, so findet man im Kot zahlreiche Fibrin- und Blutbeimengungen, die auf eine starke Schädigung der Darmschleimhaut schließen lassen können. Außerdem liegen die Kälber viel und fressen fast nichts.

Therapie: Zur Flüssigkeitsregulierung und zum Ausgleich der Blutazidose sollte auf jeden Fall für einige Tage eine Infusionsbehandlung vorgenommen werden. Mit einer antibiotischen Versorgung versucht man das Salmonellenwachstum zu hemmen. Vollmilch und Elektrolytzwischentränken dürfen bei der Behandlung ebenfalls nicht fehlen.

Prophylaxe: Ausmerzung von Dauerausscheidern, regelmäßige Schädlingsbekämpfung sowie nur Zukauf von Tieren aus salmonellenfreien Beständen, Futter- und Stallhygiene beachten.

Weidedurchfälle

Bei Milchmastkälbern kommt den ernährungsbedingten Durchfällen wohl größere Bedeutung zu als bei Kälbern in Mutterkuhhaltung. Dennoch tritt immer wieder knapp nach Weideaustrieb bei den Jungtieren gehäuft Durchfall auf. Die Kälber fressen das für sie in der ersten Weideperiode noch neue und gut schmeckende Gras sehr gierig. Im jungen Aufwuchs ist meist auch sehr viel Eiweiß und Wasser. Dieser erhöhte Wassergehalt kann vom Darm in nur unzureichender Form rückresorbiert werden. Deshalb ist der Wassergehalt im Kot höher und die Darmpassage beschleunigt.

Therapie: Wenn der Durchfall, wie beschrieben, knapp nach Weideaustrieb auftritt und alle anderen parasitär bedingten Durchfälle, wie Kokzidiose etc., ausgeschlossen werden können, sollte man den Tieren vor jedem Austrieb genügend Heu füttern, um eine übermäßig gierige Grasaufnahme zu vermeiden. Haben die Tiere nun Durchfall, sollte man sie

Vor dem Austrieb genügend Heu füttern, um Weidedurchfälle zu vermeiden.

ein paar Tage aufstallen und nur mit Raufutter füttern, bis der Durchfall vobei ist. Besteht der Durchfall aber schon einige Tage und die Tiere weisen eine stärkere Austrocknung auf, sollten sie ebenfalls einer Infusionsbehandlung unterzogen werden.

Kälbergrippe

Unter Kälbergrippe versteht man eine Atemwegserkrankung des Kalbes (Crowding-disease) und des erwachsenen Rindes. Es handelt sich hierbei um eine Faktorenkrankheit mit folgenden Ursachen:

- Viren: Adeno, Reo, Rhino, PI 3, BRS-Viren
- Bakterien: Mycoplasmen, Pasteurellen, Corynebakterien etc.
- Stallklima
- Stress, schlechte Immunitätslage

Dieser Erkrankungskomplex tritt vorwiegend in der kalten Jahreszeit auf, wo die Tiere in den oft sehr schlecht klimatisierten (zu warm, zugig, feucht etc.) und überbelegten Ställen leben müssen. Diese Überbelegung oder jeder Transport und Futterwechsel stellen für die Tiere eine ungewohnte Belastung dar, was sich in einer verminderten Resistenz gegenüber Krankheitserregern manifestiert.

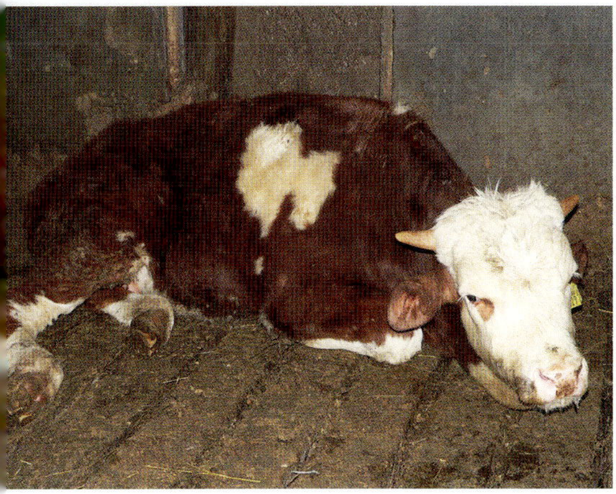

Hohes Fieber, starke Atembeschwerden und viel Liegen ...

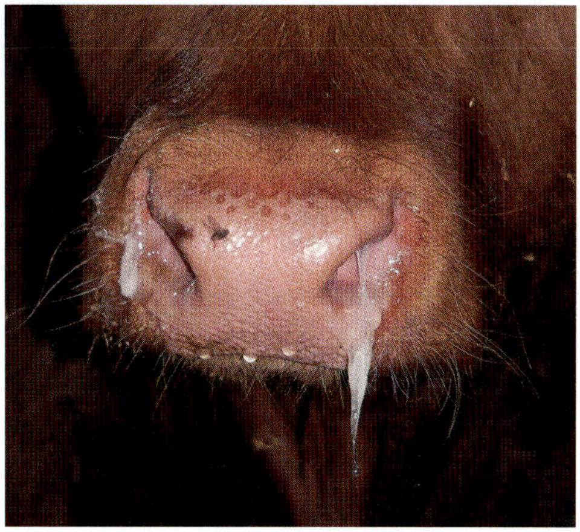

... sowie eitriger Nasen- und Augenausfluss sind typische Symptome der Kälbergrippe.

Durch Überbelegung und schlechte Lüftungssysteme kann das Stallklima nicht mehr die optimalen Lebensbedingungen schaffen. Die Tiere geben viel Wärme und Feuchtigkeit ab und die Krankheitserreger finden hier optimale Vermehrungsbedingungen vor.

Symptome: Diese Krankheit verläuft in zwei Phasen, wobei die erste Fieberphase oftmals unbemerkt bleibt. Nach einer kurzen Inkubationszeit steigt die innere Körpertemperatur auf 40–41 Grad. Die Tiere zeigen nur einen geringgradigen wässrigen Nasen- und Augenausfluss und fressen etwas weniger. Das Allgemeinbefinden ist geringgradig herabgesetzt. Nach der ersten Fieberphase, die 1–3 Tage dauern kann, scheinen sich die Tiere erholt zu haben.

Im Anschluss an diese scheinbare Genesung zeigen die Tiere höheres Fieber, starke Atembeschwerden, eitrigen Nasen- und Augenausfluss, Husten, liegen viel, fressen fast nichts, das Haarkleid wird struppig und stumpf. Schreitet diese Atemwegserkrankung ohne Behandlung fort, so stellt sich Maulatmen aufgrund des akuten Sauerstoffmangels ein. Durch die bakteriellen Sekundärerreger manifestiert sich eine eitrige Bronchitis und Lungenentzündung, die einen normalen Luftaustausch nur schwer zulässt. Aufgrund dieser gestörten Atmung kann auch die verbleibende Restluft in der Lunge nicht mehr vollständig abgeatmet werden und so entsteht durch diese Überdehnung der Lungenbläschen ein Lungenemphysem.

Therapie: Die Therapie sollte unbedingt als Bestandstherapie durch den Tierarzt erfolgen. Zusätzlich werden Mittel, die das Husten erleichtern und den Krampf lösen, eingesetzt. Vitamine und Mineralstoffmischungen sind auf jeden Fall therapiefördernd.

Prophylaxe: Wenn Tiere zugekauft werden, sollten sie mindestens drei Wochen lang in einem geeigneten Quarantänestall, getrennt von der Herde, aufgestallt werden. Ansonsten empfielt es sich, in der kalten Jahreszeit die Abwehrkraft der Tiere mit einer die körpereigene Abwehr steigernden Impfung zu stärken. Diese Maßnahmen nützen aber nichts, wenn die optimalen stallklimatischen und hygienischen Verhältnisse nicht hergestellt sind.

Nabel

Nabelbrüche, Entzündungen, Kälberlähme

Unter einem Nabelbruch wird eine Umfangsvermehrung im Nabelbereich verstanden, die schmerzhaft sein kann und meistens Darmteile als Bruchinhalt aufweist. Diese Darmteile können jetzt durch die Bruchpforte rückgeführt werden oder auch nicht. Im ersteren Fall ist die Prognose günstiger, weil es sich bei einem nicht rückbildbaren Bruch meist auch noch

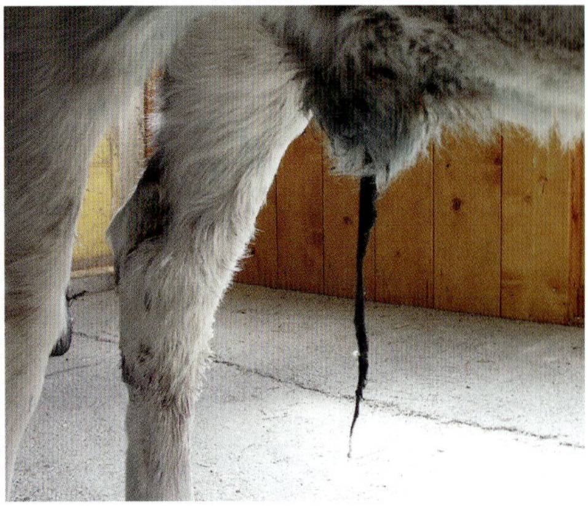

Verdickter Nabel bei Nabelentzündung

um eine Nabelentzündung mit anschließender Verklebung der Darmteile ans Bauchfell handelt. Nabelbrüche sollten grundsätzlich operiert werden, da sie meist schlimme Darmeinklemmungen in der Bruchpforte zur Folge haben können, wonach das Tier, wenn zu große Darmteile abgestorben sind, nur mehr sehr schwer operativ wiederhergestellt werden kann.

Bei Nabelentzündungen handelt es sich um aufsteigende Mischinfektionen des Nabels und seiner Anhangsgebilde. Über die Nabelvene kommen bei schlechter Nabelversorgung nach der Geburt Keime direkt in die Leber und von hier in die Blutbahn, es entsteht eine Blutvergiftung. So ist es auch leicht verständlich, dass sich aus einer aufsteigenden Nabelentzündung das Bild einer Kälberlähme entwickeln kann.

Bei der **Kälberlähme** kommt es durch Mischinfektion verschiedenster Bakterien zu schweren Gelenksentzündungen mit hochgradigen Lahmheiten. Die Tiere stehen mit aufgekrümmtem Rücken und die Gelenke sind sehr schmerzhaft und heiß.

Therapie: Bei Nabelbrüchen jeder Art sollte eine Operation versucht werden, um dem Kalb und sich spätere langwierige Probleme zu ersparen.

Bei Nabelentzündungen und Kälberlähme muss versucht werden, mit Breitbandantibiotika die Infektion in den Griff zu bekommen. Auf jeden Fall sind solche Tiere getrennt von den gesunden aufzustallen.

Prophylaxe: Äußerste Hygiene bei der Nabelversorgung nach der Geburt. Immer saubere Laufställe und Kälberschlupfe sowie regelmäßige Kontrolle der Kälber auf Veränderungen.

Selen- und/oder Vitamin-E-Mangel

Diese Mangelerkrankung tritt vor allem bei Tieren in Extensivhaltung auf, wenn auf den Einsatz von Mineralstoffmischungen und Kraftfutter verzichtet wird. Das Spurenelement Selen und das Vitamin E haben wichtige Aufgaben in der Verhütung so genannter „oxidativer" Schädigungen von Körperzellen. Dabei werden für Zellen schädliche Stoffe entgiftet.

Die Selenversorgung der Tiere hängt sehr stark von der Zusammensetzung der Ration, dem Selengehalt des Bodens sowie von der Selenverfügbarkeit im Boden ab. Ein akuter Mangel an Vitamin E oder Selen macht sich insbesondere bei Kälbern durch Trinkschwäche, Muskelschwäche und -zittern, Festliegen (Weißmuskelkrankheit) sowie durch Herzschwäche und Atemnot bemerkbar.

Die erkrankten Tiere liegen fest, der Harn ist schwarzbraun verfärbt und die Rückenmuskulatur ist derb bis hart. Bei erwachsenen Rindern kann es zu verminderter Fruchtbarkeit kommen. Der Mangel an Vitamin E/Selen stellt nur selten die alleinige Ursache für Gliedmaßenprobleme erwachsener Rinder dar.

Bei akuten, nachgewiesenen Mangelzuständen wird eine Injektion durch den Tierarzt zu einer Stabilisierung führen. Bei chronischem Selenmangel in der Ration sollten Mineralfuttergaben mit ausreichendem Spurenelementgehalt (wenigstens 30–40 mg Selen/kg Mineralfutter) zum Einsatz kommen, wovon pro Tier und Tag 60–70 g zu füttern sind. Daneben wird hier ausdrücklich auf die extreme Giftigkeit von Selen bei Überdosierung hingewiesen.

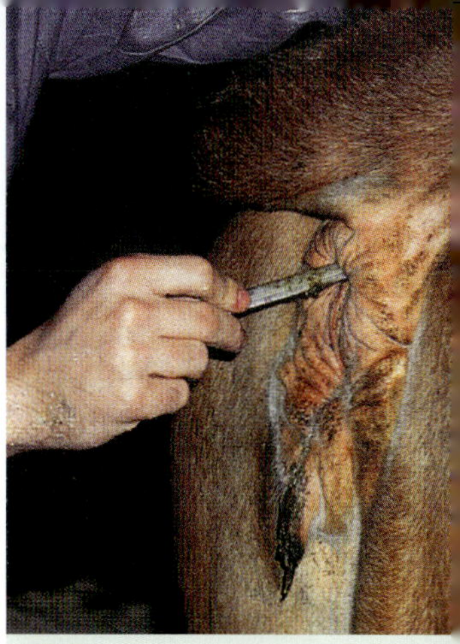

Die kranke Mutterkuh

- Interne Krankheiten
- Parasitosen
- Infektionskrankheiten
- Deckinfektionen
- Vergiftungen
- Stoffwechselstörungen
- Eutererkrankungen
- Klauenerkrankungen
- Erste Hilfe
- Unsere Tiere gesund erhalten

Das vorliegende Kapitel über Rinderkrankheiten soll das funktionelle Verständnis für diese speziell ausgewählten Krankheiten vermitteln. Die Krankheiten wurden nach dem Gesichtspunkt des häufigeren Auftretens in Mutterkuhherden gewählt und erheben deshalb keinen Anspruch auf Vollständigkeit. Um eine extensive Viehwirtschaft so rentabel wie möglich zu gestalten, gilt es als oberstes Gebot, Fehler zu vermeiden. Durch das rasche Erkennen von Krankheiten oder anderen Problemen ist auch eine Behebung wesentlich effizienter und kostengünstiger. Aus diesem Grunde ist auch die enge Zusammenarbeit mit dem Tierarzt sehr wichtig, der durch beratende Gespräche und vorbeugende Maßnahmen das Herdenmanagement enorm verbessern kann und nicht nur als Kostenfaktor gesehen werden sollte.

Physiologische Daten des erwachsenen Rindes

Allgemeinverhalten:	ruhig und aufmerksam
Ernährungszustand:	gut/body conditioning score zwischen 2 und 3
Haarkleid:	glatt, anliegend, glänzend, der Rasse entsprechend
Hautelastizität:	erhalten (Hautfalte verstreicht in 2 Sekunden)
Innere Körpertemperatur:	38,3–38,8 Grad Celsius
Kopfschleimhäute:	blassrosa bis rosarot
Puls:	60–68 Pulsschläge pro Minute, kräftig, gleichmäßig, regelmäßig. Arterien gut gefüllt und gespannt
Atmung:	10–30 Atemzüge pro Minute, ruhig, tief, ohne Bauchpresse
Pansenmotorik:	1–2 kräftige und auslaufende Pansengeräusche pro Minute
Fäkalien pro Tag:	30–40 kg Kot: grünbraun bis dunkelbraun, mittelbreiig (Fladen), ohne Fremdbeimengungen. Harn: durchsichtig, klar, aromatischer Geruch, alkalischer pH-Wert bis 8,0, keine Fremdbeimengungen

Interne Krankheiten

Schlundverstopfung

Schlundverstopfungen treten leider sehr häufig auf, da viele Tierhalter ihren Weidetieren zu große Rüben oder Kartoffeln füttern. Durch die schnelle Aufnahme der gut schmeckenden Rüben werden, wie es den Wiederkäuern eigen ist, unselektiv auch größere Teile abgeschluckt, die dann die Speiseröhre nicht mehr passieren können. Dadurch entsteht ein Krampf in den Muskelschichten der Speiseröhre, der eine weitere Beförderung unmöglich macht.

Aufgrund dieser Verstopfung kann das im Pansen gebildete Gas nicht mehr abgerülpst werden und es entstehen Blähungen.

Symptome: Die Tiere treten plötzlich mit ängstlichem Blick vom Futterbarren zurück, strecken dabei den Hals und beginnen sehr stark zu speicheln. Ebenso ist eine Blähung mit möglichem Pansenstillstand feststellbar, die dann auch zum Erstickungstod führen kann.

Therapie: Wenn der im Schlund steckende Fremdkörper nicht mit der Hand entfernt werden kann, sofort den Tierarzt rufen.

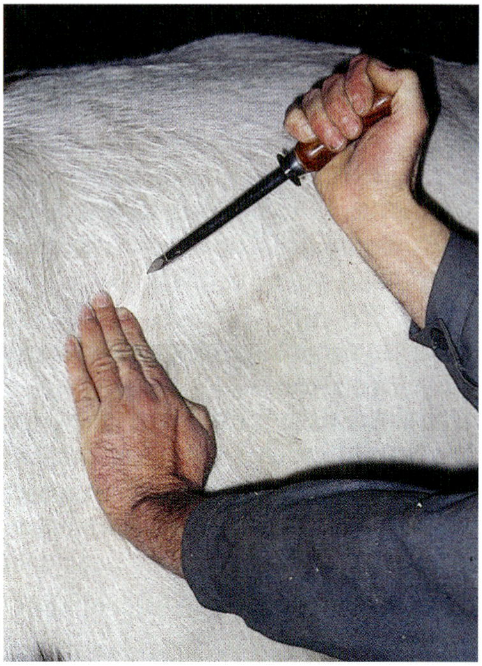

Richtiges Setzen des Pansenstiches

Tympanien/Blähungen

Unter Tympanien versteht man eine übermäßige Gasansammlung im Pansen, verbunden mit einer gleichzeitigen Umfangsvermehrung in der linken, in hochgradigen Fällen sogar in der rechten Hungergrube. Durch den Druckanstieg im Bauchraum kommt es fast regelmäßig zu einem Zwerchfellhochstand, der im schlimmsten Falle zum Erstickungstod des Rindes führen kann. Auch ist eine hochgradige Störung des Allgemeinbefindens festzustellen. Man unterscheidet zwei Arten von Tympanien:

- Tympanie mit Gasblase
- Schaumige Gärung

Tympanie mit Gasblase

Diese Form der Blähung kommt dadurch zustande, dass sich das im Pansen gebildete Gas nicht mehr durch Ausrülpsen entfernen lässt. Die Ursache dafür können – wie schon oben erwähnt – Schlundverstopfungen sein. Weiters ist es möglich, dass in bestimmten Pflanzen Inhaltsstoffe sind, welche die Druckrezeptoren im Pansen, die das Ausrülpsen ermöglichen, lähmen.

Symptome: Umfangsvermehrung in linker und/oder rechter Hungergrube.

Therapie: Gasablassen mittels einer Magenschlundsonde. Bis zum Eintreffen des Tierarztes sollte man die Tiere vorne höher stellen, da so eine Entlastung des Zwerchfells und damit verbunden eine bessere Atmung gewährleistet wird. In besonders lebensbedrohlichen Situationen ist auch der Pansenstich angezeigt. Die richtige Stelle liegt eine Handbreit unter den Lendenwirbelquerfortsätzen und 3–4 Finger hinter dem letzten Rippenbogen auf der linken Seite. Da es sich um einen lebensbedrohlichen Notfall handelt, sofort den Tierarzt verständigen und zustechen. Die Wundversorgung übernimmt dann der Tierarzt.

Schaumige Gärung

Die schaumige Gärung kommt durch eine übermäßige Aufnahme von Klee und jungem Gras zustande. Im Klee befinden sich Stoffe, die mit den Pansengasen einen stabilen Schaum bilden, der nicht mehr ausgerülpst werden kann, vor allem im Frühjahr.

Symptome: Wie oben.

Therapie: Hier ist es nicht mehr möglich, das Gas mittels einer Magenschlundsonde abzulassen. Sofort den Tierarzt verständigen.

Prophylaxe: Da die Tiere nach einer langen Stallsaison gierig das junge, gut schmeckende Gras aufnehmen und dadurch zu wenig Speichel erzeugen, der eine schaumbrechende Wirkung hätte, liegt es auf der Hand, den Tieren vor Weideaustrieb ausreichend Raufutter anzubieten und die ersten Weidetage zeitlich zu begrenzen. Ebenso kann man Schaumbrecher in die Tränkebecken oder auf das frisch geschnittene Grünfutter geben.

Fremdkörpererkrankung

Unter Fremdkörpererkrankung versteht man eine Erkrankung, die aufgrund der Aufnahme eines Gegenstandes – meist sind es Nägel, Drahtstücke, spitze Eisengegenstände etc. – entsteht. Das Herz des Rindes ist vom Netzmagen nur durch das Zwerchfell und den Herzbeutel getrennt. Darum ist es leicht verständlich, dass ein Nagel, der aufgrund seines Gewichtes im Netzmagen liegen bleibt, durch regelmäßige Pansenkontraktionen immer tiefer in die Netzmagenwand eindringt. Im Extremfall verletzt er den Herzbeutel und das Herz. Durch diesen Stichkanal wird eine Infektion des Herzbeutels begünstigt, was zu einer immensen Flüssigkeitsfüllung desselben führt, die innerhalb weniger Stunden fast 100 Liter erreichen kann und das Herz am Schlagen hindert, was zum Tode des Tieres führt.

Symptome: Das Rind frisst schlecht, die Milchleistung nimmt ab, der Bauch bzw. Brustkorb wird hochgezogen und der Rücken nach oben gekrümmt. Der Blick wirkt ängstlich und angespannt. Die Vorderextremitäten stehen abgeplattet und das Tier stöhnt leise, wenn es im Kreis oder bergab geführt wird. Außerdem sind die Fremdkörperproben positiv.

Kuh mit Fremdkörpererkrankung – typisch der hochgezogene Bauch

Käfigmagnet nach Entfernung aus dem Vormagen mit gefährlichen Einschlüssen

Metalldetektoren sprechen nur auf eisenhaltige Fremdkörper an und sind nur als Zusatzinformation von Nutzen.

Therapie: Wenn die Tiere nicht schon vorbeugend einen Fremdkörperkäfigmagneten eingegeben bekommen haben, sollte man dies spätestens jetzt tun. Tierarzt verständigen, dieser wird entscheiden, ob eine Operation (bei wertvollen Tieren) oder eine konservative Therapie durchgeführt wird.

Pansenübersäuerung (Pansenazidose)

Die Pansenübersäuerung tritt bei Rindern in Weidehaltung zumeist bei Frühjahrs- und Herbstweiden auf. Hohe Energie- (Zucker) und Eiweißgehalte und zugleich ein bestehender Mangel an strukturierter Rohfaser führt zum krankhaften Absinken des Pansen-pH-Wertes. Die Folgen sind akuter Durchfall und Appetitlosigkeit. Nach einigen Tagen bis Wochen treten oftmals Lahmheiten (Klauenrehe) bei den betroffenen Tieren auf. Eine ausgewogene Strukturversorgung ist notwendig, um die Pansenübersäuerung und ihre negativen Auswirkungen auf die Tiergesundheit zu vermeiden (siehe „Fütterung", S. 100).

Pansenfäulnis (Pansenalkalose)

Die Pansenfäulnis kommt in der heutigen Rinderhaltung nur noch selten vor.

Bei dieser Erkrankung kommt es durch sehr hohe Ammoniakkonzentrationen oder Fäulnisvorgänge im Pansen zum Kippen der Pansenflora (Pansen-pH-Wert > 7,4). Ursachen können zu hohe Harnstoffgaben sowie die Verfütterung fehlgegorener, fauler Silagen oder anderer, sehr eiweißreicher, verfaulter Futtermittel sein.

Parasitosen

Die parasitären Erkrankungen von Weiderindern zählen sicher zu den größten Problemen in der extensiven Viehwirtschaft, da dadurch ein sehr hoher wirtschaftlicher Schaden entsteht; sei es durch schlechtere Tageszunahmen, Durchfälle oder einfach durch den stressbedingten Konditionsverlust, der die Tiere für andere Krankheiten anfälliger macht. Es ist also sehr wichtig, Problembestände mindestens zwei-, besser dreimal jährlich einer Parasitenbekämpfung zu unterziehen. Die erste Behandlung sollte 2–3 Wochen vor dem ersten Weideaustrieb (März/April) erfolgen. Diese erste Entwurmung soll die im Tier überwinterten Larven abtöten. Um eine wirklich effiziente Magen-Darm-Wurmbekämpfung sicherzustellen, empfiehlt es sich, die Weidetiere in den Monaten Juli/August noch einmal zu entwurmen, um die „midsummer rise" einzudämmen. Falls man diese Sommerentwurmung mittels pour-on-Verfahrens nicht macht, sollte auf jeden Fall die zweite Behandlung gleich nach der Aufstallung im Spätherbst erfolgen, um eine allfällige Ansteckung der Tiere von einer mit Wurmlarven verseuchten Weide zu bekämpfen. Ein besonderer Behandlungsmodus ist nur bei der Dasselbekämpfung wichtig, worauf später eingegangen wird. Zum besseren Manipulieren am Tier ist es von großem Vorteil, wenn ein Treibgang mit Behandlungsstand zur Verfügung steht, um die Verletzungsgefahr für Tierarzt und Mutterkuhhalter zu minimieren. Diese Einrichtung sollte in keinem Betrieb fehlen und wird im Kapitel Stallbau, S. 116, ausführlich besprochen.

Pour-on-Behandlung

Möglichkeiten der Parasitenbekämpfung

- Ohrclips gegen Insekten
- Pour-on-Lösungen, die auf den Rücken aufgebracht werden
- Verabreichung von einem Langzeitbolus
- Injektionsbehandlungen
- Pasten oder Wurmpulver

Um eine wirklich effiziente Parasitenbekämpfung durchzuführen, ist es auch unerlässlich, die Grünflächen, auf denen die Tiere weiden, miteinzubeziehen, da z. B. Schlammschnecken an Uferweiden

Zwischenwirte für den großen Leberegel sind. Man unterscheidet grob zwischen **Ektoparasiten**, also solche, die das Rind an seiner Körperoberfläche schädigen, und **Endoparasiten**, die ihre parasitäre Wirkung im Inneren (Organe, Darm etc.) entfalten.

Magen-Darm-Würmer

Zu den Magen-Darm-Würmern zählen fünf verschiedene Gattungen, die einen ähnlichen Entwicklungszyklus haben und den Organismus stark schädigen.

Entwicklungszyklus: Die Eier werden mit dem Kot ausgeschieden und entwickeln sich innerhalb eines Tages zu Larven, die sich nach einer dreimaligen

Abmagerung infolge einer Verwurmung

Häutung während eines Monats zur wanderungsfähigen Larve 3 entwickeln. Diese Entwicklung vollzieht sich umso schneller, je wärmer es ist. Dieses Phänomen, wo es zu einem enormen Anstieg der Wurmlarven im Sommer kommt, bezeichnet man als „midsummer rise". Diese Larven wandern nun aus den Kuhfladen aus und setzen sich auf Gräsern fest, wo sie dann von den Weidetieren aufgenommen werden. Im Magen angelangt, erreichen die Larven 3 nach weiteren Häutungen die Geschlechtsreife. Magen-Darm-Würmer setzen sich in den Schleimhauteinziehungen des Labmagens fest und überwintern dort. Im Frühjahr kommt es dann nach Weideaustrieb wieder zu einer Verseuchung der Weide.

Symptome: Durch den massiven Befall kommt es zu einer Abmagerung der Tiere, das Futter kann aufgrund der Parasitenbelastung nicht so gut verwertet werden. Das Haarkleid wird stumpf und struppig, Blutarmut, erkennbar an den weißen Kopfschleimhäuten, und Durchfall stellen sich ein. Im schlimmsten Fall kann es zum Tod eines Tieres kommen.

Therapie: Es ist von großem Wert, die Tiere vor dem Weideaustrieb mit einem Breitbandwurmmittel zu behandeln. Die meisten Breitbandwurmmittel sind auch gegen die gefürchteten Lungenwürmer wirksam. Die Verabreichung eines Bolus hat sich aufgrund seiner Langzeitwirkung ebenfalls bewährt, da der Bolus, welcher sich im Netzmagen befindet, kontinuierlich in kleinen Mengen seinen Wirkstoff freisetzt.

Prophylaxe: Kälber sollten nur auf solche Weiden ausgetrieben werden, die im Vorjahr bzw. im Austriebsjahr von Jungtieren nicht beweidet wurden. Ebenso sollte man vermeiden, Tiere auf Weiden zu stellen, die vorher mit Gülle gedüngt worden sind, die weniger als 4 Monate gelagert hat, aufgrund der möglichen Eier- oder Larvenkontamination. Das Rotationsprinzip mit zweiwöchigem Weidewechsel hat sich ebenfalls für Portionsweiden bewährt. Besonders stark verseuchte Weiden könnte man einer zeitweiligen Mähnutzung unterziehen, um eine larvenärmere Wiesenfläche zu erzielen. Sollte man die prophylaktische Parasitenbekämpfung aus irgendeinem Grund nicht durchgeführt haben, so könnte man in stark verseuchten Beständen Mitte Juli therapieren, was dann Ende August wiederholt werden muss, um einen Infektionsanstieg in der nächsten Weidesaison hintanzuhalten.

Lungenwurmerkrankung

Die Lungenwurmerkrankung wird durch den großen Lungenwurm ausgelöst. Diese regionsweise, vor allem in feuchten Gebieten auftretende Erkrankung macht hauptsächlich Jungtieren in ihrer ersten Weidesaison sehr zu schaffen, da diese Erkrankung mit schwerem Husten und schwerer Atemnot verbunden ist.

Entwicklungszyklus: Die Lungenwurmlarven, die durch ihre Eigenbeweglichkeit und in Anwesenheit von Feuchtigkeit aus dem Kot auswandern, setzen sich im Gras fest. Die Tiere nehmen sie beim Weiden auf. Im Magen verlieren sie ihre Schutzhülle und bohren sich, im Darm angelangt, in Blutgefäße ein, wo sie dann durch den Blutstrom in die Lunge geschwemmt werden. In der Lunge beenden sie ihre Entwicklung und die geschlechtsreifen Weibchen legen in Bronchien und Luftröhre ihre Eier ab. Durch diesen Reiz auf der Luftröhre und der Bronchialschleimhaut wird das Tier zu starken Hustenanfällen veranlasst. Ein Teil der Larven wird dabei in den Verdauungstrakt abgeschluckt und dann mit dem Kot ausgeschieden. Der kleinere Teil wird ausgehustet.
Symptome: Wie schon oben erwähnt, leiden die Tiere an starken Hustenanfällen und schwerer Atemnot. Weiters kommt es zu starker Abmagerung und struppigem Haarkleid.
Therapie: Grundsätzlich gibt es die Möglichkeit der so genannten Lungenwurmimpfung, bei der durch Strahlung inaktivierte Larven zweimal vor Weideaustrieb (8 Wochen und 4 Wochen vor dem Austrieb) durch den Tierarzt eingegeben werden und einen sehr guten Schutz darstellen. Allerdings eignet sich diese Methode nicht bei unter 8 Wochen alten Kälbern. Der Schutz hält bis zu 4 Monate. Allerdings verhindert diese Impfung nicht eine Infektion, sondern versucht nur den wirtschaftlichen Schaden, der durch die Erkrankung entsteht, zu mindern. Eine Reihe von sehr guten Breitbandwurmmitteln, wie Levamisol, Fenbendazol und Ivermectin, stehen zur Bekämpfung der Lungenwurmseuche bereit. Weiters werden mit sehr großem Erfolg Ivermectin-Langzeit-Boli angewendet. Diese Boli werden wie ein Käfigmagnet vor Weideaustrieb den Tieren verabreicht und es werden sukzessive kleine Dosen des Wirkstoffes freigesetzt, um so einen langzeitigen Schutz (ca. 125 Tage) über eine Weidesaison zu sichern (Wartezeit bei Schlachtung beachten!).
Prophylaxe: Die Lungenwurmbekämpfung vor Weideaustrieb steht hier im Vordergrund, gefolgt von weidetechnischen Maßnahmen, wie z. B. Mähnutzung verseuchter Weiden, da die Larven eine Heu-

Schweratmigkeit bei hochgradigem Lungenwurmbefall

trocknung nicht überleben; ebenso befestigte Tränkestellen wie Tränkewasserleitungen mit Selbsttränker statt der Tränkewagen, um die sich meist eine Schlammlache bildet, die auch die Leberegelentwicklung begünstigt. Eine Impfung mit lebenden, inaktivierten Larven ist möglich.

Leberegelbefall

Bei dieser Erkrankung, die vornehmlich auf feuchten, z. B. bachufernahen Weiden auftritt, kann man zwischen zwei Formen unterscheiden:

- Befall durch den **Großen Leberegel** (ca. 2 cm groß, abgeplattet und bräunlich)
- Befall durch den **Kleinen Leberegel** (1 cm, lanzettenförmig)

Die Entwicklung der beiden Plattwürmer ist aufgrund ihrer unterschiedlichen Zwischenwirte anders. Der Große Leberegel benötigt als Zwischenwirt eine Zwergschlammschnecke, die sich vor allem in feuchten Gegenden aufhält, während der Kleine Leberegel Ameisen als Zwischenwirt bevorzugt.

Entwicklungszyklus des Großen Leberegels

Die Eier werden mit dem Kot der Rinder auf die Weide gebracht. Innerhalb eines Monates entwickeln sich in feuchter Umgebung so genannte Wimpernlarven, die nun in den Zwischenwirt, die Zwergschlammschnecke, eindringen. Dort entwickeln sich aus der Wimpernlarve bis zu 250 Zerkarien (bestimmte Form im Entwicklungszyklus), die dann den Zwischenwirt verlassen. Aus den Zerkarien entstehen nach Anhaftung an Gräsern Metazerkarien, die nun für die Rinder infektiös sind. Nach oraler Aufnahme der Metazerkarien bohren sich diese durch den Darm des Rindes, um über die Bauchhöhle in die Leber zu gelangen. Die Entwicklung wird hier beendet und die geschlechtsreifen Leberegel parasitieren in den Gallengängen, wo sie mitunter zu Galleabflussstörungen führen können. Pro Tag legt ein Leberegel bis zu 10.000 Eier, die mittels Gallenflüssigkeit in den Dünndarm und so mit dem Kot nach außen gelangen, um den Entwicklungszyklus erneut zu beginnen.

Symptome: Bei Rindern treten wie bei allen Parasitosen struppiges Haarkleid, mehr oder weniger starke Störungen des Allgemeinbefindens durch Fieber (41 Grad), Mattigkeit, Gelbfärbung der Schleimhäute aufgrund der Galleabflussbehinderung, wodurch Gallenfarbstoff ins Blut übertritt, auf. Seltener treten Trielödeme und Bauchfellentzündungen durch die Wanderung in der Bauchhöhle auf.

Therapie: Zur direkten Behandlung des Tieres in akuten Fällen empfiehlt es sich, spezielle Leberegelpräparate zu verwenden. Der günstigste Therapiezeitpunkt ist auf verseuchten Weiden Mitte Juli. Doch sollte man dabei wissen, dass diese Mittel zwar relativ gut gegen alte Leberegel wirken, aber kaum gegen die jüngeren Larvenstadien, wodurch es trotz einer Behandlung im Sommer zu einem Leberegelbefall kommen kann. Zur Behandlung des Kleinen Leberegels stehen uns leider noch keine ausreichend wirksamen Medikamente zu Verfügung. Therapierestistente Tiere sollten in jedem Falle ehestmöglich verwertet werden.

Prophylaxe: Neben der Prophylaxe gegen Leberegel sollte man auf jeden Fall danach trachten, auch deren Zwischenwirte zu bekämpfen. Dabei geht man so vor, dass man Tümpel abgrenzt und saubere Tränkemöglichkeiten auf den Weiden schafft, die mitunter sogar befestigt sind. Schneckenbekämpfungsmittel

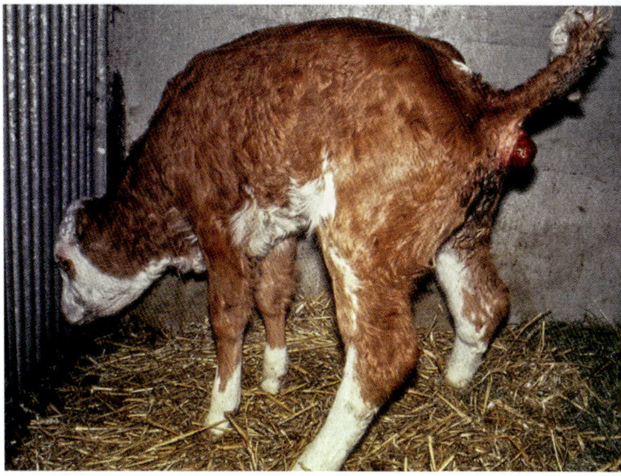

Der Kot ist blutig braunrot, der Bauch ist hochgezogen; typische Symptome der Roten Ruhr.

im Frühjahr (März) vor dem Austrieb können ebenfalls mit gutem Erfolg verwendet werden. Kalkstickstoffgaben in Dosen von 300 bis 400 kg/ha oder Kupfersulfat haben ebenso gute Erfolge.

Kokzidiose/Rote Ruhr

Bei der „Roten Ruhr" handelt es sich um eine durch Einzeller bedingte Darmerkrankung, die mit einer Zerstörung der Darmschleimhaut einhergeht und heftige blutrote Durchfälle auslöst. Sie tritt meist als Herdenerkrankung in Erscheinung, wobei die Jungtiere am stärksten davon betroffen sind.

Entwicklungszyklus: Die Kokzidienentwicklung zeichnet sich durch eine geschlechtliche und eine ungeschlechtliche Entwicklung aus. Nach Aufnahme infektionstüchtiger Eier setzen sich diese in der Darmschleimhaut fest und beginnen nun mit der ungeschlechtlichen Entwicklung, die sich durch Teilungen über mehrere Stadien vollzieht. Im Anschluss an diesen Entwicklungsabschnitt beginnt nun die geschlechtliche Vermehrung in Form von männlich und weiblich differenzierten so genannten „Gameten". Nach Vereinigung beider entstehen Eier, die dann im Freien wieder zu infektionstüchtigen Eiern heranreifen.

Symptome: Neben einem erheblich gestörten Allgemeinbefinden und kotverschmutzter Analregion findet man sehr häufig einen hochgezogenen Bauch als Zeichen von schweren Bauchschmerzen. Die Tiere erleiden durch den Durchfall einen hohen Flüssigkeitsverlust, der mit einem gleichzeitigen Elektrolytverlust einhergeht. Der Kot ist typisch blutigbraunrot und neigt zur Blasenbildung. Die Tiere pressen beim Kotabsatz sehr stark, so dass die Rektalschleimhaut sichtbar wird.

Therapie: Sofortige Aufstallung und Absonderung von den noch nicht erkrankten Tieren. Tierarzt verständigen.

Dasselbefall

Die Verursacher der Dasselerkrankung sind die **Große** und die **Kleine Dasselfliege**. Beide sind hummelähnlich und leben nur wenige Tage. Charakteristisch für ihr Auftreten ist das so genannte „Biesen" der Rinder, ein panisches Davonstürmen, wenn sie Dasselfliegen wahrnehmen, selbst dann, wenn sie noch nie zuvor eine solche zu Gesicht bekommen haben.

Entwicklungszyklus: Die Große Dasselfliege legt ihre Eier zwischen den Haaren an den Hintergliedmaßen der Rinder an warmen Sommertagen (Mai – September) zu Hunderten ab. Nach vier Tagen sind aus den Eiern Larven geworden, die sich mittels ihrer Mundwerkzeuge durch die Haut bohren, um entlang der Nervenstränge Richtung Rückenmark zu wandern. Diese Wanderung vollzieht sich von Dezember bis April. Aus diesem Grunde darf eine Dasselbekämpfung in diesem Zeitraum nicht stattfinden, da im Wirbelkanal abgestorbene Wanderlarven zu Lähmungen der Hinterhand führen können. Zwischen Februar und Mai bohren sich die Larven durch die Rückenhaut, wo sie aufgrund ihrer kastaniengroßen, meist symmetrisch angelegten Erhebungen mit einem zentralen Atemloch gut ausgemacht werden können. Die Larven krabbeln aus den Atemlöchern, verpuppen auf dem Boden und entwickeln sich nach eineinhalb bis zwei Monaten zu neuen Dasselfliegen.

Die Entwicklung von der Kleinen Dasselfliege differiert insofern, als sie keine Rückenmarkswanderung macht, sondern Richtung Schlund und Zwerchfell wandert.

Symptome: Nach der Eiablage sind auf den Hintergliedmaßen und in der Lendenregion Larven feststellbar. Zwischen Februar und Mai sind die charakteristischen Dasselbeulen mit zentralem Atemloch sichtbar, aus denen sich sehr leicht Dasseln auspressen lassen. Wenn bei der Rückenmarkswanderung Nerven etc. verletzt werden, stellen sich zeitweilige oder oft bleibende Schädigungen in Form von Nachhandlähmungen ein. Beim Befall durch die Kleine Dasselfliege treten auch manches Mal schwere Schluckbeschwerden auf.

Therapie: Zur Dasselbekämpfung gibt es zahlreiche sehr gute Injektionspräparate und Pour-on-Lösungen, die einfach auf den Rücken geleert werden. Auf jeden Fall ist darauf zu achten, dass eine Entdasselung keinesfalls von Anfang Dezember bis Ende April durchgeführt wird, um eine Wanderlarve nicht im Wirbelkanal zum Absterben zu bringen, was zu einer vollkommenen Entwertung des Tieres führt. Ebenso sollte man eine Frühentdasselung, also nach Weideaustrieb, anstreben, um einer schlechten Entwicklung der Jungtiere und einer Entwertung der besten Lederteile vorzubeugen

Sommerwunden

Sommerwunden sind sehr hartnäckig zu bekämpfende Erkrankungen von Weiderindern, ausgelöst von Stephanofilarien, das sind weniger als einen Zentimeter große und sehr dünne Würmer, die auf der Haut zuerst rote, später dann ausgranulierende Wundflächen erzeugen. Diese Hautentzündungen treten meist chronisch auf und sind für bakterielle Sekundärerreger sehr anfällig, was die Heilungstendenz natürlich enorm verschlechtert. Sie heilen meist im Herbst spontan von selbst ab, doch sollte man bei Erkennung der Krankheit ehestmöglich eine Therapie einleiten, da die Tiere ihre Kälber aufgrund ihrer Euterwunden z. B. nicht mehr saugen lassen.

Therapie: Tierarzt zu Rate ziehen.

Kriebelmückenstiche

Kriebelmücken lösen durch ihre Stiche auf den meist sehr schwach behaarten Partien wie Euter, Hodensack und Schenkelinnenflächen mittels ihrer Spei-

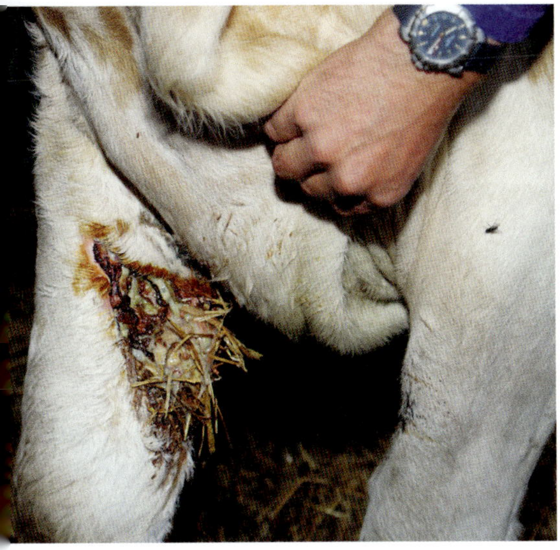

Rissverletzung durch Stacheldraht mit Fliegenlarven

chelgifte Allergien aus. Sie äußern sich in erster Linie durch die für diese Erkrankung so charakteristischen roten, scharf begrenzten Punkte an den schon oben angeführten Stellen. Dazu kommt noch ein heftiger Juckreiz, der die Tiere vor allem bei Massenangriffen in ihrem Wohlbefinden immens stört. Kriebelmückengefährdete Gebiete sind in der Hauptsache solche Weiden, die sehr nahe an Flüssen oder Teichen liegen. Ebenso begünstigt feuchtwarmes Wetter die Vermehrung und die Angriffslust der Tiere.

Das Hauptproblem liegt darin, dass Rinder, die von Hunderten solcher Kriebelmücken gestochen werden, aufgrund von Vergiftungserscheinungen mit anschließendem Kreislaufkollaps sterben können.
Therapie: Da es sich auch um einen Notfall handelt, sofort den Tierarzt verständigen.
Prophylaxe: Insektenbekämpfung mittels Ohrclips. In Gebieten, wo bekannterweise in den Monaten April und Mai gehäuft Simuliden aufteten, hat es sich bewährt, die Tiere erst bei Einbruch der Dunkelheit auf die Weiden zu treiben, da Kriebelmücken nur tagsüber fliegen. Dies ist eine zwar billige, aber sehr arbeitsintensive Methode.

Myasis

Unter Myasis versteht man eine Ansammlung von Fliegenlarven in nicht versorgten offenen Wunden. Es handelt sich dabei um einen zutiefst unhygienischen Vorgang, bei dem sich das Infektionsrisiko durch eine sekundäre Besiedelung sehr stark erhöht.

Grundsätzlich ein paar Worte zur Erstversorgung von frischen offenen Verletzungen

Oberstes Gebot ist absolute Sauberkeit bei der Wundversorgung. In vielen Fällen reicht eine gründliche Reinigung mit eiskaltem, frischem Wasser aus, um sich bei blutenden oder verschmutzten Wunden über den Verletzungsgrad einen Überblick zu verschaffen. Blutet die Wunde sehr stark und stoßweise, so ist eine Arterie verletzt worden. Der betroffene Körperteil, z. B. der Fuß, sollte möglichst weit über der Wunde mit einem sauberen, nicht zu schmalen Strick abgebunden werden, um ein Verbluten des Tieres zu verhindern. Dieser soll nach spätestens einer Stunde gelockert werden, damit die Gliedmaßen nicht absterben. Sofort den Tierarzt verständigen.

Handelt es sich um kleinere Verletzungen, so kann man nach Reinigung der Wundflächen mit einer geeigneten Desinfektionslösung ohne Weiteres einen antibiotikahaltigen Wundspray verwenden. Dabei aber immer Wartezeit auf Fleisch beachten.

Vermutet man einen Beinbruch, sollte man versuchen, vor Eintreffen des Tierarztes mittels geeigneter Holzleisten und Verbandmaterial eine um den Rinderfuß gut gepolsterte provisorische Ruhigstellung des Beines zu erreichen. Dies gilt selbstverständlich nur bei gedeckten Frakturen. Offene Brüche sind aufgrund der Gefahr von Knochenmarksentzündungen sowieso prognostisch ungünstiger zu beurteilen.

Der Tierarzt sollte die Wundversorgung übernehmen. Prophylaktisch sollte man eine geeignete Insektenbekämpfung auf der Weide mittels Ohrclips oder diverser Insekten-Repellents, die auf die Tiere aufgetragen werden, verwenden. Durch regelmäßige Kontrolle der einzelnen Tiere eines Bestandes kann man schon frühzeitig eine optimale Wundversorgung mit besseren Heilungschancen einleiten.

Räude

Räudeerkrankungen treten vorwiegend in der kalten Jahreszeit in überbelegten Ställen mit feuchtwarmem Stallklima auf. Diese Hauterkrankung wird durch Milben verursacht, die einen heftigen Juckreiz provozieren. Durch das starke Kratzen und Benagen kommt es zu erheblichen Hautschädigungen, die sich auch durch eine Qualitätsminderung des Leders bemerkbar macht. Man unterscheidet drei Arten von Milben:

- **Sarkoptesmilbe:** Auch Grabmilbe genannt, weil sie vor allem die Haarbälge im Kopf- und Rückenbereich stark schädigt. Haarausfall, starker Juckreiz sowie durch das Kratzen bedingte Hautverletzungen führen oft zu eitrigen Hautentzündungen. Ein sehr typisches Bild für diese Krankheit zeichnet sich aber erst im chronischen Verlauf ab: die so genannte Elefantenhaut, die durch eine immense Hautverdickung, Borken und Faltenbildung charakterisiert ist.
- **Psoroptesmilbe:** Diese Milbe parasitiert auf den Haaren und verursacht als Körperräude starken Juckreiz an Schwanzwurzel und Rücken.
- **Chorioptesmilbe:** Sie ernährt sich vorwiegend von den Hautschuppen und kommt vor allem als Steiß- und Fußräude im Schwanz- und Fesselbereich sowie an den Schenkelinnenflächen vor.

Therapie: Die Diagnose ist aufgrund der sehr charakteristischen Krankheitsbilder sehr einfach zu stellen. Die Hautveränderungen und der starke Juckreiz sowie das Auftreten bei fast allen Tieren eines Bestandes sind typisch.

Injektionsbehandlungen durch den Tierarzt sollten als Initialbehandlung neben lokalen Waschungen mit geeigneten Räudebekämpfungsmitteln über mehrere Tage bis zum Abklingen der Erkrankung durchgeführt werden. Dabei sollten je nach Haarlänge zwischen 3 und 5 Litern pro Tier versprüht werden. Um einen wirklich guten Behandlungserfolg zu erreichen, muss das Mittel überall am Körper, also

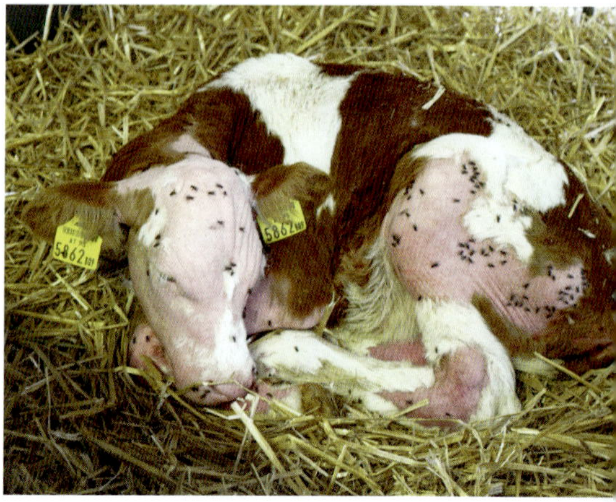

Haarausfall mit Fliegenbefall

auch zwischen den Schenkeln, in den Ohren etc., hinkommen, um den Milben keine Chance zum Flüchten zu geben.

Prophylaxe: Um eine Einschleppung durch neu zugekaufte Tiere zu vermeiden, sollte man die Tiere nach Möglichkeit in einem getrennten Abteil halten und nach einer im Abstand von ein bis zwei Wochen stattfindenden prophylaktischen Verabreichung eines Räudebekämpfungsmittels in den Hauptstall überstellen.

Trichophytie/Kälberrappen

Die durch einen Pilz verursachte Hauterkrankung ist auch für den Menschen eine hochansteckende Krankheit. Der alleinige Händekontakt führt beim Menschen zu kreisrunden Rötungen, die sich dann vergrößern, leicht schuppen und im Zentrum wieder heller werden. Begleitet werden diese Symptome von Juckreiz. Die Trichophytie breitet sich meist sehr rasch in feuchtwarmen Ställen aus.

Symptome: Typisch für diese Erkrankung sind die runden, dicken weißen Beläge, die unterschiedlichste Größen aufweisen, teils ineinander übergehen und auf dem ganzen Körper auftreten. Am Kopf findet man sehr häufig rund um die Augen brillenartig angeordnete borkige Beläge. Haarlose Stellen und Juckreiz treten ebenfalls auf. Der Pilzbefall entzieht

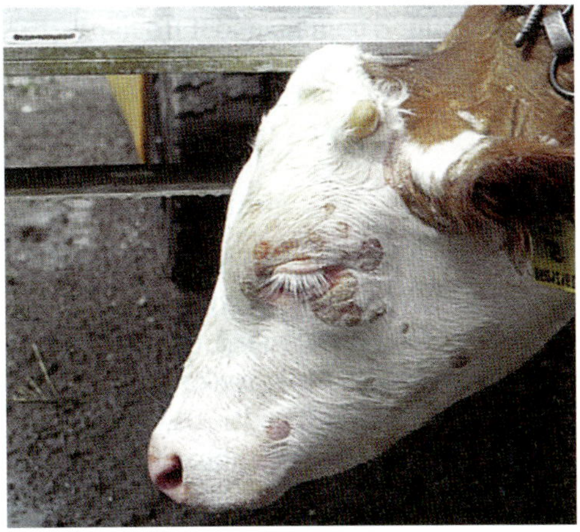

Kälberrappen (Trichophytie)

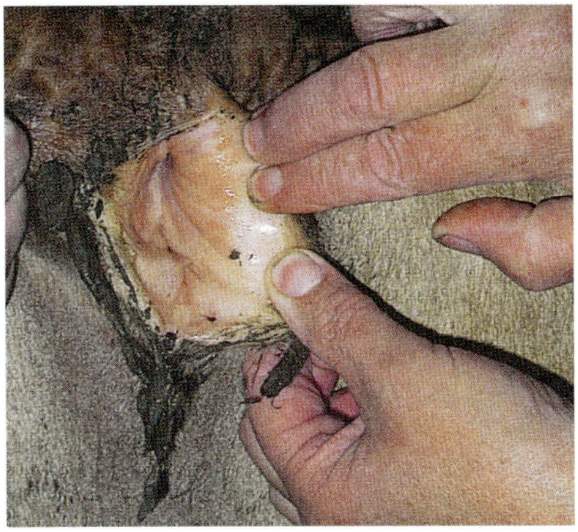

Weiderot – gelbliche Schleimhäute in der Scheide

dem Körper durch sein Wachstum sehr viel Vitamin A, wodurch es bei hochgradigem Befall zu Vitamin-A-Mangelerscheinungen, wie Seh-, Fruchtbarkeits- und Verhornungsstörungen der Haut, kommen kann.

Therapie: Die lokale Behandlung sollte zum Schutz des Behandelnden auf jeden Fall mit Gummihandschuhen vollzogen werden. Dazu eignen sich spezielle Lösungen sehr gut. Wenn ein größerer Bestand betroffen ist und eine Einzeltierbehandlung zu teuer wäre, können dafür vorgesehene pilzhemmende Arzneimittel ins Futter gemischt werden. Ebenso ist auf eine ausreichende Vitamin-A-Versorgung mittels Vitaminmischungen zu achten, um die Verluste zu kompensieren. Selbstverständlich kann durch Gaben von guter Silage, Wiesenheu und Karotten auch der Vitamin-A-Bedarf durch das Futter gedeckt werden.

Es ist auch möglich, mit einer Impfung, die im Abstand von zwei Wochen verabreicht wird, einen oft lebenslangen Schutz vor Trichophytie zu erreichen. Das rentiert sich vor allem in Problembetrieben, die eine möglichst lange Nutzung der Mutterkühe anstreben.

Läuse und Haarlinge

Diese beiden Ektoparasiten werden bewusst gemeinsam genannt, da sie ein sehr ähnliches Krankheitsbild verursachen. Beide legen ihre Eier in Form von Nissen oder Eierpaketen an den Haarschäften ab. Diese Nissen sind mit freiem Auge ohne Weiteres sichtbar, was schon wertvolle Hinweise auf die Krankheitserreger gibt. Juckreiz und haarlose Stellen sind typisch, doch fehlt eine Borkenbildung oder Ähnliches. In hochgradigen Befallsformen kann es zu einer Blutarmut kommen, da diese Parasiten bekanntlich Blut saugen.

Therapie: Waschungen mit Lausmittel und Injektionsbehandlungen durch den Tierarzt beheben das Problem.

Weiderot/Babesiose

Babesien sind einzellige Blutparasiten, die durch Zecken auf Rinder übertragen werden. Sie setzen sich in den roten Blutkörperchen fest und zerstören sie. Der Blutfarbstoff wird freigesetzt und über die Niere mit dem Harn ausgeschieden. Der Harn hat diese charakteristische rote, lackartige Farbe, die der Krankheit ihren Namen verliehen hat. Neben dem typischen Harn kommt es durch die Zerstörung der roten Blutkörperchen erstens zu einer Blutarmut, die sich durch porzellanfarbene, mit leichtem Gelbstich behaftete Schleimhäute äußert. Zweitens kann der Körper seine Sauerstoffversorgung aufgrund dieses Mangels nicht mehr aufrechterhalten, was sich in

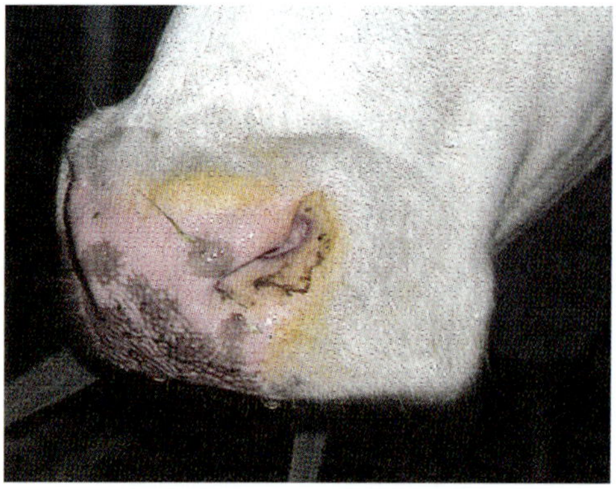

Weiderot – gelbliche Schleimhäute an den Nüstern

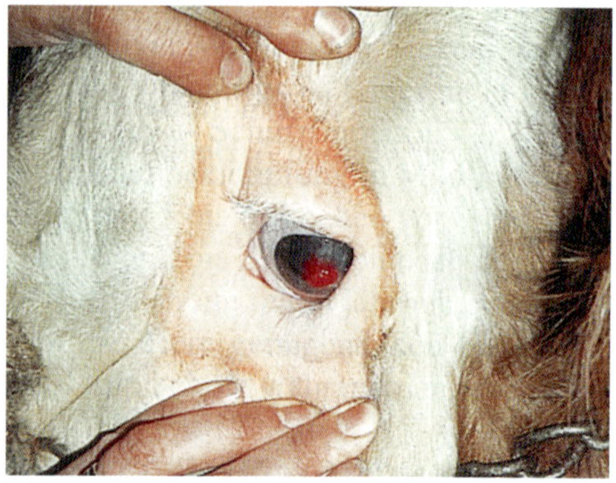

Pink Eye – Weidekeratitis

einer schweren Atemnot und Herzrasen äußert. Schreitet die Krankheit fort, so kommt es zum Tod des Tieres durch inneren Blutverlust.

Therapie: Sofortige Aufstallung der Tiere und Benachrichtigung des Tierarztes.

Prophylaxe: Vermeidung zeckenreicher Gebiete zum Weiden. Eine Zeckenbekämpfung durch Ohrclips ist leider nicht möglich, doch gibt es einen speziell entwickelten Piroplasmose-Schutzimpfstoff für Rinder.

Weidekeratitis „Pink eye"

Bei Weiderindern tritt immer wieder eine durch das Bakterium *Moraxella bovis* hervorgerufene Augenentzündung auf. Diese Erreger werden durch Insekten in die Augen der Rinder gebracht. Am Anfang kommt es zu einer Rötung der Lidbindehäute. Infizierte Tiere zeigen eine vermehrte Lichtscheue und einen verstärkten serösen Augenausfluss. Um die Iris bildet sich ein roter, stark durchbluteter Ring, der meist mit einer Hornhauttrübung verbunden ist. In schwereren Fällen kommt es zu einem sich zapfenartig nach außen wölbenden Hornhautdefekt. In diesem Stadium besteht die Gefahr, dass die Hornhaut an dieser Stelle durchbricht und eine bakterielle Sekundärinfektion das Krankheitsgeschehen verkompliziert.

Therapie: Sofortiges Verbringen des Tieres in einen dunklen, insektenfreien Stall. Augensalben sollten mehrmals täglich in das betroffene Auge gegeben werden. Die Prognose ist beim frühen Erkennen der Krankheit sehr gut. Tierarzt verständigen.

Prophylaxe: Insektenohrmarken haben sich zur Insektenbekämpfung bewährt. Regelmäßige Kontrolle der Herde!

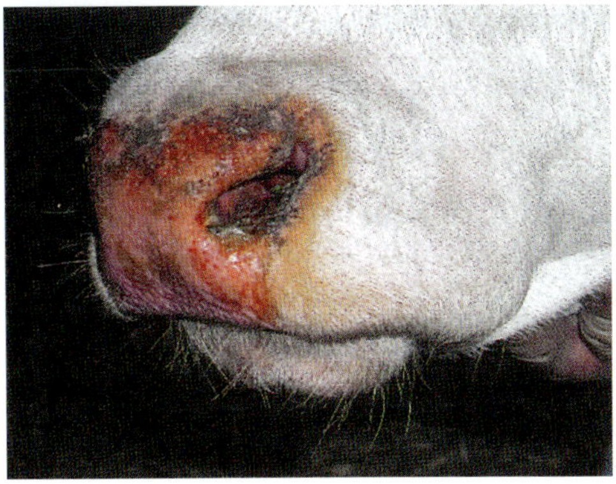

Schleimhautveränderung bei BVD

BVD-Kümmerer – beide Tiere sind gleich alt

Infektionskrankheiten

Infektionskrankheiten stellen in allen Betrieben große Probleme dar, da die Infektion mit Viren oder Bakterien oftmals sehr rasch geht und der gesamte Bestand infiziert ist. Hier sollen nur die wichtigsten, den Rinderhalter belastenden Infektionskrankheiten besprochen werden. Durch das rege Transportgeschehen von Tieren durch verschiedenste Länder werden solche bisher seltener vorgekommenen Krankheiten immer häufiger. Deshalb sollte man sich Grundkenntnisse über das Wesen einzelner Infektionskrankheiten aneignen, um diese auch mehr oder weniger erfolgreich bekämpfen zu können, oder Tierimporte gut überlegen.

BVD-MD/Mucosal disease

Unter BVD-MD versteht man zwei verschiedene Krankheitserscheinungen, denen das gleiche Virus zugrunde liegt. Es handelt sich hierbei um einen Erreger, der sehr eng mit Schweinepest und der Border disease des Schafes verwandt ist. Man unterscheidet heute zwei Biotypen.

Je nachdem, mit welchem Biotyp ein Kalb/Fetus infiziert wird, kommt es zu verschiedenen Erscheinungen. Interessant ist auch, dass der Infektionszeitpunkt eine wichtige Rolle spielt. Infektionsmöglichkeiten bestehen durch Samen, Fruchthäute, Sekrete und Exkrete von Dauerausscheidern. Die Ansteckung erfolgt normalerweise durch Kontakte und orale Aufnahme. Bei Deckinfekionen hingegen wird das Kalb über die Gebärmutter infiziert.

Infektionen vor dem 40. Trächtigkeitstag führen zur Resorption. Je nachdem, mit welchem Biotyp eine spätere Infektion stattfindet, kommt es zu Missbildungen oder Dauerausscheidern. Diese Dauerausscheider stellen in einer Herde ein potentielles Infektionsrisiko dar. Ebenfalls tritt ein großer Prozentsatz an Kümmerern auf. Typische Schleimhautveränderungen, Abmagerung und schwere therapieresistente Durchfälle sind weitere Probleme.

Therapie: Ausmerzung von persistent infizierten Tieren gemäß der BVD-Verordnung.

Paratuberkulose

Die Paratuberkulose ist eine bakteriell bedingte Infektionskrankheit. Sie wird hauptsächlich durch infizierte Zukauftiere in freie Bestände eingeschleppt und über Milch und Kot auf Kälber übertragen. Die Infektion breitet sich schleichend und unspektakulär in den Tierbeständen aus. Nach einer Inkubationszeit von mehreren Jahren können einige der infizierten Kühe an unstillbarem Durchfall erkranken und stark abmagern. Das Krankheitsbild kann sich über

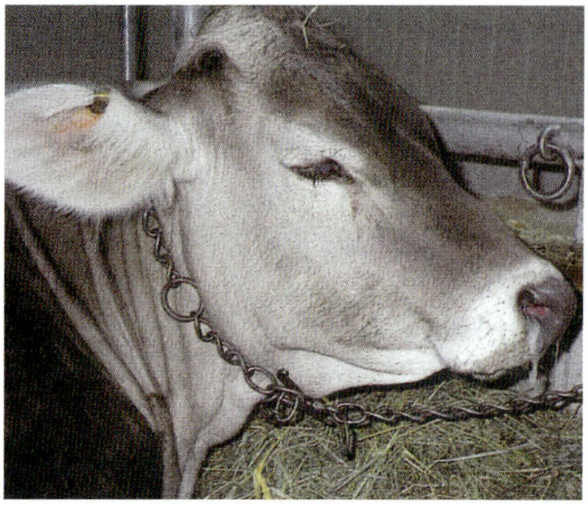

Bösartiges Katarrhalfieber

mehrere Monate/Jahre erstrecken. Paratuberkulose ist unheilbar und infizierte Bestände sind nur sehr schwer zu sanieren. Bei erwachsenen Rindern mit starkem Durchfall und Abmagerung ist deshalb neben Parasitenbefall, BVD/MD und Salmonellose immer auch an Paratuberkulose zu denken.

BKF/Bösartiges Katarrhalfieber

Das Bösartige Katarrhalfieber wird durch ein Herpesvirus ausgelöst. Bei uns fällt immer wieder eine Häufung der Krankheitsfälle in Betrieben mit Schafhaltung und gemeinsamen Schaf- und Rinderweiden auf. Über den tatsächlichen Infektionsweg ist noch nichts ausreichend bekannt.

Symptome: Neben sehr hohem Fieber kommt es zu einem eitrigen Nasen- und Augenausfluss, der später eintrocknet und sich nur mehr sehr schwer unter Substanzverlust entfernen lässt. Die Nasenschleimhäute sind hochgradig geschwollen und erschweren so die Atmung. Die Kopfschleimhäute sind stark gerötet und bald stellt sich eine starke Hornhauttrübung ein. Die Tiere sterben innerhalb weniger Tage an dieser Infektion. Durchfälle, Lichtscheue und allgemeine Schwächezustände werden ebenfalls beobachtet.

Prophylaxe: Keine gemeinsamen Schafweiden verwenden, Schafkontakt meiden. Impfprophylaxe ist bis jetzt noch nicht bekannt.

IBR/IPV/IPB

Die Infektiöse Bovine Rhinotracheitis (IBR), Infektiöse Pustulöse Vulvovaginitis (IPV), Infektiöse Pustulöse Balanoposthitis (IPB) sind Seuchen, die durch ein Herpesvirus (BHV-1) ausgelöst wird und in Österreich anzeigepflichtig ist.

IBR: Die IBR oder „Red nose disease" ist eine vor allem auf den Atmungstrakt der Tiere beschränkte Form dieser Herpesinfektion. Nach einer einwöchigen Inkubationszeit bekommen die Tiere hohes Fieber (41–42 Grad!). Die Tiere zeigen anfänglich einen starken serösen Augen- und Nasenausfluss, der bald eitrig wird. Die Lidbindehäute sind hochgradig gerötet, und die Tiere haben ein stark gestörtes Allgemeinbefinden. Das Flotzmaul ist trocken und gerötet (red nose). Die Tiere atmen angestrengt und pumpend und zeigen in schweren Fällen gelegentlich Maulatmung. Keine Therapie. Ausmerzung der Tiere.

IPV: Scheidenentzündung und eitrige Bläschen im Scheidenbereich (Reibeisenvagina) sind typisch.

IPB: Vorhautentzündung und eitrige Pusteln am Penis werden sichtbar.

Das Hauptproblem dieses Krankheitskomplexes liegt in der Natur des Herpesvirus, welches vom körpereigenen Immunsystem nicht bekämpft werden kann. Bei Stress können diese Viren nach jahrelanger klinischer Unauffälligkeit des Rindes wieder aktiv werden und zu den typischen Krankheitsbildern führen. Blut- und Sekretuntersuchungen können Aufschluss über eine eventuelle Auseinandersetzung mit diesem Erreger geben, zeigen aber nicht an, ob diese Tiere auch tatsächlich Aussscheider sind. In Österreich werden Reagenten ausgemerzt, da Impfungen die tatsächliche Durchseuchung der Rinderpopulationen nur verschleiern. Außerdem können Impfungen das bereits im Tier vorhandene Virus nicht eliminieren. Neueste Impfstoffe in Deutschland erlauben es nunmehr, Impftiter von Feldinfektionen zu unterscheiden. In der Bundesrepublik ist eine genehmigungspflichtige Impfung der Tiere möglich. Hier wird versucht, seropositive Tiere durch den höheren Antikörper-Impftiter an der Virusausscheidung zu hindern, was aber nicht immer gelingt.

Prophylaxe: Zukauf von Tieren nur aus geprüften, IBR-freien Betrieben. Tiertransporte oder Kontakte mit geimpften oder IBR-statusunbekannten Tieren auf gemeinsamen Weiden vermeiden. Nur getestete IBR-freie Stiere zum Belegen oder Samen aus Besamungsstationen verwenden, da dort alle Stiere einer strengen gesundheitlichen Kontrolle unterzogen werden.

Clostridieninfektionen des Rindes

Clostridien sind ohne Sauerstoff lebende Bakterien, denen in letzter Zeit wieder etwas mehr Bedeutung beigemessen werden muss, da nicht nur in Schafbetrieben Probleme mit diesen Erregern auftreten. Diese großteils im Boden lebenden Keime verursachen regionsspezifisch folgende Krankheiten:

- **Rauschbrand** (*Clostridium feseri*)
- **Pararauschbrand** (*Clostridium septicum*)
- **Malignes Ödem** (*Clostridien* Mischinfektion)
- **Tetanus** (*Clostridium tetani*)
- **Botulismus** (*Clostridium botulinum*)

Der **Rauschbrand** ist eine regionsspezifische, anzeigepflichtige Krankheit. Die Erreger werden auf der Weide beim Fressen aufgenommen. Über kleine Maulschleimhautverletzungen (z. B. im Zahnwechsel bei Jungtieren) gelangen die Erreger in den Organismus und verursachen an den großen Muskelpartien knisternde/rauschende (Name der Krankheit!) Lufteinschlüsse in der Unterhaut. Bei der Sektion durch den Amtstierarzt ist das trockene, zundrig-schwarze Muskelgewebe auffallend. Außerdem steigt der buttersäureartige Geruch sofort in die Nase, der durch die anaerobe Ernährung der Clostridien in den Muskeln entsteht. Behandlungen erkrankter Tiere sind zumeist aussichtslos. Prophylaktisch gibt es aber die Möglichkeit der Impfung mit einer Grundimmunisierung zweimal im Abstand von 4 Wochen aller Rinder über 3 Monate, danach jährliche Auffrischungsimpfungen.

Bei unsauberer Geburtshilfe und Verletzungen im Geburtsweg sind Infektionen mit *C. septicum* häufig. Aus diesem Grunde heißt diese Erkrankung auch **Geburts-** bzw. **Pararauschbrand**. Nach der Geburt kommt es zu einer Schwellung und Blaurotverfärbung der Schamlippen. Sie sind am Anfang heiß, schmerzhaft und kühlen dann nach einiger Zeit vom Zentrum her wieder ab. Die Tiere zeigen Fieber (41 Grad) und der Milchfluss versiegt. Durch die rasche Ausbreitung und die schlechten Behandlungserfolge sterben die Tiere sehr rasch. Eine Impfprophylaxe ist möglich. In bekannt gefährdeten Distrikten findet eine jährliche Impfaktion statt. Außerdem ist bei der Geburtshilfe auf peinlichste Sauberkeit zu achten.

Tetanus oder **Wundstarrkrampf** ist eine meist sehr rasch verlaufende Infektionskrankheit, die von einer Wunde (Nageltritt, bei schlechter Nabelversorgung etc.) ausgeht. Dabei kommt es nach anfänglichen Bewegungsstörungen, wie steifem Gang, Krampf der Kaumuskulatur, zur charakteristischen sägebockartigen Stellung. Die Nickhaut fällt vor und die Nasenlöcher sind weit geöffnet, die Ohren nach hinten geklappt. Im Endstadium liegen die Tiere in Seitenlage fest, mit rechtwinkelig steif weggestreckten Extremitäten und stark zurückgebogenem Hals. Im Anschluss an diese Lähmung kommt es fast immer zu einer Tympanie mit dorsaler Gasblase, die dem Tier eine optimale Atmung erschwert.
Therapie: Sofortige Verständigung des Tierarztes.
Prophylaxe: Durch Impfungen ist eine gute Tetanusprophylaxe in Problembetrieben zu erreichen, doch sollten in erster Linie die Gefahrenquellen, wie schlechte Nabelversorgung etc., ausgeschaltet werden.

Botulismus

Botulismus ist eine tödlich verlaufende Clostridieninfektion, die nach Aufnahme von toten Tieren in der Nahrung (tote Katze, Ratte im Heu) entsteht. Der stürmische Verlauf dieser Krankheit äußert sich durch Schlucklähmungen. Die Tiere speicheln viel und halten Heubüschel nur kraftlos im Maul. Die Lähmung erstreckt sich in weiterer Folge auf das Atemzentrum und das Rind stirbt. Die Therapie kommt meist aufgrund des sehr schnellen Verlaufes zu spät.

Blauzungenkrankheit

Eine durch Mücken („Gnitzen") übertragbare Viruskrankheit der Wiederkäuer, die ihren Ursprung in Afrika hat und sich auch in Mitteleuropa ausbreitet. Symptome sind Entzündungen der Schleimhäute, des Kronsaumes, Fieber, Krusten auf den Zitzen, Ödeme und Lahmheit. Ein Impfprogramm gegen einzelne Serotypen wird bei Bedarf durchgeführt, um die Tiere zu schützen, die Ausbreitung der Krankheit einzudämmen und den Handelsverkehr aufrechtzuerhalten.

Tollwut

Die Tollwut wird durch ein Virus ausgelöst. Am Anfang steht der Kontakt des Rindes mit einem tollwütigen Tier (Fuchs auf der Weide). Nach dem Biss vermehrt sich das Virus an der Bissstelle und wandert über den Nervenweg in Richtung Hirn. Dort kommt es je nach Verlaufsform (stille Wut, rasende Wut, atypische Wut) zu unterschiedlichen Erscheinungen. Beim Rind tritt am häufigsten die stille Wut auf, bei der Lähmungserscheinungen und Wasserscheue dominieren. Die Tiere sterben wie bei den anderen beiden Formen binnen weniger Tage. Bei der rasenden Wut stehen Speicheln, Brüllen, Angriffslust im Vordergrund. Die Tiere sind nach erfolgter Anzeige bei der Bezirksverwaltungsbehörde sicher zu verwahren und zu beobachten und nach ihrem Tod wird das Gehirn auf Einschlusskörper pathohistologisch untersucht.

Prophylaxe: Tollwutimpfungen in gefährdeten Gebieten 2 Wochen vor dem Weideaustrieb mit jährlicher Auffrischung.

Deckinfektionen

Erscheinungen, welche den Verdacht einer übertragbaren Geschlechtskrankheit der Rinder vermuten lassen

Die übertragbaren Geschlechtskrankheiten (Deckseuchen) der Rinder haben in gewissen Zuchtgebieten eine weite Verbreitung gefunden; sie verursachen außerordentlich schwere Schäden, die durch den Ausfall der Nachzucht, die Herabsetzung der Milchleistung und die dauernde oder zeitweise Unfruchtbarkeit bedingt werden, und müssen deshalb mit allen Mitteln im Interesse der Rinderbesitzer, aber auch aus allgemeinen wirtschaftlichen Gründen bekämpft werden.

Das gemeinsame Merkmal dieser Seuchen ist die Übertragung der Krankheitserreger von angesteckten weiblichen Rindern auf den Stier und durch diesen auf gesunde weibliche Rinder.

Wenige Tage nach dem Belegen sind manchmal an den weiblichen Geschlechtsorganen äußerlich erkennbare entzündliche Veränderungen, eine Anschwellung der Scham, Ausschläge auf den Schamlippen, eitrige Beläge auf der Scheidenschleimhaut und schleimig-eitriger Ausfluss, der durch den Schweif in der Umgebung der Scham und auf der dem Körper zugewendeten Schweiffläche verschmiert wird, wahrzunehmen.

Derartige Erscheinungen fehlen aber häufig vollständig oder werden wegen ihrer Geringfügigkeit übersehen. In der Regel werden die Rinderbesitzer erst aufmerksam, wenn eine größere Anzahl von weiblichen Tieren wiederholt zum Stier gebracht werden muss und nicht aufnimmt.

Andere Erscheinungen sind der vorzeitige Ausstoß der Frucht (Verwerfen in den ersten Monaten der Trächtigkeit, Frühgeburt), das Absterben der Frucht und die scheinbare Trächtigkeit mit Ansammlung einer eiterartigen Flüssigkeit in der Gebärmutter (Eiterträchtigkeit). Diese Erscheinungen sind der Trichomonadenseuche eigentümlich. Das Nachstieren ist für andere Deckseuchen (Bläschenausschlag, Scheidenkatarrh, Knötchenseuche, enzootische Sterilität der Rinder) besonders kennzeichnend. Ausnahmsweise können diese Seuchen nicht nur durch den Deckakt, sondern auch im Stall oder auf der

Anzeigepflichtige Seuchen des Rindes in Österreich!

Krankheiten	Zoonose	Überwachungsprogamm	Impfung	Sperre, Schlachtung/Keulung[2] Bestand[3]	Einzeltier	Fleischtauglichkeit	Milchverwendbarkeit
MKS	(nein)	nein	nein	x		(nein)	(nein)[4]
Milzbrand	ja		ja[1]		x	nein	nein
Rauschbrand	nein		ja[1]		x	nein	
Tollwut	ja	ja	ja		x	nein	
Tuberkulose	ja	ja	nein		x	nein	ja[4]
IBR	nein	ja	nein		x	ja	ja
Brucellose	ja	ja	nein		x	nein	ja[4]
Enzoot. Leukose	nein	ja	nein		x	nein	ja
BVD	nein	ja	nein		nur PI	ja	ja
TSE	(ja?)	ja		(x)		nein	nein
Deckseuchen	nein	nein	(ja)		(x)	ja	ja
ParaTbc	(ja?)	ja	nein		x	nein	nein
Bluetongue	nein	ja	(nein)		n. n.	ja	ja

[1] Impfung wird auf infizierten Almen amtlich durchgeführt
[2] Schlachtung = Töten von Tieren zum Zwecke der Fleischgewinnung
[3] Keulung = Töten aus seuchenpolizeilichen Überlegungen zur Verhinderung einer weiteren Verbreitung der Krankheit und seuchensicherer Entsorgung über die TKV. Derzeit wird ganzer Bestand gekeult, d. h. seuchensicher getötet. Andere Länder sind zur so genannten Kohortenregelung übergegangen, d. h., nur Tiere des Geburtsjahrganges bzw. direkt verwandte Tiere einer Kuh sowie die Tiere in der gleichen Fütterungsgruppe des ersten Lebensjahres werden getötet.
[4] Nach Entfernung der Reagenten und Pasteurisierung für den menschlichen Verzehr geeignet (Ausnahme: Eutertuberkulose)

Alle hier angeführten Maßnahmen werden von Fall zu Fall krankheitsspezifisch beurteilt und amtlich angeordnet. Zufriedenstellende Bekämpfungserfolge können nur dann erzielt werden, wenn der Tierbesitzer die Arbeit des Tierarztes durch gewissenhafte Befolgung der angeordneten Schutz- und Tilgungsmaßnahmen ergänzt und damit sichert.

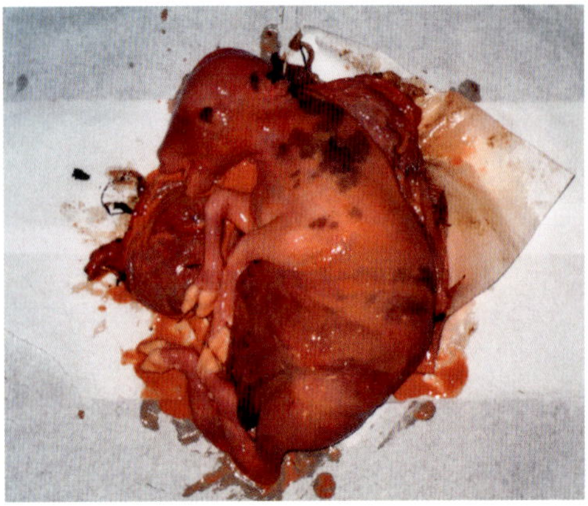

Deckinfektionen sind meist Ursache für vorzeitigen Ausstoß der Frucht.

Weide von Tier zu Tier, auch auf noch nicht geschlechtsreife Jungtiere, wenn die äußeren Teile der Geschlechtsorgane mit infizierter Streu und dergleichen in Berührung kommen, oder durch Aufnahme infizierten Futters übertragen werden. In der Regel erfolgt aber die Übertragung der Krankheitserreger beim Belegen. Den Stieren ist bei fast allen Deckseuchen äußerlich oft wenig oder überhaupt nichts Krankhaftes anzusehen.

> Die sicherste Maßnahme zur endgültigen Unterbindung der fortdauernden gegenseitigen Ansteckung ist die künstliche Besamung, da hiebei der Stier mit den weiblichen Tieren nicht unmittelbar in geschlechtliche Berührung gebracht wird und nicht angesteckt werden kann.

Zu erwähnen ist, dass das seuchenhafte Verwerfen (Abortus Bang) der Rinder nicht zu den durch das Belegen übertragbaren Geschlechtskrankheiten gehört. Die Übertragung dieser Seuche erfolgt in der Regel anlässlich des Verwerfens auf die Nachbartiere oder Weidegenossen durch die Geburtswässer und Eihäute, in denen der Krankheitserreger in Massen vorkommt, und – im Gegensatz zu den Deckseuchen – nur ausnahmsweise durch das Belegen. Die mit dieser Seuche behafteten Rinder nehmen fast regelmäßig auf und können in den letzten Monaten der Trächtigkeit verwerfen.

Von besonderer Wichtigkeit ist es, mögliche Krankheitsübertragungen durch frei im Stall herumlaufende Kälber, losgewordene Jungstiere, beim gemeinsamen Austrieb zur Tränke oder auf die Hausweide und durch Zusammenkommen mit Rindern fremder Bestände zu verhüten.

Die weitaus größte Gefahr ist und bleibt aber die Durchbrechung der Deckringe (Deckgemeinschaften, Deckbereiche) durch das Treiben zu fremden Stieren oder durch das Belegenlassen fremder Kühe.

Bekämpfung der übertragbaren Geschlechtskrankheiten (Deckseuchen) der Rinder

Der Besitzer von Rindern ist verpflichtet, zum Schutze gegen die Verbreitung der übertragbaren Geschlechtskrankheiten (Deckseuchen) der Rinder

- wiederholtes oder gehäuftes Umrindern (mehr als dreimaliges Umrindern) oder
- jede vorzeitige Ausstoßung der Frucht (Verwerfen) oder
- äußerlich erkennbare entzündliche Erkrankungen, wie Ausschläge, Schwellungen oder Ausflüsse an den Geschlechtsorganen der männlichen oder weiblichen Rinder, zu melden, die Tiere abzusondern und den Deckbetrieb einzustellen.

Die Pflicht zur Meldung an die Bezirksverwaltungsbehörde obliegt einem Tierarzt, wenn er an männlichen oder weiblichen Zucht- und Nutzrindern eine übertragbare Geschlechtskrankheit oder den Verdacht einer solchen Krankheit feststellt.

> Rinder, die mit einer Deckseuche behaftet sind, dürfen vor ihrer Genesung beziehungsweise vor Behebung des Verdachtes als Zucht- und Nutztiere nicht in den Verkehr gebracht werden.

Der gemeinsame Weidegang von Stieren verseuchter Bestände mit weiblichen Rindern und von weib-

lichen Rindern verseuchter Bestände mit Stieren ist verboten.
Diese amtstierärztlichen Erhebungen und Untersuchungen haben sich auf die Überprüfung der Sprungbücher bzw. Belegsprotokolle und die bestandsweise Einzeluntersuchung aller männlichen und weiblichen Zucht- und Nutzrinder im Seuchengebiete (Deckring, Deckbereich, Gemeinde, Ortschaft) zu erstrecken.

Als Bestand ist die Gesamtheit der Zucht- und Nutzrinder zu verstehen, die sich in einem selbständigen, räumlich abgegrenzten Wirtschaftsbetrieb befinden („epidemologische Einheit"). Im Falle eines gehäuften Auftretens von verdächtigen Symptomen in einem Bestand (Sterilitäten, Verwerfen usw.) sollte der Tierbesitzer auf jeden Fall einen Tierarzt beiziehen, der Untersuchungsmaterial (Blut, Nachgeburtsteile, Frucht usw.) zur Untersuchung einsendet.

Vergiftungen

Diese Zusammenfassung gilt selbstverständlich für alle Rinder, doch sind Mutterkühe aufgrund ihrer extensiven Weidehaltung mehr gefährdet als solche, die ihr Leben lang im Stall stehen.

Vergiftungsmöglichkeiten gibt es viele. Angefangen von Giftpflanzen, Abgasen, Chemikalien bis hin zu falsch verabreichten und überdosierten Vitaminmischungen ist jede nur denkbare Möglichkeit gegeben. Hier soll nur eine Auswahl der häufigsten Vergiftungen von Weidetieren im übersichtlichen Vergleich besprochen werden. Bei Feststellung von Vergiftungssymptomen sofort den Tierarzt verständigen!

Siehe Tabelle auf Seite 86.

Photosensibilisierung

Unter Photosensibilisierung versteht man eine erhöhte Empfindlichkeit der Haut gegenüber Sonnenlicht, die durch Wirkstoffe bestimmter Pflanzen (Buchweizen, Johanniskraut) hervorgerufen wird. Hyperizin im Johanniskraut verursacht allergische Reaktionen, die einerseits Schwellungen im Kopfbereich, kombiniert mit Atembeschwerden, und vor allem die charakteristischen Hautablösungen verursacht. Erstere Symptome findet man häufiger bei Schafen, die nach Abheilung charakteristisch verkrüppelte Ohren aufweisen. Beim Rind dominieren sonnenbrandähnliche Veränderungen der Haut, wobei sich großflächig Hautfetzen ablösen. Am Anfang kommt es relativ häufig zu Rötungen an den Zitzen, die im Gegensatz zum Sonnenbrand, wo sie meist einseitig vorkommen, beidseits auftreten. Störungen des Allgemeinbefindens, verbunden mit Schmerzen und Fieber, sind ebenfalls typisch.

Therapie: Sofortiges Aufstallen der Tiere, da schon die geringste UV-Belastung in diesem Stadium größere Hautverletzungen bewirkt. Tierarzt verständigen.

Prophylaxe: Diese Unkräuter kommen vorwiegend in besonders extensiven Landschaften vor, wo sie ungestört wachsen können. Häufige Mähwirtschaft verdrängt diese Pflanzen. Ebenso kann durch gezielte Stickstoffdüngung eine Reduktion erreicht werden.

Johanniskraut

Giftstoff	Symptome	Vorkommen
Blei	Zentralnervale Störungen, Durchfall mit stark stinkendem Kot. Taumeln, Anlehnen an Zäune, Wände, starkes Speicheln, andere Tiere nehmen den Speichel gerne auf. Kreisbewegungen, Lidreflexe stark herabgesetzt, Blindheit. Periodische Krämpfe mit zurückgeschlagenem Kopf, Tod.	Bleihaltige Lacke an den Stallwänden, Maschinenöle, weggeworfene Ölfilter etc.
Kochsalz	Bewegungsstörungen mit Stolpern, Kreisbewegungen, Festliegen mit Streckkrämpfen, Blindheit. Tod binnen 48 Std.	Zu große Aufnahme von Viehsalz bei zu wenig Wasser, eingefrorene Tränken oder zu geringer Wasservorrat im Tränkewagen.
Kupfer	Gelbfärbung der Schleimhäute, Anämie, erhöhte Herz-/Atemfrequenz, Muskelzuckungen und dunkelbraunroter Harn. Starke Leberschädigung! Blaugrüner Durchfallkot, Nachhandlähmungen.	Falsche Zusammensetzung von Ergänzungsfuttermitteln mit zu hohem Cu-Gehalt, Schneckenbekämpfung mit $CuSO_4$, Cu-haltige Lecksteine bei salzhungrigen Tieren
Kalzinose	Vermehrte Ca-Resorption mit Verkalkungen der Gefäße. Herzrhythmusstörungen, gesteigerter Harnabsatz, Bewegungsstörungen.	Zu hohe prophylaktische Vit.-D3-Gaben gegen Gebärparese, Goldhaferfütterung.
Eibe	2 Std. nach Aufnahme Niederstürzen, Rudern, Schäumen, Atemnot – Tod.	Nadeln, Holz, Rinde, Samen der Pflanze. 500 g/Tier sind tödlich.
Kohl	Anämie durch Zerstörung der roten Blutkörperchen, rascher Kräfteverfall und Abmagerung, porzellanweiße Schleimhäute, rotbrauner Harn.	Kohlstrünke und Blätter von Markstammkohl, Blumenkohl etc. in größeren Mengen Futter (nicht mehr als 15–20 kg/Tier/Tag).
Adlerfarn	Siehe Stallrot, punktförm. Blutungen, dunkelroter Harn, Schmerzen beim Harnabsatz, Blutarmut.	Farnbesatz von mehr als 10 % auf der Weide – Gefährdung der Tiere. Tägl. Aufnahme von 2–4 kg.
Hahnenfuss	Speicheln, Kolik, Tympanie, Lähmungen, Zähneknirschen, Rötung der Maulschleimhaut. Festliegen und Tod infolge von Kreislaufschwäche.	Die Giftwirkung geht bei der Heuwerbung und Silierung verloren – Nutzungsmöglichkeit von solchen Weiden.
Schachtelhalm	Nachhandschwäche, Taumeln, Abmagerung, Durchfall, Abortus, wässrigblaue Milch! Anhaltendes Schwitzen kommt nur bei Kälbern vor.	Giftigkeit geht bei Heuwerbung nicht verloren!

Honig- oder Steinkleevergiftung (*Melilotus officinalis*)

Im Honig- und Steinklee liegt ein an sich ungefährlicher Stoff vor, der durch Einfluss von Schimmelpilzen zu einem Gift umgewandelt wird, das man bei Rattenbekämpfungsmitteln erfolgreich einsetzt. Das Dikumarol hemmt als Vitamin-K-Gegenspieler die Blutgerinnung und führt zur inneren Verblutung des Tieres. Nach kontinuierlicher täglicher Aufnahme von 1–2 kg dieses Klees kommt es nach einigen Wochen bis Monaten zu einer erhöhten Blutungsneigung. Bei der Blutentnahme tropft das Blut ungewöhnlich lange nach, ebenso führen kleinere Verletzungen zu größeren Blutverlusten. Die Schleimhäute sind blass und zunehmende körperliche Schwäche macht sich bei den Tieren bemerkbar.

Therapie: Sofortiges Abstellen der kleehaltigen Nahrung. Tierarzt rufen.

Steinklee

Jakobskraut- (Voralpenkreuzkraut-) Vergiftung (*Senecio jacobaea*)

Allgemein werden Giftpflanzen von den Weidetieren gemieden. In Heu und Silagen sind sie jedoch nicht als solche erkennbar und können zu Todesfällen führen. Die Kreuzkrautvergiftung ist mit Gelbsucht aufgrund massiver Leberschäden verbunden. Die Tiere magern ab, haben Mastdarmvorfälle und nervöse Störungen, der Verlauf ist chronisch. Bei einer Sektion erkennt man Leberveränderungen und eine Verdickung der Labmagenschleimhaut. Eine Behandlung der Krankheit ist nicht möglich, das Kraut kann allerdings mit geeigneten Herbiziden bekämpft werden.

Stoffwechselstörungen

Stoffwechselstörungen treten meist im Gefolge von Abkalbungen oder ungewöhnlichen Belastungen auf. Symptome von Stoffwechselentgleisungen sind oftmals die Spitze des Eisberges von länger oder kürzer bestehenden Energie- oder Mineralstoffmängeln. Als häufigste Störungen seien hier die Gebärparese, Weidetetanie und Azetonämie behandelt.

Gebärparese/Festliegen/Milchfieber

Diese Stoffwechselstörung tritt meist 24–72 Stunden nach der Geburt auf, der meist ein Kalzium- und/oder Phosphor-Mangel zugrunde liegt. Im Regelfall kann eine gesunde, in der Trockenstehzeit bedarfsgerecht (ca. 20–40 Gramm/Tier/Tag) versorgte Kuh diesen durch die einsetzende Milchleistung plötzlich erhöhten Kalzium-Bedarf kompensieren.

> Ältere Kühe sind aufgrund ihrer höheren Milchleistung und der vielfach diskutierten Ca-Mobilisationsschwäche im Alter besonders gefährdet. Problematischer wird die Situation jedoch, wenn aus Angst vor der Gebärparese eine übermäßig Ca-reiche Fütterung (Klee, Luzerne, Futterkalk) verabreicht wird. Dadurch kommt es zu einer verminderten Ansprechbarkeit eines Hormones, das die Ca-Freisetzung aus dem Knochen bewirkt.

Da ein ständig hohes Ca-Angebot eine verschlechterte Ansprechbarkeit und verminderte Produktion dieses Hormones bewirkt, kann der Organismus den geforderten Ca-Bedarf nicht aus den Körperreserven mobilisieren. Kalzium ist neben Phosphor (immer im

Kalziuminfusion bei Gebärparese

Ca-P-Verhältnis 2:1 bis wenigstens 1:1) und Magnesium an der Reizweiterleitung der Nerven und an der Muskelkontraktion beteiligt. Beim Milchfieber unterscheidet man drei Stadien:

1. Nervosität, Trippeln, Herzrasen
2. Charakteristisches Festliegen in Brustlage mit s-förmiger Krümmung der Rücken-Hals-Partie, seitlich auf den Bauch geschlagener Kopf. Die Extremitäten und die Körperoberfläche sind kühl und der Puls ist schwach. Eine Blähung stellt sich ein. Dieses Stadium kann bis zu 12 Stunden dauern.
3. Festliegen in Seitenlage mit immer stärkerer Bewusstseinstrübung, die im Koma endet. Der Tod tritt in diesem Stadium binnen weniger Stunden ein.

Therapie: Da es sich hierbei auch um einen Notfall handelt, sofort den Tierarzt rufen.
Prophylaxe: Um dem Milchfieber vorzubeugen, muss schon in der Trockenstehzeit durch die richtige Fütterung auf einen optimalen Verlauf nach der Geburt hingearbeitet werden.

20–40 g Ca/Tier/Tag sind empfehlenswert. Ausreichende Mg-Versorgung in der Trockenperiode (50 g Mg-Oxid/Tier/Tag), da Magnesiummangel die Ca-Resorption im Darm negativ beeinflusst. Die Verabreichung von Ca-P-Mischungen am Tage der Geburt und zweimal im Abstand von 12 Stunden können dem Milchfieber vorbeugen.

Weidetetanie

Die Weidetetanie ist das Resultat eines Magnesiummangels. Dieser Magnesiummangel tritt nicht nur bei erwachsenen Tieren infolge magnesiumarmer Böden (klee- und kräuterarm) auf, sondern auch bei Saugkälbern, die Milch von magnesiumarm gefütterten Kühen zu sich nehmen.
Symptome: Die Tiere zeigen zu Beginn einen starren, krampfhaften Blick, Zähneknirschen und erhöhte Speichelsekretion. Muskelzittern wird durch das typische Festliegen in Seitenlage abgelöst. Dabei strecken die Tiere ihre Extremitäten steif senkrecht weg und machen gelegentlich Ruderbewegungen. Im Gegensatz zum Tetanus bleibt der Kopf in normaler Position.
Therapie: Sofort den Tierarzt holen.
Prophylaxe: Ausreichende Magnesium-Versorgung vor der Geburt ist mit Mg-Oxid gegeben. Ebenso kann eine Mg-Düngung von Weiden vorgenommen werden, um den Magnesium-Gehalt im Futter zu erhöhen.

Kalzinose

Kalzinosen bei Weidetieren wurden in verschiedenen Teilen der Erde beobachtet. Diese Krankheiten sind durch eine ähnliche Symptomatik gekennzeichnet, die aus Abmagerung, Bewegungseinschränkung und Schmerzäußerungen besteht und welcher eine Verkalkung des Kreislaufsystems, der Lunge, Nieren, Sehnen und Sehnenscheiden zugrunde liegt. Auslösender Faktor für die Weidekrankheit der Rinder ist der Goldhafer (*Trisetum flavescens*), ein Gras, das Hauptbestandteil der alpinen Fettweide ist und besonders im feuchten Klima in Höhenlagen von 800–1.200 m gedeiht.

Es hat nicht an Versuchen gefehlt, im Goldhafer Vitamin-D-ähnliche Verbindungen nachzuweisen.

Azetonämie/Ketose

Als Ketose bezeichnet man einen Zustand, der durch eine erhöhte Fettmobilisation infolge eines Energiemangels auftritt. Bei diesem Fettabbau entstehen

Spaltprodukte, die den Organismus schädigen. Ketosen treten sehr häufig nach der Geburt auf, da in diesem Stadium der Energiebedarf für die Milchbildung sehr hoch ist. Ebenfalls treten sie häufiger bei sehr fetten Tieren auf, die während der Trockenstehzeit zu mastig gefüttert worden sind.

Symptome: Plötzlicher Milchrückgang und Appetitverlust fallen auf. Abmagerung und Fruchtbarkeitsstörungen treten ein. Besonders charakteristisch ist der trockene „Scheibchenkot". Die Ausatemluft und der Körpergeruch sind obstartig, azetonartig, was durch die Ketonkörper bewirkt wird.

Die nervale Form der Azetonämie ist seltener und äußert sich in erhöhter Aggressionsbereitschaft, Lecksucht und unsicherem Gang. Spaltprodukte können im Harn mittels Teststreifens nachgewiesen werden.

Therapie: Tierarzt sollte auf jeden Fall zu Rate gezogen werden.

Prophylaxe: Die Muttertiere sollten während der Trockenstehzeit nicht über den Bedarf, d.h. für mehr als der Erhaltungsbedarf plus 5 kg Milch gefüttert werden. Weiters muss jede Ration einen Rohfaseranteil von mindestens 18 %, besser 20 %, aufweisen, um den Ansprüchen des Wiederkäuermagens gerecht zu werden.

Eutererkrankungen

Gerade in Betrieben, die früher Milch produziert und jetzt auf Mutterkuhhaltung umgestellt haben, können Euterentzündungen zu einem großen Problem werden. Tiere, die genetisch auf eine höhere Milchleistung vorprogrammiert sind, als das Kalb trinken kann, also mehr als 15 Liter/Tag produzieren, sind dafür anfälliger. Durch den erhöhten Restmilchgehalt im Euter wird für Bakterien, Hefen, Pilze ein idealer Lebensraum geschaffen.

Allerdings können Euterentzündungen auch schon bei Kalbinnen auftreten. Diese Mastitiden werden vorwiegend durch gegenseitiges Ansaugen hervorgerufen. Neueste amerikanische Studien belegen, dass das linke Vorderviertel bei Kalbinnen zu knapp 70 % betroffen ist. Die Hinterviertel dürften durch ihre offensichtlich verdecktere Lage weniger stark frequentiert werden.

Zu den klassischen Mastitiserregern gesellen sich in den kaltfeuchten Tagen die gefürchteten Sommermastitiserreger. In verstärktem Maße treten bei umgestellten Milchkühen immer wieder durch den Eutertubenmissbrauch hervorgerufene Hefe- und Prototheken-(Algen-)Mastitiden auf. Diese Euterentzündungen weisen im Akut- oder Anfangsstadium folgende Symptome auf: Die Tiere fressen weniger, sind matt, zeigen oftmals einen gespannten Gang und eine erhöhte innere Körpertemperatur. Das erkrankte Euterviertel ist prall gefüllt, schmerzhaft und warm. Eine mehr oder weniger deutliche Asymmetrie zeichnet sich im Vergleich zu den Nachbarvierteln ab. Verfärbungen der oft stark gespannten Euterhaut bis ins Blaubraune bei demarkierenden Mastitiden sind möglich. Die Milch verfärbt sich je nach Schädigung des Eutergewebes

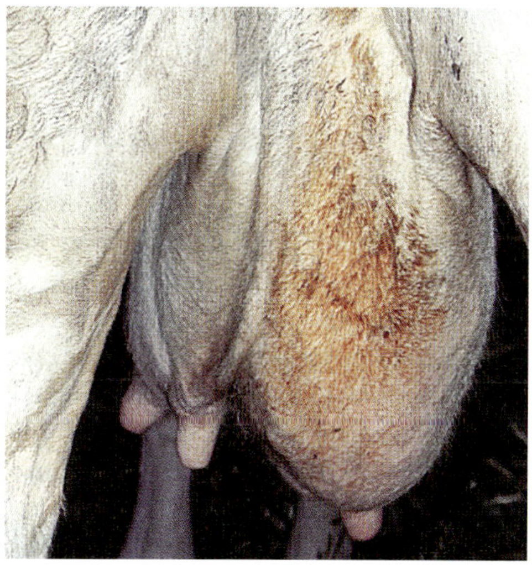

Euterentzündung

Saugentwöhner und Insektenmarke

Der „Milchräuber“ saugt immer von hinten

von Dunkelgelb bis Braun. Je nach Erreger verliert das Gemelk den milchähnlichen Charakter und wird flockig oder eitrig. Bei unverändertem Gemelk, aber klinischem Verdacht auf eine Euterentzündung leistet ein im Stall durchgeführter Schalmtest gute Dienste, da man damit einen erhöhten Zellgehalt in der Milch schnell feststellen kann. In chronischen Fällen kommt es zum Schrumpfen des erkrankten Viertels und die Kuh ist nun dreistrichig.

Kälber, die als Milchräuber andere Kühe ansaugen, können so die Mastitiserreger von kranken Tieren auf noch gesunde übertragen. Eine Therapie erfolgt durch den Tierarzt. Um alle Manipulationen an den oft scheuen und kitzligen Mutterkühen gefahrlos durchführen zu können, ist eine geeignete Fang- und Zwangseinrichtung unumgänglich.

Sollte eine Kuh zu viel Milch für ein Kalb produzieren, so kann man ohne Weiteres ein zweites oder drittes Kalb anlegen. Dies geht besonders einfach beim Fleckvieh, da diese Tiere eine Ammenfunktion widerstandsloser akzeptieren als die etwas sensibleren anderen Intensivrassen. Bei den extensiven Rassen wie auch den intensiven Fleischrassen in der Reinzucht ist das Anlegen eines zweiten Kalbes nur in den seltensten Fällen möglich, da die Tiere einerseits zu wenig Milch liefern und andererseits einen zu sehr auf ihr eigenes Kalb geprägten Mutterinstinkt besitzen. Das Anlegen von Ammenkälbern erfolgt am besten an einer im Fressgitter fixierten Kuh von hinten, so wie dies auch von Milchräubern getan wird, um der geruchlichen Identifikation durch das Muttertier zu entkommen.

Das Trockenstellen von Mutterkühen erfolgt nach dem physiologischen Gesetz der Laktation von selbst, da sich die Zusammensetzung der Milch in Richtung Kolostralmilch verändert, der Geschmack bittersalzig und die Menge an gebildeter Milch weniger wird.

Um das gegenseitige Ansaugen von älteren Tieren zu vermeiden, ist das Einziehen von Saugentwöhnern von großem Nutzen. Erlernen die Tiere dennoch, mit Saugentwöhner zu saugen, so empfiehlt sich eine Zungenoperation, die ein löffelartiges Aufbiegen der Zunge unmöglich macht.

Die erfolgreiche Insektenbekämpfung sollte in den Sommermonaten auf keinen Fall außer acht gelassen werden, da Fliegen oftmals Überträger von Keimen sind. Also sollte man Ohrclips gegen Insekten verwenden und Kratzmöglichkeiten bieten, bei denen Insektenvertilgungsmittel nachgefüllt werden können.

Zu den Eutererkrankungen zählen selbstverständlich auch die Euter- und Zitzenverletzungen, die durch stumpfe und spitze Gegenstände zugefügt worden sind. Neben Stacheldrahtverletzungen an Zitzen und Euter führen Zitzenquetschungen, -einrisse und -abrisse durch Trittverletzungen zu großen Schwierigkeiten. All diese Verletzungen müssen sofort vom Tierarzt versorgt werden, um die Eintrittspforte für Mastitiserreger zu schließen.

Ungewolltes Besaugen

Während das Saugen des Kalbes an der Mutterkuh eine Grundlage der Mutterkuhhaltung ist, gibt es darüber hinaus auch Formen von ungewolltem Besaugen, das hauptsächlich bei mutterloser Kälberaufzucht auftritt. Gerade das Kalb hat einen starken Bedarf, dieses Verhalten auszuleben, und sucht Alternativen, wenn die Aufzucht mit Eimer oder Tränke erfolgt und die Haltung eintönig ist.

Verkehrt parallele Saugstellung

Fremdsaugen

In den ersten Lebensstunden suchen Kälber instinktiv nach dem Euter, wobei sich ihre Suchbewegungen schräg nach oben richten. Da sie allerdings noch nicht in der Lage sind, ihre Mutter individuell zu erkennen, ist die Suche nach dem Euter nicht nur auf die Mutter beschränkt, sondern erfolgt auch an Objekten oder anderen Tieren. Kalben Kühe also in der Gruppe ab, kommt es durch diese ersten Saugversuche zum Fremdsaugen. So wurde in einem britischen Versuch beobachtetet, dass ein Drittel aller Kälber in Gruppenhaltung in den ersten sechs Lebensstunden an einer fremden Kuh saugte. Durchschnittlich dauert es etwa 1,5–3 Stunden, bis Kälber das erste Mal saugen, bei einigen Untersuchungen wurden aber auch mehr als 6 Stunden beobachtet. Generell zeigen Kälber eine starke Saugmotivation auch unabhängig vom Hunger. So geht die Initiative zum Saugen in den meisten Fällen vom Kalb aus. Je höher allerdings die Milchleistung ist, umso eher fordern auch Kühe ihre Kälber aktiv zum Saugen auf.

Saugen in anderen Positionen

Das Saugen an der Mutter erfolgt in den meisten Fällen in verkehrt paralleler Stellung. Dies erlaubt der Kuh die Identifizierung ihres Kalbes durch Beriechen oder Belecken der Genitalregion. Milchstehlende Kälber versuchen daher meist, dieser „Geruchskontrolle" durch Saugen in anderen Positionen zu entgehen. So zeigten Beobachtungen an einer Herde mit Zwillingskälbern der Universität Edinburgh, dass ca. 75 % des Fremdsaugens von hinten erfolgen.

> Saughäufigkeit, Dauer der Mahlzeiten und tägliche Saugdauer werden z. B. durch das Alter des Kalbes, das Geschlecht, die Milchleistung und die Schnelligkeit der Milchabgabe der Kuh sowie Art und Menge der Beifütterung beeinflusst. Mit dem Alter des Kalbes nimmt sowohl die Saughäufigkeit als auch die Saugdauer ab.

In den ersten Lebenstagen saugen Kälber etwa 9-mal täglich, dies sinkt auf ca. 3–5-mal bis zum 6. Lebensmonat ab. Durch geringe, aber häufige Milchaufnahme werden Verdauungsstörungen und Durchfälle verhindert.

Gegenseitiges Besaugen

Beim Besaugen werden auch laufend Haare aufgenommen, die sich im Labmagen oder Pansen zu Haarballen verfilzen können. Das ist häufig Ursache für Verdauungsstörungen und Blähungen. Auch Entzündungen und Infektionen sind oft Folgen des Besaugens; vor allem der Nabelbereich, der Euter oder der Hodensack sind davon betroffen. Wird der Penis besaugt und dabei Urin aufgenommen, sind auch Leberschäden möglich. Die Folge davon sind geringere Zunahmen und, damit verbunden, entsprechende finanzielle Einbußen.

Ansaugen als Untugend

Das gegenseitige Milchsaugen bei jungen Zuchtkalbinnen ist ein Verhaltensproblem, das große wirtschaftliche Verluste beim Verkauf der Tiere bringt und bereits vor Laktationsbeginn das Euter bis hin zu Euterkrankheiten belasten kann.

Auch trocken stehende Kühe sind gefährdet, da sich in dieser Zeit das Euter auf die bevorstehende Geburt einstellt und Kolostrum bildet, das durch andauerndes Ansaugen verhindert wird. Die Ursachen liegen hauptsächlich im Fütterungs- und Haltungsbereich wie auch im mangelhaften Ausleben von artgerechtem Verhalten der saugenden Tiere. Das Anbieten von Futtermitteln mit geringem Kaubedarf (mangelhafte Struktur) kann den Kautrieb nicht befriedigen und führt zu Ersatzhandlungen. Auch genetische Ursachen können (ähnlich wie beim Zungenschlagen) nicht ausgeschlossen werden.

Als Lösung bieten sich verschiedene vom Handel angebotene Saugschutzvorrichtungen an, die den Tieren auf das Flotzmaul gesetzt werden und im Falle des Ansaugversuches bei einem anderen Tier eine Abwehrreaktion auslösen.

Folge des Ansaugens: Mastitisgefahr!

Gefahren für die Mutterkuhhaltung ergeben sich besonders durch das Ansaugen von Jung-kalbinnen und trocken stehenden Kühen.

Bei diesen Gruppen lohnt sich dabei auch die intensive Beobachtung vor der Geburt, hier besonders des Euters.

Durch das regelmäßige Abtasten gewöhnen sich die Tiere an den Menschen und wehren beim späteren Saugen nicht ab.

Saubere Einstreu und Fliegenbekämpfung sowie das regelmäßige Zitzendippen sind auch hier angebracht, wie auch eine bakteriologische Untersuchung von Zukauftieren notwendig wäre.

Erhitzung, Schmerzen, Verhärtung oder unsymmetrische Vergrößerung eines Viertels oder auch Fieber sind meist Hinweise auf eine akute Infektion, bei der rascher Handlungsbedarf besteht (Tierarzt rufen!).

Klauenerkrankungen

Klauenerkrankungen, die auf Stoffwechselstörungen zurückgeführt werden können (Pansenübersäuerung und nachfolgende Klauenrehe), sind in der Mutterkuhhaltung seltener zu beobachten als bei Milchkühen. Schlechte und unhygienische Haltungsbedingungen (feuchter, tiefer Boden) oder mangelnde Klauenpflege führen aber auch bei Mutterkühen zu Gliedmaßen- und Klauenerkrankungen. Insbesondere Infektionen im Bereich des Zwischenklauenspaltes, aber auch der gesamten Gliedmaße (Schwellungen aufgrund von Lymphstau, Schmerzen, Lahmheit) erfordern ein rasches Einschreiten des Tierarztes.

Lahme Tiere verlieren rasch an Körpergewicht, geben deutlich weniger Milch und haben in der Folge zumeist Fruchtbarkeitsprobleme. Möglichst saubere und trockene Haltungsbedingungen und eine regelmäßige funktionelle Klauenpflege sind ein wichtiger Beitrag zur Tiergesundheit.

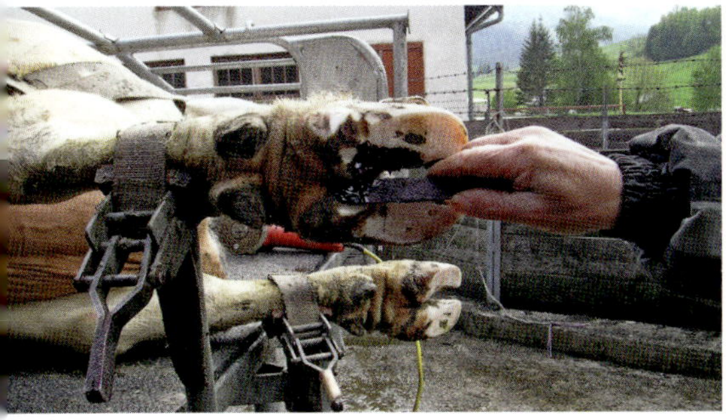

Kippstand zur Untersuchung und Behandlung der Klauen

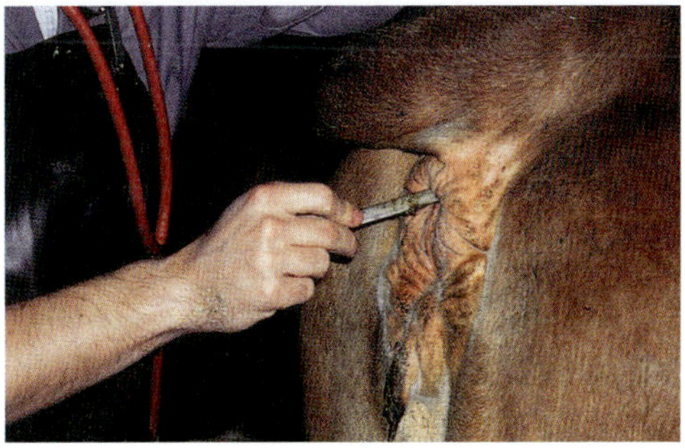

Richtiges Fiebermessen

Erste Hilfe

Es kommt leider immer wieder vor, dass sich der Mutterkuhhalter mit akuten Notfallsituationen auseinandersetzen muss, sei es durch Verletzungen der Tiere, akute Vergiftungssymptome oder andere schwere Störungen des Allgemeinbefindens. In jedem Fall soll der Tierbesitzer umgehend seinen Hoftierarzt holen, denn je schneller eine Krankheit behandelt wird, desto höher sind die Chancen auf eine rasche und vollständige Heilung. Der Mutterkuhhalter soll den Tierarzt in Kürze über nachfolgende Dinge informieren:

1. Was hat sich wann wo ereignet?
2. Handelt es sich um eine Einzeltiererkrankung oder ist die gesamte Herde betroffen?
3. Gibt es womöglich einen Verdacht auf eine Futtermittelvergiftung (Giftpflanzen)?
4. Wurden die Tiere irgendwie vorbehandelt oder nicht. Wenn ja, womit?

Bis zum Eintreffen des Tierarztes sollte vom Tierbesitzer Folgendes festgestellt werden:

Hautelastizität

Durch Prüfung der Hautelastizität mittels Anhebens einer Hautfalte seitlich am Hals kann man auf den Flüssigkeitshaushalt eines Tieres schließen. Verstreicht sie sofort, so ist der Flüssigkeitshaushalt nicht gestört. Dauert es aber einige Sekunden bis die Haut sich glättet, so kann man auf einen erheblichen Flüssigkeitsverlust schließen, der z. B. durch Durchfälle bedingt wurde.

Hauttemperatur

Sind Ohren, Flotzmaul und Gliedmaßen eiskalt: sofortiges Zudecken des Tieres, damit ein weiterer Temperaturabfall vermieden wird.

Liegt ein Tier im Hochsommer mitten auf der Weide mit heißem und trockenem Flotzmaul: Verdacht auf Hitzestich – sofortiges Verbringen des Tieres in schattige Umgebung, Übergießen des Hinterkopfes mit kaltem Wasser oder kalte Umschläge. Versuchen, ob das Tier noch Wasser trinken kann. Auf keinen Fall zu große Mengen kaltes Wasser, da ein plötzlicher durch die Kälte hervorgerufener Temperaturabfall einen Schock mit Kreislaufversagen provozieren kann.

Innere Körpertemperatur

Sie liegt beim erwachsenen Rind zwischen 38,3 und 38,8 Grad Celsius, beim Kalb zwischen 38,5 und 39,3 Grad Celsius.

Diese angegebenen Referenzwerte unterliegen selbstverständlich auch physiologischen Schwankungen. Fieber im eigentlichen Sinn liegt erst bei einer Temperaturzunahme von 1 Grad und mehr vor. Durch Aufregung, Fütterung, Transport kann die in-

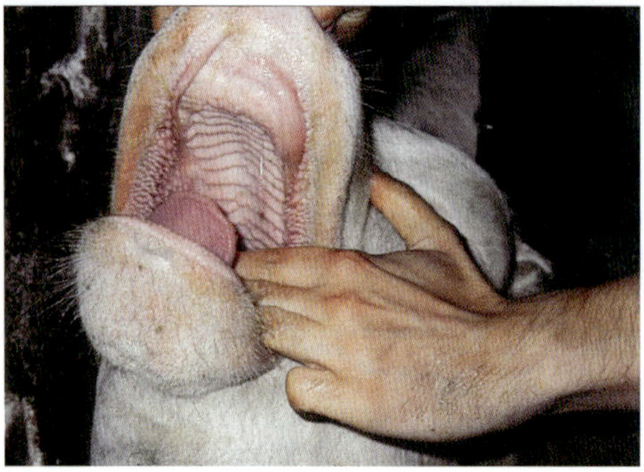

Beurteilung der Maulschleimhaut

nere Körpertemperatur um wenige Zehntelgrade schwanken. Liegt jedoch die Temperatur unter den angegebenen Werten, so liegt eine Untertemperatur vor, wobei das Allgemeinbefinden der Tiere auch sehr stark gestört ist (Festliegen bei der Gebärparese/Milchfieber nach der Geburt, Energiemangel bei Ketose, Vergiftungen etc.).

Kopfschleimhäute

Die Farbe der Schleimhäute gibt Auskunft über die periphere Blutversorgung des Organismus. Sind sie porzellanweiß, so liegt eine Blutarmut vor. Sind sie verwaschen grau, so kann man auf eine Vergiftung im Körper schließen. Sind sie stark gerötet, so liegt meist eine Infektionserkrankung vor.

In der Maulhöhle sollte man sich vergewissern, dass sich keinerlei Fremdkörper wie Nägel etc. darin befinden. Starkes Speicheln ist ebenfalls ein sehr gutes Indiz für Infektionskrankheiten, die mit schmerzhaften Läsionen der Maulschleimhaut vergesellschaftet sind. Vergiftungen sowie Fremdkörper, Schlundverstopfungen und unregelmäßiger Zahnabrieb können verstärktes Speicheln bewirken.

Puls und Atmung

Physiologische Pulszahlen sind beim erwachsenen Rind 60–68 Pulsschläge pro Minute. Beim Kalb liegt die minütliche Pulsfrequenz zwischen 72 und 92. Der Puls sollte kräftig, regelmäßig und gleichmäßig fühlbar sein. Man fühlt den Puls am besten an der Schwanzarterie auf Höhe des unteren Scheidenrandes. Ist der Puls unter der Frequenz, langsam und schwach oder unfühlbar, so liegt meistens eine periphere Kreislaufschwäche vor, die mit dem Tod enden kann, wenn nicht rechtzeitig eine Therapie eingeleitet wird.

Das erwachsene Rind atmet zwischen 10- und 30-mal pro Minute in langsamen, tiefen und regelmäßigen Zügen. Wird die Atmung oberflächlich und kurz und wird der Brustkorb beim Atmen vermehrt bewegt, so könnte es sich um schmerzhafte Prozesse in der Bauchhöhle handeln. Im umgekehrten Fall, z. B. bei einem Rippenbruch, wird das Tier eher versuchen, durch eine Betonung der Bauchpresse und längeres Ausharren nach dem Einatmen ein kurzes, unvollständiges Ausatmen zu vollziehen. Atmen die Tiere sehr angestrengt mit gestrecktem Hals und offenem Maul, unterstützt durch einen hochgezogenen Bauch, so liegt eine schwere Lungenerkrankung vor, die sich auch durch Husten, eitrigen Nasenausfluss etc. bemerkbar macht (siehe Rindergrippe, S. 64). Kälber atmen mit einer Minutenfrequenz von 20–40 Atemzügen.

Pansenmotorik

Beim Wiederkäuer über 3 Monate ist die Untersuchung des Pansens und seiner Aktivität von größter Wichtigkeit. Wie schon erwähnt, sollte pro Minute je ein vollständiger, kräftiger und auslaufender Pansenzyklus mit jeweils 1–2 Pansengeräuschen hörbar sein. Wenn innerhalb von 5 Minuten kein Pansengeräusch zu hören ist, handelt es sich um einen Pansenstillstand, der vielerlei Ursachen haben kann: von der meist sehr charakteristischen Tympanie bis hin zu Pansenfunktionsstörungen (Pansenacidose etc.). Weiters können gefressene Nägel, Drahtstücke und Dergleichen Schmerzen hervorrufen und damit einen Pansenstillstand provozieren.

Verletzungen

Bei offenen Wunden, wie Stacheldrahtverletzungen, sollte eine gründliche Wundreinigung mit fließendem kalten Wasser vorgenommen werden. Eine geeignete milde Jodtinktur (z. B. Betaisodona-Lösung) soll die Wunde desinfizieren. In leichten Fällen reicht ein antibiotikahaltiger Wundspray zur Wundbehandlung. Sind gröbere Riss- oder Schnittwunden vorhanden, sollte man auf jeden Fall den Tierarzt rufen.

Bei Verdacht auf Beinbruch sollte versucht werden, nach guter Polsterung der betroffenen Gliedmaßen einen Versteifungsverband mittels Holzschienen oder fester, bruchsicherer Kunststoffteile herzustellen. Die ausreichende Polsterung ist bei so einem Verband in jedem Fall wichtig, da sonst sehr schmerzhafte Hautverletzungen gesetzt werden können. Bei Jungtieren zahlt sich eine Frakturbehandlung zu 90 Prozent aus, da die Heilungstendenzen des noch wachsenden Tieres um vieles besser sind, der Organismus in der Wachstumsperiode sowieso ständig im Um- und Zubau ist und so auch eine solche Veränderung selbst sehr gut repa-

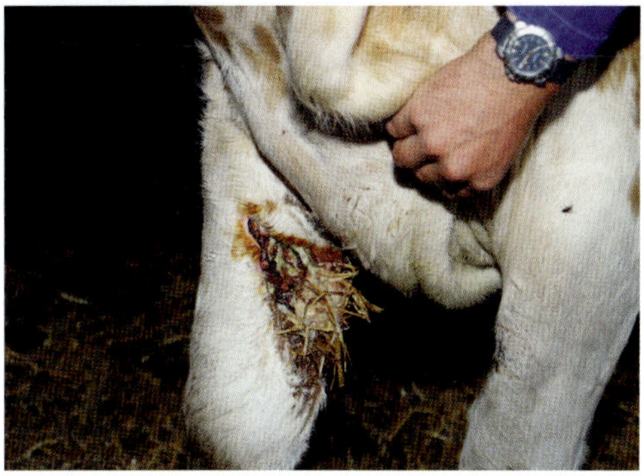

Offene Wunden sollten gründlich gereinigt werden.

rieren kann. Die konservative Behandlung solcher geschlossenen Frakturen haben beim Jungtier im Allgemeinen eine sehr gute Prognose.

Unsere Tiere gesund erhalten!

In der Nutztierhaltung ist der Tiergesundheitsdienst (TGD) von großer Bedeutung, um eventuelle Krankheitsausbrüche bereits im Vorfeld zu verhindern und eine hohe Lebensmittelqualität sicherzustellen. Er stellt vorbeugende Maßnahmen vor die Reparaturmedizin bei bereits erkrankten Tieren durch systematische Untersuchungen, Diagnostik und die laufende Dokumentation der Produktion (Eigenkontrolle) im Rahmen eines Qualitätssicherungssystems. Die Betreuung von Tierbeständen erfordert von den Betreuungstierärzten eine Gesamtsicht über die betrieblichen Abläufe im Nutztierbestand, aber auch Spezialwissen und den Einsatz moderner Techniken.

Ziel im amtlich anerkannten Tiergesundheitsdienst ist die Minimierung des Arzneimitteleinsatzes. Die Anwendung von Arzneimitteln wird im Tiergesundheitsdienst daher laufend evaluiert und von unabhängigen Stellen kontrolliert. Der Tiergesundheitsdienst steht damit für größtmögliche Sicherheit und Transparenz in der Produktion von Lebensmitteln tierischer Herkunft und somit im Dienst des Konsumentenschutzes!

Die Basis: Ständige Aus- und Weiterbildung

Bildung bedeutet heute ein ständiges, lebenslanges Lernen und sollte eine selbstverständliche Holschuld sein. In Österreich werden daher Grundkurse und auch aktuelle Weiterbildungsveranstaltungen in Zusammenarbeit mit dem LFI regional angeboten und sind unter www.lfi.at abrufbar.

Die Betriebserhebung

Das zentrale Element der Arbeit am Hof ist die Durchführung regelmäßiger Betriebserhebungen. Der Termin wird vom Betreuungstierarzt rechtzeitig bekanntgegeben und wird in Form eines intensiven Beratungespräches durchgeführt.

Abweichungen in der Tierhaltung und Fütterung, Stallklima, Hygiene, Aus- und Weiterbildung, Dokumentationen, Arzneimittelanwendung und Tierschutz sowie bei Krankheiten und Gesundheitsprogrammen werden festgehalten und deren Behebung gemeinsam festgelegt. Die dabei zu führenden Aufzeichnungen dienen dem Nachweis und der Einhaltung der hohen Produktions- und Qualitätsstandards, der Rückverfolgbarkeit und Rechtssicherheit.

Einbindung in die Arzneimittelanwendung sowie Kontrollen und Sanktionen

Im Falle der Einbindung des Tierhalters in die Anwendung von Arzneimitteln ist dies vom Betreuungstierarzt und nach erfolgter Ausbildung bei Nachbehandlungen und prophylaktischen Maßnahmen möglich. Der Tierhalter hat die Medikamente vorschriftsmäßig und hygienisch einwandfrei zu lagern, nach den tierärztlichen Anweisungen einzusetzen und im Behandlungsregister zu dokumentieren. Nicht verbrauchte Arzneimittel sind nachweislich zurückzugeben. Die Verantwortung für die Abgabe von Arzneimitteln liegt beim Tierarzt, der dies auch dokumentieren muss und den Therapieerfolg kontrolliert.

Fruchtbarkeitsprogramm

Fruchtbarkeitsstörungen verursachen große wirtschaftliche Schäden in der Rinderproduktion.

Das Programm stellt eine Reihe von empfohlenen, spezifischen Maßnahmen einschließlich eines Arbeitsprogrammes zum Zwecke der Verringerung der durch Fruchtbarkeitsstörungen verursachten Verluste dar. Die Zielsetzung des Fruchtbarkeitsprogrammes liegt in der Durchführung von Managementmaßnahmen sowie effizienter therapeutischer, prophylaktischer und metaphylaktischer Maßnahmen, um durch Fruchtbarkeitsstörungen bedingte Schäden bestmöglich zu reduzieren.

Parasitenprogramm

Das Programm zur Bekämpfung von Parasitosen und der Trichophytie stellt eine Reihe von empfohlenen, spezifischen Maßnahmen zum Zwecke der Untersuchung und Bekämpfung bestimmter Parasitosen und Dermatomykosen zur Vorbeugung vor Verlusten in der Rinderproduktion dar. Die Zielsetzung des Parasiten- und Trichophytiebekämpfungsprogrammes liegt in der Anwendung effizienter prophylaktischer und metaphylaktischer Maßnahmen, um das Auftreten klinischer Parasitosen und Dermatomykosen sowie durch parasitäre und mykotische Infektionen bedingte Schäden bestmöglich zu reduzieren bzw. zu verhindern.

Die Zukunft: Innovative Bestandsbetreuung

Ähnlich der Gesundenuntersuchung beim Menschen gilt auch bei den Nutztieren: Je früher die Ursachen einer potentiellen Gesundheitsstörung erkannt werden, desto eher können Maßnahmen gesetzt werden. Voraussetzungen sind die laufende Erhebung und Auswertung von Gesundheitsdaten mit einer präventiven Diagnostik und der rechtzeitigen Sanierung bei Abweichungen noch vor einem teuren Krankheitsausbruch. Dies wäre ein bedeutender Beitrag zur Erhöhung des Gesundheitsniveaus und der Wirtschaftlichkeit sowie zur Senkung der Krankheitskosten und des Einsatzes von Medikamenten bei unseren Nutztieren.

Tierarzneimittelkontrollgesetz

Das Tierarzneimittelkontrollgesetz bildet die gesetzliche Grundlage für die Errichtung von österreichweit einheitlich gestalteten Tiergesundheitsdiensten. Mit den Bestimmungen des Tierarzneimittelkontrollgesetzes werden das Inverkehrbringen, das Bereithalten zur Anwendung, das Lagern und die Anwendung von Tierarzneimitteln geregelt. Mit dem Tierarzneimittelkontrollgesetz wurden Bestimmungen zur Tierarzneimittelanwendung und die entsprechende Dokumentation festgelegt. Die Bestimmungen gelten für jede Anwendung von Tierarzneimitteln, unbeschadet, ob sie vom Tierarzt selbst oder unter seiner Anleitung durch den Tierhalter durchgeführt wird. Das heißt, dass die Dokumentationspflichten nicht nur für Teilnehmer am Tiergesundheitsdienst, sondern für jeden Tierarzt und jeden Tierhalter, der in die Anwendung von Arzneimitteln eingebunden ist, Gültigkeit haben.

Enthornung

In der Laufstall- bzw. Weidehaltung von Rindern passiert es immer wieder, dass Mutterkuhhalter oder Herdengenossen durch Hornstöße verletzt werden. Um dieser Verletzungsquelle vorzubeugen, empfiehlt es sich, schon die **Kälber im Alter bis zu 6 Wochen zu enthornen**. Ätzpasten und Gummiringe sind aufgrund tierschützerischer Überlegungen verboten, da das Horn unter größten Schmerzen langsam abstirbt und die Infektionsgefahr sehr hoch ist. Die Enthornung von Kälbern ist **nur unter Lokalanästhesie beider Hornnerven** erlaubt. Das Kalb wird zwischen den Beinen einer Hilfskraft fixiert und der Kopf wird auf die jeweils zu enthornende Seite gebogen. Man kürzt die Haare um den verschieblichen Hornansatz und testet mittels Nadelstichen, ob die Anästhesie auch wirklich sitzt. Mit dem schon vorgeglühten elektrischen Enthornungsstab werden auf dem Hornansatz kurze drehende Bewegungen gemacht, um das umliegende Bindegewebe auch wirklich zu zerstören. Mit einigen kurzen schabenden Bewegungen wird der etwa kirschkorngroße Hornansatz von seiner Unterlage entfernt. Abschließend versorgt man die Wunde mit einem geeigneten Wundspray.

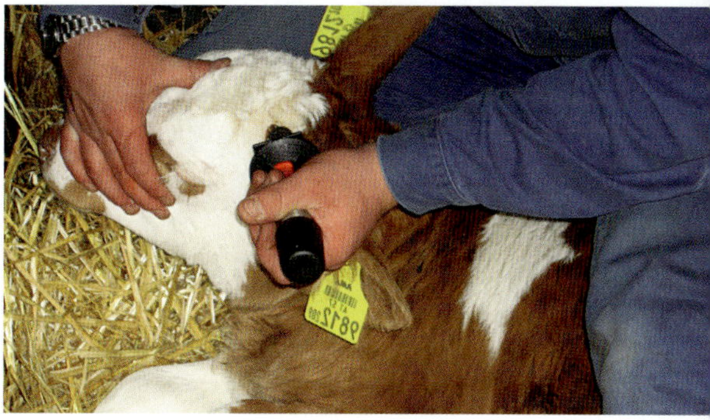

Enthornen sollte bis zur 6. Lebenswoche erfolgen und ist nur unter Schmerzausschaltung erlaubt.

Enthornt man erwachsene Tiere, so ist ebenfalls nach einer geeigneten Fixierung der Hornnerv mit einem Lokalanästhetikum vom Tierarzt zu betäuben. Man kürzt die Haare an der Hornbasis und sägt mit einer Drahtsäge das Horn am Ansatz ab. Zügiges Sägen hat sich bewährt, da durch die Hitzeentwicklung gleichzeitig eine Verödung der dort befindlichen Gefäße stattfindet. Bei der Enthornung erwachsener Tiere eröffnet man immer gleichzeitig die Stirnhöhle. Wundspray und die eventuelle Blutstillung mit einem heißem Eisen, das auf die Blutgefäße gehalten wird, sind vorteilhaft.

Klauenpflege

Wie bei allen anderen Rindern ist es aus gesundheitlicher Sicht wichtig, mindestens zweimal jährlich Klauenpflege zu betreiben. Am besten schneidet man drei Wochen vor dem ersten Austrieb das erste Mal die Klauen, um den Tieren noch die Möglichkeit zu geben, das Horn etwas nachwachsen zu lassen. Ist das Intervall zwischen Austrieb und letzter Klauenpflege zu kurz, kann es passieren, dass die Tiere aufgrund des ungewohnt weichen Sohlenhornes Schmerzen beim Gehen auf steinigem Untergrund haben. In weiterer Folge kann es durch das dünnere Sohlenhorn leichter zu Quetschungen im Sohlenbereich kommen.

Das zweite Mal sollte man die Klauen nach der Aufstallung schneiden. Dabei kommt es auch wieder auf die Beschaffenheit des Stallbodens an. Hat man einen gut eingestreuten Tiefstreulaufstall, so nützt sich das Klauenhorn weniger stark ab und die Klauen können in Summe etwas kürzer geschnitten werden. Stallt man hingegen die Tiere in einem Liegeboxenlaufstall mit Spaltenboden auf, so wird an das Klauenhorn eine andere Anforderung gestellt. Es wird rascher abgerieben und darf daher nicht zu kurz geschnitten werden, da durch den stärkeren Abrieb des Hornes, kombiniert mit zu weicher Sohle, Lahmheiten entstehen können. Außerdem kann auf

Durch Schutzkleidung können Verletzungen beim Klauenschneiden vermieden werden.

Ein fahrbarer Klauenpflegestand für den überbetrieblichen Einsatz.

eine gute Stallhygiene nicht oft genug hingewiesen werden. In den meisten Tiefstreulaufställen wird nur zweimal jährlich ausgemistet. Man braucht also nicht eigens zu erwähnen, dass unter solch unhygienischen Bedingungen Zwischenklaueninfektionen, Durchfälle etc. um vieles leichter Probleme bereiten als in sauberen, regelmäßig ausgemisteten Ställen.

> Die Klauenpflege sollte jedenfalls regelmäßig vorgenommen werden, da die Klauengesundheit unmittelbar mit einer guten Fruchtbarkeit der Tiere in Verbindung gebracht werden kann. In jedem größeren mutterkuhhaltenden Betrieb sollte eine Fangeinrichtung vorhanden sein, die zweckmäßigerweise durch einen kleinen Umbau als Klauenpflegestand verwendet werden kann. Ansonsten sollte auf jeden Fall ein Klauenpflegestand zu einer ausreichenden Fixierung und Arbeitserleichterung für den Klauenschneider zur Verfügung stehen.

Zuerst beurteilt man die Klauen von vorne und von der Seite. Natürlich muss man auch die Gliedmaßenstellung des Tieres berücksichtigen. Zur Klauenpflege benötigt man ein Rinnmesser, eine Klauenzwickzange, Raspel oder einen Winkelschleifer. Der Winkelschleifer erleichtert die Arbeit des Klauenschneiders sehr, setzt aber viel Erfahrung und Geschick voraus, um sich und dem Tier keinen Schaden zuzufügen.

Wird ein Winkelschleifer verwendet, sollte sich der Klauenpfleger auf jeden Fall eines Augen- und Mundschutzes bedienen, da der entstandene Hornstaub ein durch die Lunge eingeatmeter Allergieauslöser sein kann.

Hat man in Beständen größere Probleme mit Zwischenklauenentzündungen und dergleichen, so hat sich die Einrichtung eines Klauenbades bewährt. Dieses sollte eine ca. 3 m lange und 1 m breite Betonwanne mit seitlicher Einzäunung sein. Die Tiefe der Kupfersulfatlösung sollte mindestens 10 cm betragen, um eine ausreichende Benetzung der Klauen zu gewährleisten. Bei starker Frequentierung und hohen Besatzdichten ist diese Lösung 2–3-mal monatlich zu wechseln. Ein guter Trick, die Tiere zum Hineingehen zu bewegen, ist, wenn man die Futterstelle an der gegenüberliegenden Seite des Beckens errichtet. Selbstverständlich dürfen die Rinder nicht die Möglichkeit haben, anders als über das Klauenbad zum Futterplatz zu gelangen. Diese Behandlungen dauern bei Einhaltung guter hygienischer Maßnahmen nicht länger als einen Monat.

> Die regelmäßigen Klauenkorrekturen haben auch noch den Sinn, Schäden an den Gliedmaßen durch falsche Belastung aufgrund zu langer Klauen zu vermeiden, und somit kann man eine längere Nutzung der Tiere erreichen.

Wie schon angesprochen, bereiten Klauenprobleme neben einer nicht bedarfsgerechten Fütterung oftmals Fruchtbarkeitsstörungen. Bei Sprungstieren kommt es häufig vor, dass die Sprunglust und die Samenqualität aufgrund von Klauenerkrankungen (Limax, Ulcus Rusterholz, Klauenspitzengeschwür) stark nachlässt und sich der Mutterkuhhalter nur über die mangelnde Fruchtbarkeit seiner Kühe wundert. Aus diesem Grund: Regelmäßige Klauenpflege fördert nicht nur die Gesundheit und Fruchtbarkeit der Mutterkühe, sondern auch das Vertrauen und den Umgang mit dem Menschen.

Kastration

Obwohl der Großteil der männlichen Nachzucht nach dem Absetzen zur Weitermast verkauft wird, wird die Nachfrage nach Ochsenfleisch immer größer. Die unbestrittenen Vorteile hinsichtlich der Ochsenhaltung mit Kühen und der zarteren Fleischqualität gehen auch Hand in Hand mit der Extensivierung der Rindermast. Aus diesem Grunde eignet sich auch diese Produktionsrichtung für den erfolgsorientierten Mutterkuhbetrieb.

Grundsätzlich stehen zwei Kastrationsmethoden, die vom Tierarzt sehr rasch durchgeführt werden können, zur Verfügung:

- die unblutige Kastration mit der Burdizzo-Zange
- die blutige Kastration mit einem Emaskulator

Die Kastration mittels Gummiringen ist aus tierschützerischen Gründen striktest abzulehnen. Das optimale Kastrationsalter ist mit ca. 6 Monaten anzusetzen, da der Geschlechtstrieb noch nicht vollkommen ausgebildet ist und somit ungewollte Deckungen durch das Jungvieh ausgeschlossen werden können. Selbstverständlich kann auch früher kastriert werden, wenn dies arbeitstechnische Erleichterungen schafft.

Burdizzo-Methode

Diese unblutige Art der Kastration wird mit einer eigens dafür konstruierten Kastrationszange vorgenommen, mit der beide Samenstränge gequetscht werden. Dazu ist eine Lokalanästhesie der beiden Samenstränge erforderlich, um den Schmerz auszuschalten. Der Tierarzt geht von hinten an das Tier heran und ertastet sich die Samenstränge. Mit zwei versetzten Quetschstellen wird jeder Samenstrang mindestens eine Minute lang gequetscht.

Eine Nachkontrolle beider Hoden sollte nach einigen Wochen vorgenommen werden, um auch wirklich sicherzugehen, dass die Kastration erfolgreich durchgeführt worden ist. Dies erkennt man am deutlichen Kleinerwerden der Hoden. Die Vorteile dieser Kastrationsmethode liegen auf der Hand: Schnell, einfach und billig, außerdem ist das Infektionsrisiko stark vermindert. Nachteile sind bei nicht sachgemäß vorgenommener Quetschung Harnröhrenquetschungen, erfolgloser Kastrationsversuch und Kontrolle nach 6 Wochen mit dem damit verbundenen Einfangstress der Tiere.

Blutige Kastration mit dem Emaskulator

Zu dieser Kastrationsmethode ist auf jeden Fall ein Tierarzt nötig. Nach erfolgter lokaler Schmerzausschaltung werden die beiden Hoden blutig freigelegt und mit einer speziellen Schneid-Quetsch-Zange, dem Emaskulator, abgesetzt. Vorteil dieser Methode ist die sichere Kastration, wodurch eine Kontrolluntersuchung unterbleiben kann. Nachteile sind der etwas größere Aufwand und in unhygienischen Stallungen leichtere Infektionsmöglichkeit der Wunde, die in diesem Fällen nachbehandelt werden muss.

Fütterung der Mutterkühe

Fütterung der Kälber

Fütterung der Jungrinder

Fütterung

Fütterung der Mutterkühe

Den größten Einfluss auf die Wirtschaftlichkeit der Mutterkuhhaltung hat die Fütterung. Vorrangiges Ziel muss daher sein, den Tieren bestmögliches Weidefutter in der Vegetationszeit und sehr gutes Grundfutter in der Winterfutterperiode anbieten zu können.

In den klassischen Mutterkuhländern kalben die meisten Mutterkühe saisonal im späteren Winter oder im beginnenden Frühjahr ab. Die Weide ist dabei die wichtigste Futter- und Nährstoffquelle und diese wird weitgehend für die Hauptlaktation, für einen guten Teil der Körperreservenbildung und für den überwiegenden Teil der Kälberzunahmen genutzt. Bei der Winterkalbung wird dem physiologischen Jahresablauf der Mutterkuh und der Entwicklung des Kalbes am besten entsprochen. Im ersten Drittel der Laktation geben die Kühe aufgrund des normalen Laktationsverlaufes auch bei Winterfütterung mit gutem Grundfutter genügend Milch für die Kälber. Mit Weidebeginn erfolgt ein neuerlicher Anstieg der Milchleistung und das schon gut entwickelte Kalb kann dann die Milch und das junge, nährstoffreiche Grünfutter bestens nutzen.

In der Trockenstehzeit müssen die Mutterkühe verhalten gefüttert werden, um eine zu hohe Nährstoffaufnahme und damit die unerwünschte Verfettung, insbesondere im Beckenbereich, zu verhindern und – als häufige Folge davon – Schwergeburten zu vermeiden. Bei freier Wahl des Abkalbezeitraumes wird daher die Winterabkalbung im Jänner bis März ernsthaft in Erwägung zu ziehen sein.

Bei kontinuierlicher Abkalbung müssen Winter-, Frühjahrs-, Sommer- und Herbstabkalbungen differenziert beurteilt und dementsprechend in der Fütterung berücksichtigt werden, da das Futterangebot und damit die Nährstoffversorgung für jede Situation sehr unterschiedlich ist. Bevor auf die Einzelheiten zwischen Winter- und Sommerfütterung bei unterschiedlichen Abkalbezeitpunkten eingegangen wird, soll der Bedarf der Mutterkühe für die jeweiligen Leistungsbereiche dargestellt werden. In der Grafik (Seite 102) ist der Energiebedarf für eine Mutterkuh mit 600 kg Lebendgewicht und einer geschätzten Milchleistung von 3.000 kg Milch zugrunde gelegt. Der Erhaltungsbedarf nimmt darin einen sehr hohen Anteil ein und bestätigt damit die Forderung nach einer gewichtsmäßig eher leichten Mutterkuh. Der Bedarf für die Milchleistung ist naturgemäß abhängig von der für das Kalb verfügbaren Milchmenge. Dieser Anteil nimmt nach der Abkalbung langsam zu und erreicht sein Maximum zwischen dem ersten und dritten Monat in Abhängigkeit von der Milchaufnahmekapazität des Kalbes und der Leistungsveranlagung der Kuh.

Erstlingskühe haben etwa 20 % weniger Milch als gleichveranlagte ältere Kühe. Der für die Milchleistung erforderliche Energieanteil kommt aber unmittelbar der Entwicklung und Gewichtszunahme des Kalbes während der Aufzuchtperiode zugute und bestimmt das Absetzgewicht sehr entscheidend.

Gutes Grundfutter ist die Grundlage der Fütterung.

Die Tatsache, dass die „Ernte" des Weidegrases in Form des Abgrasens durch die Kuh und die dafür erforderliche Futtersuche einen beachtlichen Aufwand an „Bewegungsenergie" erfordert, wird oft übersehen oder zu wenig berücksichtigt. Die Ertragshöhe und die Geländeverhältnisse der Weideflächen sind hier entscheidende Einflussfaktoren. Während der Weidezeit der Mutterkuh ist daher dieser zusätzliche Energieaufwand mit zu berücksichtigen und in den Energieaufwand einzurechnen. Dieser Mehraufwand wurde früher aufgrund von Erfahrungswerten pauschal zum Erhaltungsbedarf dazugerechnet, wobei die Höhe der Zuschläge teilweise stark unterschiedlich angegeben wurde (WEISSBACH, 1993). Der in der Grafik (Seite 103) angegebene Energieaufwand für den Weidegang wurde so ermittelt, dass der Ertrag der Weidefläche, die Geländeverhältnisse, die Trockenmasseaufnahme auf der Weide, die Verdaulichkeit der organischen Substanz des Weidegrases und das Lebendgewicht der Kühe in der Weidezeit in der Berechnung berücksichtigt wurden (SCARS 1990). Diese Berechnung basiert auf umfangreichen Versuchen mit Fleischrindern zur Ermittlung des Energiebedarfes beim Weidegang. Die Grafik für die Energieversorgung im Jahresablauf zeigt den starken Einfluss des sich sehr

Energiebedarf – 650 kg LG, 3000 kg Milch

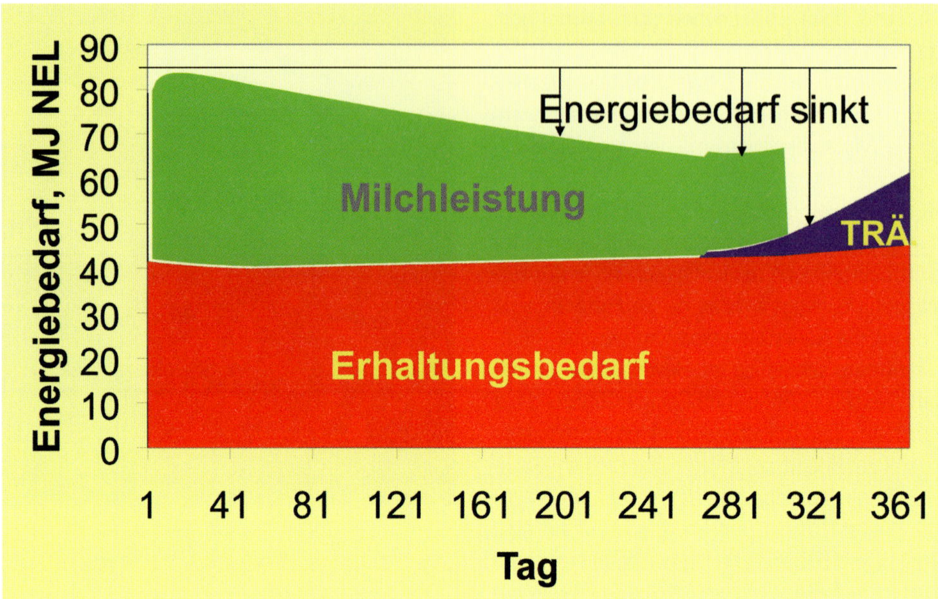

rasch verändernden Vegetationsstadiums des ersten Aufwuchses vom sehr jungen Weidegras über die optimale Weidereife bis hin zum überständigen Gras. Die damit verbundene rasche Abnahme der Energiekonzentration im Weidegras des ersten Aufwuchses ist in der nächsten Übersicht dargestellt. Zu erklären ist dies mit dem besonders intensiv ablaufenden Wachstum der Pflanzen im Mai und Juni und der ebenso raschen Zunahme des Rohfaseranteils, insbesondere in den Stängeln. Auch der Wechsel zum zweiten Aufwuchs ist deutlich zu erkennen. Mit zunehmender Dauer der Weideperiode steigt der Energiebedarf für den Weidegang leicht an.

Der Energieaufwand für die Trächtigkeit nimmt in seinem einer exponentiellen Funktion folgenden Verlauf anfänglich über lange Zeit sehr langsam zu. Zu Beginn der Trockenstehzeit und besonders in den letzten Wochen vor der Abkalbung nimmt aber die Entwicklung des Fötus und der Reproduktionsorgane sehr rasch zu und erfordert beachtliche Nährstoffmengen.

Bedarfsgerechte Fütterung in dieser Zeit ist ganz besonders wichtig, da starke Unterversorgung zu schwachen und wenig vitalen Kälbern sowie einer Beeinträchtigung der Milchleistung in der darauffolgenden Laktation führt. Eine Überversorgung bedeutet eine starke Verfettung der Mutterkuh, wobei besonders die Fetteinlagerung im Beckenbereich den Geburtsweg verengt und oft zu Schwergeburten mit meist sehr negativen Auswirkungen auf die Fruchtbarkeit in der nachfolgenden Reproduktionsperiode führt.

Nicht übersehen werden darf auch die Tatsache, das alle Lebewesen und so auch die Rinder in ihrer Evolution als Überlebensstrategie Futter- und somit Nährstoffmangelzeiten durch beachtliche Körperreserven ausgeglichen und überbrückt haben. Ohne diese Strategie hätten die meisten Tiere nicht überleben können. Diese erblich sehr stark manifestierten

Energiebedarf und Energieversorgung der Mutterkühe im Jahresablauf bei unterschiedlicher Grundfutterqualität

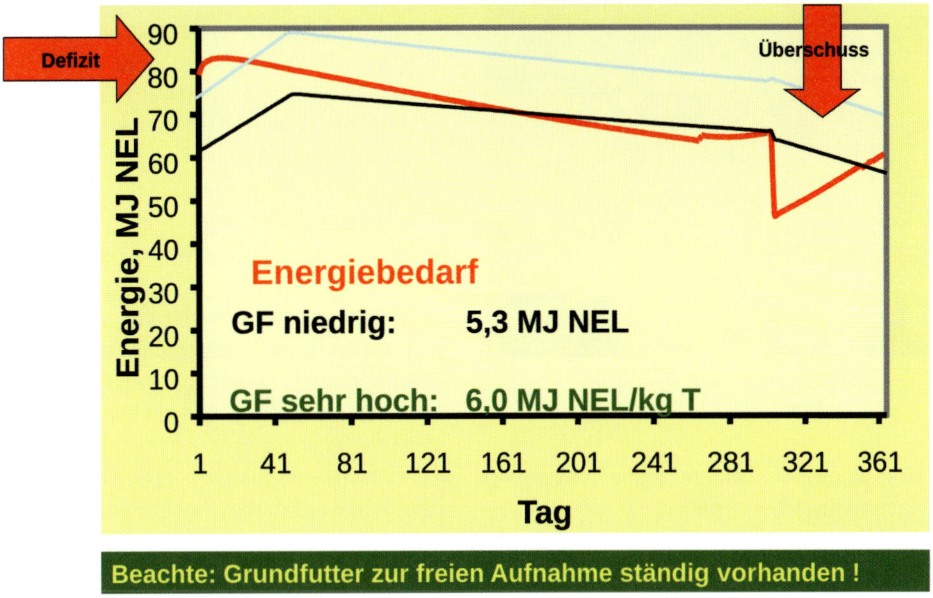

Veranlagungen sind auch in den hochgezüchteten Rinderrassen weitgehend erhalten geblieben. Unter den heutigen Fütterungsbedingungen hat diese Veranlagung stark an Bedeutung verloren, kann und soll aber in bescheidenem Maße genutzt werden.

Der Energiebedarf für Erhaltung, Milchleistung, Gewichtsveränderung und Trächtigkeit basiert auf den Angaben zu den Fütterungsnormen der Gesellschaft für Ernährungsphysiologie der Haustiere (GEH, 1986). Für die Milchleistung wurde eine Standard-Laktationskurve von 3.000 kg Milch zugrunde gelegt (HUTH u. SCHUTZBAR, 1981). Unter diesen Aufwands- und Regulationsaspekten sollen die folgenden Ausführungen betrachtet werden.

> Während des Jahres kann das Lebendgewicht der Mutterkuh um etwa 20 % schwanken. Das höchste Lebendgewicht ist bei der Winterabkalbung vor der Abkalbung vorhanden, das niedrigste unmittelbar nach Weideaustrieb als Folge einer radikalen Futterumstellung.

Der Gewichtsverlust des Leerkörpers (ohne Verdauungstrakt) resultiert zu etwa 50–65 % aus dem Fettabbau und zu 5–10 % aus dem Proteinabbau (Uterusrückbildung), wenn die Mutterkühe im Winter eine ausgeglichene Körperkondition haben und zu Beginn der Laktation deutlich an Körpersubstanz verlieren (JARRIGE, 1989).

Effekte von unzureichender Nährstoffversorgung

■ Kalbgewicht und Vitalität des Kalbes

Schwache Unterversorgung der Kuh während der Hochträchtigkeit bringt keine merkbare Verringerung des Geburtsgewichtes, aber sehr wohl eine starke und längerdauernde Unterversorgung. Sehr empfindlich reagieren Erstlingskühe, da neben dem Fötus auch noch der Nährstoffbedarf für das Eigenwachstum abgedeckt werden muss. Starke Unterversorgung bedeutet meist niedrigere Geburtsgewichte und geringere Überlebenschancen der Kälber besonders in den ersten

Die Abkalbung auf der Weide birgt auch Gefahren.

Lebenstagen, schlechtere Kälberentwicklung („lebensschwache Kälber"), schwächere Mutterinstinkte und schlechte Qualität und Menge an Kolostrum und Milch.

- **Milchleistung der Mutterkühe und Gewichtszunahme der Kälber**
  Dauernde Unterversorgung senkt die Milchleistung der Kühe und damit die Gewichtsentwicklung der Kälber. Dies umso mehr, je schlechter die Körperkondition der Mutterkuh bei der Abkalbung ist. Kurze Unterversorgung wird bei guter Körperkondition ohne negative Beeinflussung verkraftet, dabei werden aber die Körperreserven schneller abgebaut.
- **Fruchtbarkeit**
  Eine Nährstoffunterversorgung zwischen der Kalbung und der Konzeption bewirkt eine Verschlechterung der Fruchtbarkeit. Die Körperkondition bei der Abkalbung spielt dabei eine entscheidende Rolle und es scheint, dass die Zeit bis zur ersten Brunst des kommenden Zyklusses dadurch verändert wird (JARRIGE, 1989).

Hygienisch einwandfreies Futter

Auch in der Mutterkuhhaltung darf nur sauberes und hygienisch einwandfreies Futter eingesetzt werden. Verschimmeltes und verheftes Futter kann zur Minderung der Abwehrkraft, zur Verschlechterung der Gesundheit und Fruchtbarkeit sowie zur Verringerung der Futteraufnahme und Leistung führen. Grundsätzlich muss jede Futterkomponente (Heu, Grassilage, Maissilage, Stroh, Kraftfutter) hygienisch einwandfrei sein. Die Tatsache, dass auch verpilztes Futter gefressen wird, ist kein Beweis für dessen Unbedenklichkeit!

Winterfütterung

Die Winterfütterungsration wird in den meisten Betrieben aus Raufutter und Grassilage bestehen. Allenfalls können geringe Anteile an gutem Futterstroh in den ersten Tagen der ersten Trockenstehzeit zugefüttert werden. Je höher der Grassilageanteil in der Ration ist, umso stärker soll auf den rechtzeitigen Schnittzeitpunkt des Grases geachtet und ein optimaler Anwelkgrad zwischen 35 und 40 % T-Gehalt angestrebt werden. Dies deshalb, weil neben einer ausreichenden Futter- und Nährstoffaufnahme auch die Kotkonsistenz verbessert und die Verschmutzung der Mutterkühe und besonders ihrer Euter während der Stallhaltung verringert werden können.

> Maissilage soll und wird aus ökonomischen Gründen in der Mutterkuhhaltung stets die Ausnahme sein. Wenn dennoch Maissilage verfüttert wird, soll diese keinesfalls in der Trockenstehzeit eingesetzt werden, um eine zu hohe Energieversorgung in der Zeit des geringsten Bedarfes und damit eine zu starke Verfettung der Kühe zu vermeiden. Während der Laktation bringt Maissilage aber eine hohe Energieversorgung und stellt eine gute Ergänzung zu Heu und Grassilage dar.

Der Einsatz von Maissilage ist im Grünlandgebiet ausschließlich bei der Herbst- und frühen Winterabkalbung aktuell und die Wirtschaftlichkeit des Einsatzes dieses Futtermittels in der Mutterkuhhaltung ist in allen Fällen besonders kritisch zu prüfen.

In der Grafik (siehe S. 102) ist der Energiebedarf der Mutterkuh über das ganze Jahr dargestellt, wobei als Abkalbezeitpunkt der 20. Februar, der Weideaustrieb etwa mit 10. Mai und der Absetztermin für die Kälber kurz vor dem Ende der Weideperiode mit 15. Oktober angenommen wurde.

Unter Berücksichtigung der Abkalbung, des Laktationsverlaufes, der Trächtigkeit, der Gewichtsveränderung der Mutterkuh, der Aktivität während des Weidens und des jahreszeitlich unterschiedlichen Futterangebotes in Qualität und Quantität ergibt sich der dargestellte Energiebedarf im Ablauf des Jahres einer Mutterkuh. Bei mittlerer Grundfutterqualität zeigt sich, dass die Futteraufnahme und damit die Nährstoffversorgung nach der Abkalbung unter dem Bedarfsniveau bleibt. Dies ist die Zeit, in der die Mutterkuh aus ihren Körperreserven die nötige Energie mobilisiert und in die für das Kalb notwendige Milch umsetzt. Dabei nimmt die Körperkondition der Kühe mit guter Milchleistungsbereitschaft deutlich ab, ohne jedoch die Milchmenge bzw. die Fruchtbarkeit zu reduzieren. Bei hoher Grundfutterqualität liegt die Nährstoffversorgung nur im ersten Drittel der Laktation knapp unter dem Bedarf, sonst die ganze Zeit hindurch darüber. Diese hohe Nährstoffversorgung ist vor allem für Ammenkühe mit zwei oder drei Kälbern und einer Milchmenge deutlich über 3.000 kg Laktationsleistung erforderlich.

Für die normale Mutterkuh wird bei sehr gutem Grundfutter in der Trockenstehzeit die Zufütterung von etwas Futterstroh notwendig sein, um eine zu starke Verfettung der Tiere zu vermeiden. Außerdem ist die Gefahr der nachgeburtlichen Fettmobilisation in Form des „Fat Cow Syndroms" gegeben. Dieses Syndrom wird im Krankheitskapitel unter „Ketose", S. 88, näher behandelt. Bei niedriger Futterqualität liegt die Versorgung nur über einen kurzen Zeitraum in der Trockenstehphase über dem Energiebedarf der Kühe. Als Folge davon kann die in der Hochlaktation erforderliche Mobilisierung der Körperreserven im Stadium der Spätlaktation und in der Trockenstehzeit nicht mehr ausgeglichen werden. Die Kühe kommen mit zu geringen Körperreserven und in schlechter Körperkondition in die folgende Abkalbung und reagieren mit geringerer Milchleistung und schwächerer Fruchtbarkeit. Ganz besonders sensibel reagieren

Ausreichend Heu und Grassilage und zusätzlich Mineralstoffe und Viehsalz.

Erstlingskühe, die mit zwei Jahren abkalben und noch für das eigene Wachstum Nährstoffe benötigen. Bei der Winterabkalbung ist die beste im Betrieb vorhandene Grundfutterqualität in der Zeit nach der Abkalbung zu verabreichen, um die Leistungsbereitschaft optimal auszunützen. In der Trockenstehzeit ist etwas schlechtere Futterqualität ausreichend.

In der Übersicht sind Rationsbeispiele von Grünlandbetrieben angegeben, wie Mutterkühe in der Säugezeit bzw. in der Trockenstehzeit bedarfsgerecht versorgt werden können.

Bei der Sommerabkalbung bleibt die Energieaufnahme aus dem Weidefutter ebenfalls unter dem Gesamt-Energiebedarf und auch in der Weidezeit müssen die Körperreserven zur Energieabdeckung herangezogen werden. In der auslaufenden Winterfutterperiode und beginnenden Weidezeit liegt die Energieaufnahme deutlich über dem Bedarf und die Körperreserven können aufgefüllt werden. Je später die Abkalbung im Sommer erfolgt, umso weniger effizient kann das energiereiche Weidegras für die Milchbildung genutzt werden. Das Winterfutter muss dabei zunehmend gute Qualität haben und es werden auch größere Mengen davon benötigt, wenn die Energieversorgung annähernd optimal erfolgen soll.

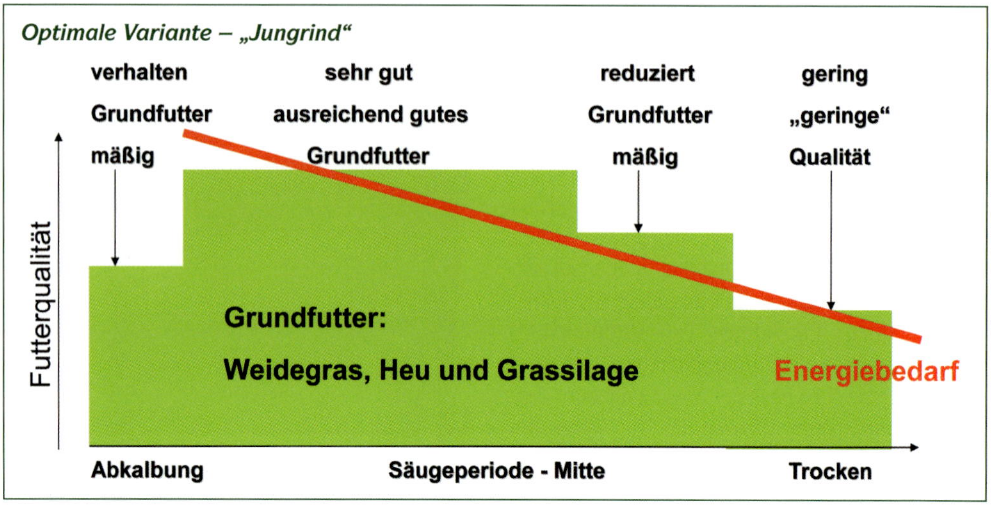

Bei Herbst- und früher Winterabkalbung muss ganz besonderer Wert auf hohe Qualität von Raufutter und Grassilage gelegt werden, da der Großteil der Laktation in die Winterfutterzeit fällt. Außerdem ist der Winterfutteranteil deutlich höher zu veranschlagen, da die Futteraufnahme in der Laktation größer ist.

Die Gewichtszunahme der Kälber ist dabei gegenüber der Winterabkalbung vom Jänner bis März etwas schwächer, da die Milchleistung der Kühe niedriger und die Futteraufnahme und damit die Nährstoffversorgung der Kälber über Heu und Grassilage nicht so hoch ist wie auf der Weide. Bei der Herbstabkalbung können die Kälber auch bei begrenzter Stallraumkapazität länger als 10 Monate auf dem Betrieb bleiben. Auch bei der Jungrinder-Produktion können die Kälber noch während der Weide im eigenen Betrieb auf ein höheres Gewicht gebracht werden. Die Qualität des Schlachtkörpers kann und soll bei Bedarf durch eine zusätzliche Energieversorgung über Kraftfuttergaben noch verbessert und optimiert werden.

Bei über das ganze Jahr verteilter Abkalbung ist ein differenziertes Nährstoffangebot über die Rationsgestaltung ungleich schwieriger.

Bei der konventionellen Bodentrocknung sind meist beachtliche Nährstoffverluste in Kauf zu nehmen und die Futterqualität ist dadurch beeinträchtigt. Vorzuziehen ist deshalb die Kaltbelüftung, da die Abhängigkeit von der Witterung geringer und die Bröckelverluste deutlich niedriger sind. Auf rechtzeitigen Schnittzeitpunkt ist aber stets zu achten. Die Futterkonservierung über die Silierung erfolgt am zweckmäßigsten im Fahrsilo mit Anwelksilage. Die Grundregeln der Silagegewinnung sind dabei genau einzuhalten, um einwandfreies Winterfutter zur Verfügung zu haben.

In der Winterfütterung ist zur optimalen Versorgung der Kühe und Kälber eine tägliche Mineralstoffgabe von 70–100 g einer vitaminierten und phosphorreichen Mischung erforderlich. Diese wird üblicherweise auf die Grassilage gestreut und damit sicher aufgenommen.

Salz wird über Salzlecksteine oder Bergkerne zur freien Aufnahme angeboten. Im Sommer erfolgt die Mineralstoffgabe am sichersten über Leckschüsseln mit geeigneter Mineralstoffzusammensetzung und über Bergkerne zur Natrium-Abdeckung. Die erforderlichen Mengen von Spurenelementen müssen in der Mineralstoffmischung enthalten sein.

Nähr- und Mineralstoffbedarf von Mutterkühen
(je Kuh und Tag, GEH, 1986, und GfE*, 2001)

Erhaltungsbedarf	nRP	NEL	Ca	P	Mg	Na
550 kg LG	410 g	33 MJ	38 g	22 g	16 g	9 g
600 kg LG	430 g	36 MJ				
650 kg LG	450 g	38 MJ				
Laktierend,						
600 kg LG 12 kg Milch/Tag	1.467 g	76 MJ	57 g	36 g	20 g	16 g
Trockenperiode						
6.–4. Wo. vor Abkalbung	1.135 g	49 MJ	34 g	22 g	16 g	10 g
3. Wo. vor bis Abkalbung	1.230 g	54 MJ	34 g	22 g	16 g	10 g

* Ausschuss für Bedarfsnormen der Gesellschaft für Ernährungsphysiologie

Sommerfütterung

Vom Standpunkt der effizientesten Nährstoffausnützung ist der Nutzung der Weide höchste Beachtung zu schenken. Weidefutter bietet Nährstoffe in hoher Konzentration in der Trockenmasse und zu wirtschaftlichsten Bedingungen. Leider ist unter alpenländischen Verhältnissen die Weidezeit begrenzt und die lange Winterfutterzeit klimatisch vorgegeben. Umso mehr muss die Weidezeit optimal genutzt werden. Dies kann durch die Wahl des Abkalbezeitraumes und durch die bestmögliche Weideführung erfolgen.

Empfehlungen zur Spurenelement- und Vitaminkonzentration in der Gesamtration
(nach GfE, 2001)

Je kg Futter Trockenmasse		Säuge-periode*	Trocken-periode
Kupfer	mg	10	10
Mangan	mg	50	50
Zink	mg	50	50
Selen	mg	0,20	0,20
Vitamin A	IE	5.000	10.000
Vitamin D	IE	500	500
Vitamin E	mg	25	50
Beta-Carotin	mg	15	15

* Säugeperiode – 10 kg Milch

Der Abkalbezeitraum ist stark durch das gewählte Produktionsverfahren vorgegeben. Bei der Weideführung muss vorweg gesagt werden, dass die auf dem Betrieb vorhandenen Flächen überhaupt für die Weideführung geeignet sein müssen. Grundsätzlich wird zwischen der Umtriebsweide mit einer Mindestanzahl an Koppeln und der Standweide unterschieden. Beide Formen haben Vor- und Nachteile, wobei die Umtriebsweide umso mehr Vorteile bietet, je intensiver die Weideführung ist und je höher die Flächenerträge sind. Dies ist aber keine generelle Wertung und die Entscheidung für die eine oder andere Weideform muss von Betrieb zu Betrieb je nach Wirtschaftsintensität, Flächenausstattung und Flächenstruktur unterschiedlich gefällt werden. Ein Problem stellt die Umstellung von der Winterfütterung auf den Weidegang dar. Die Verdauungsphysiologie der Wiederkäuer würde eine über zwei Wochen dauernde allmähliche Umstellung mit kontinuierlicher Reduzierung des Anteils an Winterfutter zugunsten der Weide verlangen. Diese lange Umstellungsphase ist in der Praxis nicht durchführbar. Es muss aber gefordert werden, dass zumindest über eine Woche die Angewöhnung an die Weide erfolgt. Zu rasche Umstellung bringt fast immer Durchfälle und starke Gewichtsverluste bei den Kühen mit sich. Auch der Wechsel vom 1. zum 2. Weideaufwuchs erzeugt immer wieder Schwie-

Nährstoffgehalt der Futtermittel
(in 1 kg T); DLG-Futterwerttabellen für Wiederkäuer, 1997)

Futtermittel	T	RP	NEL	Rfa	Verd. OM
Raufutter (bodengetrocknet)					
1. Aufwuchs:					
Beginn Blüte	880 g	110 g	5,45 MJ	287 g	68 %
Mitte der Blüte	850 g	104 g	5,38 MJ	316 g	67 %
Ende Blüte bis überständig	850 g	93 g	5,11 MJ	339 g	65 %
2. Aufwuchs:					
Rispen schieben	870 g	138 g	5,79 MJ	258 g	71 %
Beginn Blüte	850 g	125 g	5,64 MJ	286 g	69 %
Ende Blüte	840 g	115 g	5,55 MJ	309 g	68 %
Grassilage					
1. Aufwuchs:					
Beginn Blüte	360 g	136 g	6,02 MJ	286 g	72 %
Mitte der Blüte	340 g	130 g	5,81 MJ	312 g	70 %
Ende Blüte bis überständig	340 g	106 g	5,43 MJ	358 g	67 %
2. Aufwuchs:					
Beginn Blüte	350 g	157 g	5,62 MJ	284 g	68 %
Mitte der Blüte	340 g	142 g	5,61 MJ	308 g	68 %
Ende Blüte bis überständig	330 g	125 g	5,46 MJ	355 g	67 %
Weidegras					
1. Aufwuchs:					
jung	180 g	160 g	6,27 MJ	223 g	75 %
weidereif	200 g	133 g	5,93 MJ	257 g	72 %
überständig	220 g	101 g	5,21 MJ	310 g	66 %
2. u. weit. Aufwüchse:					
jung	220 g	160 g	5,45 MJ	225 g	68 %
weidereif	220 g	138 g	5,37 MJ	254 g	67 %
überständig	250 g	118 g	4,96 MJ	310 g	64 %
Futterstroh	870 g	36 g	3,58 MJ	443 g	49 %

rigkeiten. Das sehr junge Weidegras bei Weidebeginn ändert sich in dieser intensiven Vegetationsphase in relativ kurzer Zeit zur optimalen Weidereife und weiter zu altem und schließlich zu überständigem Weidegras, bevor wieder junge Weide vom 2. Aufwuchs zur Verfügung steht. Später ist der Wechsel zum nächsten Aufwuchs weitgehend entschärft und bringt keine Schwierigkeiten mehr. Auch längere Regenperioden führen zu verminderter Futteraufnahme auf der Weide und die gezielte und kurzfristige Beifütterung von gutem Raufutter kann hier teilweise Abhilfe schaffen.

Die Grafik oben zeigt den Verlauf des Rückganges der Energiekonzentration im 1. Weideaufwuchs von 6,2 MJ NEL zu Beginn der Weide auf unter 5,8 MJ NEL in der 5. Weidewoche. Durch die geringere Energiekonzentration und die niedrigere T-Aufnahme bei älterem Weidefutter geht die Energieaufnahme von anfänglich 94 auf 79 MJ NEL pro Kuh und Tag zurück. Mit dem Wechsel zum 2. Aufwuchs steigen die Futteraufnahme und die Energieversorgung wieder deutlich an. Im Laufe der weiteren Weideperiode geht die Futteraufnahme der Kühe in Abhängigkeit von der abnehmenden Milchleistung und des stetigen Rückganges der Energiekonzentration mit zunehmendem Aufwuchs von etwa 15 kg auf 12 kg Trockenmasse zurück. Die Energiekonzentration sinkt von 6,0 MJ NEL im 2. Aufwuchs auf etwa 5,6 MJ NEL im 4. Aufwuchs ab und die Verdaulichkeit der organischen Masse geht von 72 auf 68 % zurück. Das Lebendgewicht der Kühe nimmt nach der Abkalbung im Februar aufgrund des Energiedefizits bis Weidebeginn stetig ab. Als Folge der Futterumstellung kommt es in den ersten zwei Weidewochen zu einer sehr starken Gewichtsabnahme. Ab der dritten Weidewoche steigt das Gewicht rasch wieder auf das Niveau vor der Umstellung an. Im Laufe der weiteren Weideperiode nehmen die Kühe bei guter Weide ständig an Gewicht zu und füllen allmählich die Reserven wieder auf, die im ersten Laktationsdrittel vom Körper abgebaut wurden.

Gewichtzunahme bei guter Weide

Die Übersicht oben zeigt die Gewichtsveränderung der Mutterkühe im Laufe des Jahres in Abhängigkeit von der Grundfutterqualität. Bei niedriger

Versuchsergebnisse – Lebendgewicht der Mutterkühe im Laktationsverlauf

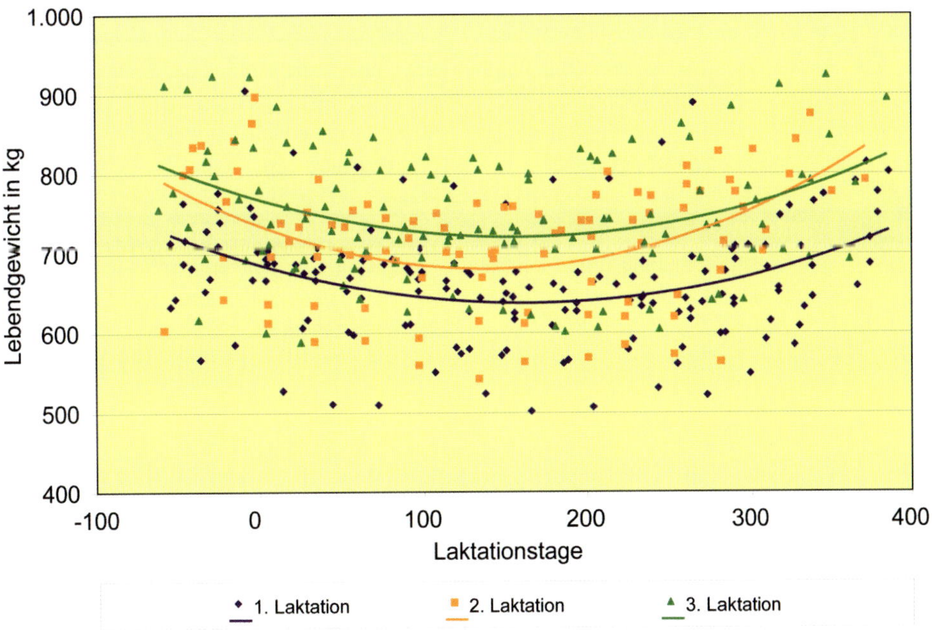

Quelle: Häusler, lfz raumberg-gumpenstein

Futterqualität haben die Kühe allerdings nur in der kurzen Zeit des Trockenstehens die Möglichkeit der Reservebildung. Das reicht aber nicht aus, um das ursprüngliche Körpergewicht (ohne Trächtigkeit) zu Beginn der Laktation zu erreichen.

Bei diesem Beurteilungsschema, das von 0 bis 5 geht (0 = kachektisch, 1 = geringer Fettüberzug, 2 = Wirbelquerfortsätze nur unter stärkerem Druck tastbar, 3 = Wirbel und Wirbelfortsätze visuell nicht mehr abzugrenzen, mit leichtem Druck aber noch sicher zu fühlen. Die Fläche darüber ist eben. Hüft- und Sitzbeinhöcker sind abgerundet und weich. 4 = dicker Fettpolster, unter dem die Lendenwirbelfortsätze fast nicht mehr zu spüren sind, 5 = adipös), wird rechts auf halber Höhe der Lendenwirbelquerfortsätze mittels Handgriffs der Fettpolster über den Querfortsätzen beurteilt. Im Prinzip werden trocken stehende Kühe so restriktiv gefüttert, dass der Erhaltungsbedarf und die Energie für 5 kg Milch gedeckt ist. Mit dieser Faustregel sollten die Tiere nicht verfetten. Auch Krankheiten und sonstige Beeinträchtigungen der Tiere äußern sich in einer raschen Veränderung der Körperkondition und können bei guter Beobachtung der Tiere sofort erkannt werden. In Anlehnung an das alte und sehr weise Sprichwort „Das Auge des Herrn nährt sein Vieh" muss daher die Körperkondition der gesamten Mutterkuhherde als auch der Einzeltiere genau und ständig verfolgt werden.

Die Energiebilanz der Mutterkühe wird auch durch die Rückenfettdicke (RFD) repräsentiert. Die regelmäßige Messung der RFD im Rahmen der Bestandsbetreuung ist ein wichtiges Instrument, um den Konditionsverlauf der Kühe zu überwachen und auf die Fruchtbarkeit und den Gesundheitsstatus der Herde einwirken zu können.

Beurteilung der verdauten Ration über den Kot

Über die Kotuntersuchung können wesentliche Aussagen getroffen werden:

- Ist die Ration richtig verwertet worden?
- Stimmen Eiweiß, Stärke, Zucker und Struktur in der Ration und
- ist die Wasseraufnahme ausreichend?

Die Bewertung der Kotkonsistenz ist ein wichtiger Parameter, der ständig im Auge behalten werden sollte. Für die Benotung von frischem Kot kann man den Bewertungsschlüssel der Tabelle unten verwenden.

Eine weitere sehr aufschlussreiche Möglichkeit, Kot zu beurteilen, ist die Kotsiebung. In einem engmaschigen Nudelsieb wird eine frische Kotprobe so lange ausgewaschen, bis das Spülwasser wieder klar ist. Die Siebungsrückstände können, wie in der Tabelle rechts ersichtlich, mögliche Mängel in der Fütterung aufzeigen.

Note	Symptome	Rückschlüsse auf die Fütterung
1	Sehr flüssig, keine Ringe oder Grübchen, Kotpfützen	Eiweiß u./od. Mineralstoffüberschuss, zu viel Stärke u./od. Zucker (Kraftfutter), Rohfasermangel
2	Keine Haufen, aber Ringe unter 2,5 cm hoch	Wie Note 1, auch junges Grünfutter oder Weide bei wenig Heufütterung
3	Breikonsistenz, 4–6 Ringe ca. 4 cm hoch, klebrig	Optimale, ausgewogene Ration
4	Dicker, nicht klebender Kot, keine Ringe oder Grübchen	Rohfaserreiche Ration, wenig Stärke, Mangel an Eiweiß, Kot von Trockenstehern oder Kalbinnen
5	Feste Ballen, Stapel bis 10 cm hoch	Wie Note 4, Austrocknungserscheinung (Wassermangel)

* Kotbenotungssystem nach Andi SKIDMOR (Michigan State University)

Beschaffenheit der Auswaschreste	Bewertung
Relativ große Mengen an Auswaschresten, lange, unverdaute Pflanzenfasern und Blattstücke	Unzureichende Wiederkautätigkeit und zu schnelle Pansenpassage, hoher Getreideanteil, Proteinmangel
Gut erhaltene Getreide- und Maiskörner oder deren Teile	Hoher Kraftfutteranteil, mangelhafte Zerkleinerung, überreife Maissilage, unzureichende Wiederkautätigkeit und zu schnelle Pansenpassage, Strukturmangel
Größere Mengen feinabgebauter Pflanzenteile	Hoher Strukturanteil, überständiges Grundfutter, Mangel an Stärke, Zucker und Protein

Fütterung der Kälber

Oberstes Ziel in der Mutterkuhhaltung ist eine möglichst hohe Aufzuchtquote der Kälber. Voraussetzung dafür ist neben einer leichten und komplikationslosen Geburt die sofortige Aufnahme größerer Mengen Kolostralmilch durch das neugeborene Kalb.

Wie sehr die Zusammensetzung der Milch auf den physiologischen Bedarf des Kalbes eingestellt ist, wird vor allem bei der unmittelbar nach der Geburt abgesonderten Kolostralmilch deutlich (KIRCHGESSNER, 1992).

Salz und Mineralstoffe sollten immer verfügbar sein.

Der besonders hohe Eiweißanteil im Kolostrum besteht in den ersten Stunden nach der Geburt zu mehr als der Hälfte aus Globulinen mit einem hohen Anteil an Immunglobulinen, d. h. Antikörpern gegen die verschiedensten Infektionskrankheiten. Mit zunehmender Milchsekretion nimmt der Anteil an Immunglobulinen in der Milch rasch ab und damit hört die Schutzwirkung auf.

Gesicherter Futterspender für Kälber

Kolostrum hat auch einen hohen Mineral- und Wirkstoffgehalt, der mit zunehmender Milchleistung ebenfalls rasch absinkt. Das erste Kolostrum soll daher in den ersten drei Stunden nach der Geburt aufgenommen werden. Nach 24 Stunden nimmt die Durchlässigkeit der Darmwand für die großmolekularen Immunglobuline rasch ab und nach weiteren 12 Stunden können keine Schutzstoffe mehr als ganzes Molekül direkt resorbiert werden.

Mittlere Zusammensetzung von Normalmilch und Kolostralmilch
(KIRCHGESSNER, 1992)

Substanz	Normalmilch in %	Kolostralmilch in %
Trockensubstanz	13,1 %	25,3 %
Gesamteiweiß	3,6 %	17,6 %
Kasein	2,8 %	4,0 %
Albumin + Globulin	0,5 %	13,6 %
Fett	4,0 %	3,6 %
Laktose	4,8 %	2,7 %
Asche	0,7 %	1,6 %
Kalzium	0,12 %	0,20 %
Phosphor	0,10 %	0,20 %

Guter Mutterinstinkt mit ausgeprägter Säugebereitschaft der Mutterkuh ist daher sehr wichtig. Bei Erstlingskühen empfiehlt es sich, die Abkalbung und Gewöhnung an das Kalb in der Abkalbebucht ablaufen zu lassen, da Mutter und Kalb ungestört von der übrigen Herde sind und die Beobachtung durch den Menschen auch sehr erleichtert wird.

Die Euterverschmutzung soll in der Hauptabkalbezeit durch ausreichende Einstreu möglichst gering gehalten werden. Da die frühzeitige Pansenausbildung für die spätere Grundfutteraufnahme und Entwicklung der Kälber ganz besonders wichtig ist, muss den Kälbern von der 2. bis 3. Lebenswoche an im Kälberschlupf bestes Heu und frisches Wasser und bei Bedarf auch Kraftfutter verabreicht werden.

Fütterungsbedingte Mangelerkrankungen des Kalbes

Durch die oftmals unzureichende Futtermenge und schlechte Futterqualität, die den Mutterkühen verabreicht wird, kommt es immer wieder zu Mangelerscheinungen bei Kälbern. Werden die Kühe überwiegend oder ausschließlich mit zu spät gemähtem, schlecht geworbenem und daher gehaltlosem Heu gefüttert, so verringert sich auch gleichzeitig der Vitamin-A-Gehalt in der Milch, was zu Sehstörungen und höherer Infektionsbereitschaft des Kalbes führt. Aus diesem Grunde ist es wichtig, sich der Problematik dieser Mangelkrankheiten speziell anzunehmen.

Kälberschlupf für die Kraftfuttergabe an die Kälber

Der Kälberschlupf darf nur für Kälber zugänglich sein und ist räumlich so anzuordnen, dass stets Sicht- und sonstiger Sinneskontakt zwischen Mutter und Kalb gegeben ist. Der Kälberschlupf wird dann sehr gerne und sofort angenommen und erfüllt neben seiner Funktion als Ruhezone auch die Aufgabe als Futterstelle mit nur für die Kälber vorgesehenen Futtermitteln. Die Angewöhnung an die Silageaufnahme bei Winterabkalbung erfolgt im Fütterungsbereich der Kühe. Bei Sommerabkalbung soll auch auf der Weide ein Kälberschlupf oder eine Spezial-

Kälber sollen ungestört Kraftfutter aufnehmen können.

raufe vorhanden sein, um den jungen Kälbern auch bestes Heu anbieten zu können. Kraftfuttergaben sind nur bei schlechter Weide oder während längerer Schlechtwetterperioden erforderlich.

Sind bei der Winterabkalbung die Milchmenge der Mutterkuh und die Grundfutterqualität sehr gut, ist die Kraftfuttergabe an die Kälber nicht unbedingt nötig. Bei schwacher Milchleistung und/oder schlechter Grundfutterqualität bringt die zusätzliche Kraftfuttergabe an die Kälber eine bessere Pansenentwicklung, die frühere Aufnahme an Grundfutter bessere Gewichtsentwicklung und höhere Widerstandskraft gegen Krankheiten. Dabei sollen maximal 1,5 kg pro Kalb und Tag und insgesamt nicht mehr als 50 kg pro Winterfutterperiode verabreicht werden. Mit dem Kraftfutter wird den Kälbern auch die als Sicherungszuschlag empfohlene Menge an Mineral- und Wirkstoffen gegeben.

Vitamin-Mangel	Symptome	Therapie	Prophylaxe
A	**vor Geburt:** Aborte, Frühgeburt, augenlose Kälber **bei Kälbern:** allgemeine Schwäche, Sehstörungen, Schleimhautdefekte, verminderte Resistenzlage	300.000–500.000 I.E. Vit. A / Tag	Beta-Carotin-reiche Ernährung d. Mutterkühe mit gutem Heu. Futterrüben, Grassilage
B_1	**CCN** (Cerebro-Cortikal-Nekrose) **Sternguckerkrankheit**. Kohlenhydratstoffwechselstörung im Gehirn durch B_1-Mangel. Muskelzittern, Sehstörungen, Schielen, aufgerissene Augen, stolpernder Gang. Sterngucker! Festliegen, Tod binnen 3 Tagen.	Vit.-B-Komplex	
D_3	**Rachitis**, Vit.-D-Wirkung nur bei UV-Licht möglich. Vit. D für Ca- und P-Resorption im Knochen wichtig. Gespannter Gang, erschwertes Aufstehen, verdickte Gelenke, „Rachitischer Rosenkranz", Gliedmaßendeformationen, Durchfallneigung, Lecksucht	Vitaminstoß, Ca- und P-Gaben	Vitaminmischung, um Bedarf zu decken (5–10 I.E./kg LG/Tag) gutes Heu und regelmäßig viel Auslauf
E/Se	Antioxidationsmittel, oxid. Fettsäuren, Radikalfänger. **Muskelschwäche**, Tiere liegen viel, Steifheit tritt langsam oder plötzlich auf, gekrümmter Rücken, Schluckbeschwerden, Atemnot, Tod d. Tieres. Sektion: auffallend helles Fleisch!	Vit.-E-Se	Vitaminmischungen mit 150 mg Tocopherolacetat 0,25 mg Se/Tag oder 1.000 I.E. Vit E. u. 3 mg Se s.c. am 2. Lebenstag und Wiederholung in 2. und 4. Woche

Spurenelementmangel	Symptome	Therapie	Prophylaxe
Magnesium	Muskelzittern, steifer Gang, seitliches Festliegen mit weggestreckten Extremitäten, starrer Blick, Schmatzen, gesteigerte Erregbarkeit.		Mineralstoffmischung 6–8 g Mg-Oxid/Kalb und Tag. Gutes Heu und etwas Getreideschrot
Zink	Hautstoffwechselstörungen, schmierige Beläge mit zahlreichen haarlosen Stellen. Wunden zeigen schlechte Heilungstendenz.	Zinkoxid	
Kupfer	auf kupferarmen Böden, Nervenscheiden werden nicht gut ausgebildet, Bewegungsstörungen mit auffallender Schwäche der Hinterhand. Tiere brechen hinten zusammen. Nach Pause gehen sie wieder normal bis zum nächsten Anfall. Pigmentierungsstörungen mit typischer Kupferbrille und rotbraunem Fell, Überbeinbildung an Fessel- u. Karpalgelenk. Durchfall!	Kupfersulfat	Cu-haltige Lecksteine (0,15 % Cu-Sulfat) Weidebesprühung im Mai und Juni mit 1,5 bis max. 2 kg $CuSO_4$ in Wasser gelöst/ha.
Jod	Auf jodarmen Böden in den Alpen Kropfbildung. Auch durch bestimmte Pflanzen (Kreuzblütler) entsteht ein Jodmangel.	mehrmaliges Bestreichen mit Jodlösung	Lecksteine mit 0,01 % Jodgehalt
Mangan	auf Torf und Sandböden sehr häufig! Oft Aborte, Lecksucht, Gliedmaßenverkrümmungen, Steilstellung der Hinterhand	Kälber: 1–2 g Mangansulfat p. o. tägl. Kühe: 2–4 g Mangansulfat p. o. tägl.	Auf Ca-P-Verhältnis und Eisen im Wasser ist zu achten.

Energieversorgung des Kalbes

Die Milchleistung der Kuh reicht die ersten 5 bis 7 Monate aus, um das Kalb optimal mit Energie zu versorgen. Bei einer flacher werdenden Laktationskurve und ohne Kraftfuttergaben sinkt die Milchleistung ab dem 7. Laktationsmonat sehr rasch ab. Ein Fleckviehkalb hat zu diesem Zeitpunkt etwa 280 kg. Durch die sinkende Milchleistung kommt das Kalb in einen Energieengpaß und kann dieses Energiedefizit nicht durch Grundfutter (wie Weidegras, Heu oder Grassilage) decken. Die Tageszunahmen gehen zurück, wenn nicht mit einem energiereichen Kraftfutter – wie etwa mit allen heimischen Getreidesorten – entgegen gewirkt wird.

Die Zufütterung der Kälber ist besonders wichtig, wenn die Kälber als Jungrinder geschlachtet werden sollen. Nur mit dem Ausgleich der fehlenden Energie durch zu wenig Milch können die notwendigen Schlachtgewichte und Fettklassen erreicht werden. In der Regel ist eine Gabe von 0,5 bis 2 kg Getreide (Gerste, Weizen, Tritikale ...) ausreichend.

Energieversorgung – Kalb

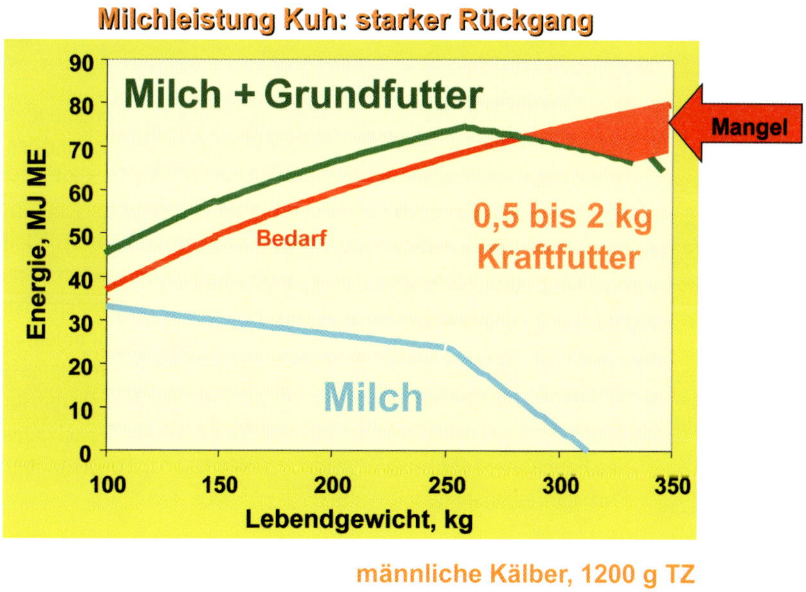

Fütterung der Jungrinder

In Betrieben mit Einstellerproduktion erfolgt die Bestandsergänzung normalerweise aus dem eigenen Bestand. Beim Produktionsverfahren mit Aufzucht der weiblichen Tiere zum Verkauf als Zuchtrinder oder als Mastkalbinnen müssen die dafür geeigneten Kuhkälber nach dem Absetzen abgesondert und entsprechend gefüttert werden. Ziel soll sein, die Kalbinnen mit 24–25 Monaten Alter erstmals abkalben zu lassen, um die Erstlingskühe möglichst nahtlos in den bestehenden Abkalberhythmus einreihen zu können. Bei kontinuierlicher Abkalbung kann auch ein höheres Erstkalbealter gewählt werden.

Zum Einfluss des Lichts

Die erforderlichen Funktionsbereiche in der Mutterkuhhaltung

Ganzjährige Freilandhaltung von Rindern

Weideformen

Stallbau und Stalleinrichtung

In der Mutterkuhhaltung müssen die Stallgebäude entsprechend den Anforderungen der Tiere, der Arbeitsabläufe, der Funktionsbereiche und der Wirtschaftlichkeit gestaltet werden. Bei Betriebsumstellungen sind kostengünstige Umbauten gegenüber Neubauten vorzuziehen, weil letztere nur in Ausnahmefällen wirtschaftlich sind. Grundsätzlich kommt in der Mutterkuhhaltung nur der Laufstall als Haltungsform in Frage. Die Anbindehaltung kann eventuell in kleineren Betrieben in der Umstellungsphase beibehalten werden, aber nach einer Kennenlernphase wird meist ein Umbau fällig werden. Vor einem Stallum- oder -neubau müssen sich die Betriebsführer intensiv mit diesem Thema auseinandersetzen. Die wichtigsten Informationen vor einem Umbau können im einschlägigen Fachbuch „Rinderstallbau" (BARTUSSEK u. a., 2003) nachgelesen bzw. bei den Bauberatern der Landwirtschaftskammern und bei anerkannten Mutterkuh-Praxisbetrieben eingeholt werden.

Grundsätzlich sollten folgende Überlegungen bei baulichen Maßnahmen berücksichtigt werden:

- Die Berücksichtigung der Bedürfnisse der Tiere in der Haltung und Betreuung fördern Wohlbefinden, Leistung, Gesundheit und Nutzungsdauer.
- Kostspielige Investitionen in Gebäude und Einrichtungen sind unwirtschaftlich, weil sie meist nur in der Winterperiode genutzt werden.
- Die Ställe und Stalleinrichtungen müssen einen funktionsgerechten, sicheren und arbeitssparenden Ablauf für Mensch und Tier ermöglichen.
- Zukünftige erforderliche Erweiterungen der Stallfläche für größere Tierzahlen oder andere Produktionsrichtungen (z. B. Ausmast der Einsteller am eigenen Betrieb) müssen bei Baumaßnahmen in die Überlegungen mit einbezogen werden.

Helle Stallungen fördern die Tiergesundheit.

Auch der Futtertisch sollte hell sein.

Zum Einfluss des Lichtes

Unter Licht versteht man hauptsächlich das natürliche Tageslicht (Sonnenlicht), das bei der Stallhaltung reduziert ist und bei Bedarf durch künstliche Lichtquellen ergänzt werden kann. Die verschiedenen Lichtarten unterscheiden sich in ihrem Rhythmus, ihrer Intensität und ihrem Spektrum. Licht wird grundsätzlich in verschiedenen Formen vom Körper über die Augen und die Haut aufgenommen:

Die Augen dienen dem Sehen, der Orientierung und der Tag-Nacht-Wahrnehmung und sind wichtig für die Ausprägung des Verhaltens und der Psyche. Das vegetative Nervensystem (Stoffwechselfunktionen und Hormonbildung) wird auch durch den Einfluss des Lichtes gesteuert, ebenso wie verschiedene Sexualfunktionen (Eintritt der Geschlechtsreife, Paarungszeit, Aktivitätsphasen und Brunstgeschehen).

Weiters nehmen Tiere über das Licht thermische Energie (Wärme) auf, was positive Einflüsse auf Wohlbefinden und Stoffwechsel hat. Eine zu lange Exposition kann aber auch zu Sonnenbrand (Verbrennung) führen.

Eine wichtige chemische Funktion des Lichtes besteht bei Kühen darin, dass sie in der Lage sind, in der Haut mit Hilfe des Lichtes Vitamin D_3 zu bilden. Dies ist besonders im Kalzium-Stoffwechsel rund um die Geburt ein wichtiger Faktor, um eine ausreichende Kalzium-Versorgung sicherzustellen und dem Festliegen („Milchfieber") vorzubeugen. Ähnliches gilt auch für Beta-Carotin, das mit Hilfe von Licht in Vitamin A umgewandelt wird und für eine hohe Fruchtbarkeit wesentlich ist. UV-Licht reduziert auch den Parasitendruck und wirkt positiv auf die Behandlung der Trichophytie.

Besonders im Mutterkuhbetrieb sollte ausreichend Licht zur Verfügung stehen, da die Tiere viel Zeit im Freien verbringen. Dort decken sie auch ihren Bedarf an Bewegung, Frischluft und Sonnenlicht ab und leben ihre sozialen Bedürfnisse aus.

Licht wirkt sich positiv auf die Fruchtbarkeit aus.

Genügend Einstreu im Liegebereich ist für das Wohlbefinden der Tiere wichtig.

Eine einfache Lösung eines Tretmiststalles

Die erforderlichen Funktionsbereiche in der Mutterkuhhaltung

- **Liegen**
- **Trinken**
- **Sortieren, Verladen**
- **Fressen**
- **Abkalben**
- **Bewegung**

Funktionsbereich Liegen

Die Einteilung von Stallformen erfolgt in Tiefstreu-Laufstall (Ein- oder Zweiraum), Tretmiststall oder Liegeboxenlaufstall. Sie bezieht sich auf die Nutzung der Bodenfläche und hängt wesentlich von der Verfügbarkeit von Einstreu ab.

Der **Einraum-Tiefstreu-Laufstall** ist für strohreiche Betriebe die günstigste Aufstallung. Hier werden etwa 8–10 kg Stroh pro Tier und Tag benötigt.

Beim **Zweiraum-Tiefstreu-Laufstall** ist nur die hintere Liegefläche, die durch einen Sockel vom Kot- und Fressgang abgetrennt ist, eingestreut. Nachteile der Tiefstreulaufställe sind der hohe Strohverbrauch und eventuell auftretende Klauenprobleme sowie Probleme durch Parasiten und Bakterien bei unzureichenden hygienischen Verhältnissen. Es muss auch darauf geachtet werden, dass die Möglichkeit besteht, mit einem Traktor problemlos und zeitsparend auszumisten.

Beim **Tretmiststall** hat die eingestreute Liegefläche ein Gefälle von 5–8 % zum Mistgang hin. Der Mist wird auf diese Weise durch die Bewegung der Rinder zum Mistgang geschoben, wo er dann mit dem Traktor, Hoftrac oder einem Faltschieber aus dem Stall befördert wird. Vorteile sind der geringere Strohverbrauch mit etwa 2–4 kg pro Tier und Tag und die einfache Entmistung. Zu beachten sind im Falle von Neubauten die höheren Baukosten. Bei Offenfrontställen mit sonnenbestrahlten Liegeflächen wird der Strohverbrauch durch die trocknende Wirkung der Sonneneinstrahlung weiter reduziert.

Der **Liegeboxenstall** ist mit einem Verbrauch von 0,5–1 kg Stroh pro Tier und Tag der sparsamste – bezogen auf die laufenden Kosten. Allerdings sind die Baukosten eines solchen Stalles sehr hoch und für die Mutterkuhhaltung nur bedingt geeignet. Ein Kälberschlupf ist unbedingt vorzusehen. Dieser sollte im Sichtbereich der Mutterkühe sein und dient den Kälbern als Platz, wo sie ungestört liegen und sich bewegen können. Für eine optimale Entwicklung der Kälber sollte eine Heuraufe vorhanden und die Zufütterung von Kraftfutter im Kälberschlupf möglich sein.

Fütterung im Freien mittels einer überdachten Raufe

Eine einwandfreie Wasserversorgung ist vorzusehen.

Gesetzliche Regelung zur Rinderhaltung

Die Europäische Union (EU) hat in der Verordnung (EG) 91/629 eine Richtlinie zum Schutz von Kälbern erlassen und 1998 in der Verordnung (EG) 98/58 die Grundlagen für den Schutz der landwirtschaftlichen Nutztiere festgelegt. Die Mitgliedsstaaten haben diese Verordnungen in Nationales Recht umgewandelt. Die EU schreibt dabei Mindeststandards vor.

So heißt es beim Funktionsbereich Liegen: Es müssen alle Tiere gleichzeitig liegen können. Die Liegefläche muss trocken sein. Kälber müssen eine weiche Liegefläche zur Verfügung haben.

In Österreich regelt das Bundestierschutzgesetz, das mit 1. Jänner 2005 in Kraft getreten ist, generell die Tierhaltung.

Funktionsbereich Fressen

Es sollten im Stall mehr Fressplätze als Tiere vorhanden sein, um Rangeleien bei der Futteraufnahme zu vermeiden.

Als zweckmäßig haben sich **Selbstfangfressgitter** mit einer leichten Neigung nach vorne erwiesen. Bei senkrecht stehenden Fressgittern stoßen die Tiere ständig mit dem Buggelenk gegen den Stand. Diese Fressgitter müssen stabil errichtet werden.

Es gibt verschiedene Formen von Palisaden- oder Parallelogramm- oder anderen selbstgebauten Fressgittern. Der Futtertisch sollte zu den Tieren hin geneigt oder geformt sein.

Futterraufen für Heu- oder Silageballen sind eine gute Einrichtung, da die Verluste durch Verschwendung von Futter geringer gehalten werden können.

Mobile **Kraftfutterspender** haben sich für die gezielte Beifütterung von Kraftfutter für die Kälber und Jungrinder als sehr wirksam erwiesen.

Mineralstoffe und Salz müssen den Tieren zur Verfügung stehen – die Verabreichung in Trögen oder auch in Form von Lecksteinen hat sich dafür gut bewährt.

Funktionsbereich Wasseraufnahme

Der einwandfreien Versorgung mit Trinkwasser kommt in der Mutterkuhhaltung große Bedeutung zu. Eine Mutterkuh verbraucht im Durchschnitt 30–70 l Wasser (je nach Milchleistung); junge Tiere brauchen etwa 40–50 Liter. Bei sehr hohen Tagestemperaturen steigt auch der Wasserbedarf stark an (etwa 1 Liter pro zusätzlichen Grad).

Trog- oder Kugeltränken

Trog- und Kugeltränken sollten im Stall um etwa 20 cm erhöht stehen, damit die Tiere nicht mit dem Wasser spielen. Kugeltränken und beheizbare Tränkebecken sind auch für Außenklimaställe besonders geeignet, da das Wasser nicht einfriert. Bei Trogtränken sollte eine Mindestlänge von 1 m je 15 Tiere vorgesehen werden. Schalentränken sollten eine hohe Durchflussmenge sicherstellen und einen möglichst großen Durchmesser haben.

Wassertanks

Diese sind häufig auf **Weiden** anzutreffen, aber aus hygienischen Gründen zu vermeiden. Das Befüllen der Tanks kann zeitaufwändig sein und die Erwärmung des Wassers ist nachteilig. Aber die größten Probleme entstehen bei nicht befestigten Böden um den Tank herum. Der Boden wird durch das Wasser aufgeweicht und in den Lacken können sich Leberegel und andere Parasiten sammeln.

Funktionsbereich Abkalbung

Eigene Boxen, die nur für **Abkalbungen** benutzt werden, sind wichtig. Die Kuh kann sich einige Tage vor der Geburt in Ruhe vorbereiten und in den ersten Tagen nach der Abkalbung kann sich eine intensive Mutter-Kalb-Beziehung aufbauen. Abkalbungen erfolgen normal abseits der Herde, die Mutterkuh bringt das Kalb erst 4–7 Tage nach der Abkalbung mit zur Herde. Besonders wichtig ist bei Abkalbeboxen, dass sie mit viel frischem und sauberem Stroh eingestreut sind, weil die Hygienebedingungen sehr gut sein müssen.

Auch eigene Boxen zur **Behandlung von kranken Rindern** sind von Vorteil, weil kranke Tiere mehr Ruhe benötigen und die Behandlung und Pflege in gesonderten Boxen leichter ist.

Funktionsbereich Sortieren, Behandeln, Wiegen und Verladen

Fixier- und Verladeeinrichtungen

In jedem Mutterkuhbetrieb müssen sichere, kostengünstige und zeitsparende Fixier- und Verladeeinrichtungen vorhanden sein. Der Handel bietet komplette Corral-Einrichtungen, eigene Fangstände, Waagen und Verladeeinrichtungen an. Es gibt auch mobile Fangstände, die zudem eine überbetriebliche Nutzung ermöglichen. Eine Reihe von Behandlungen, wie Besamungen, Trächtigkeitsuntersuchungen, Blutabnahmen, Impfungen, Entwurmungen, Kastrationen, Enthornungen …, sind im Fangstand gefahrlos möglich.

Behandlungsstand angeschlossen an einen Treibgang

Treibgänge

Diese müssen so hoch errichtet werden, dass die Tiere sie nicht überspringen können. Um Kosten zu sparen, kann ein einfacher Treibgang auch selbst gebaut werden und am Ende könnte nur ein so genanntes „Gate" – eine Tür mit einem Selbstfanggitter – errichtet werden.

Waagen

Meist werden Waagen in Kombination mit Fangständen angeboten, können aber auch in Treibgängen mit Absperreinrichtungen eingebaut werden. Im Mutterkuhbetrieb werden sehr oft kostengünstige, transportable Wiegeeinrichtungen eingesetzt. Diese transportablen Waagen sind in der Regel nicht eichfähig.

Treibgang und Verladerampe gehören im extensiven Mutterkuhbetrieb zur Standardausstattung, da nur damit ein sicheres und relativ gefahrloses Verladen von Tieren möglich ist. Die Rampe sollte eine Höhe von 1 m haben und so gebaut sein, dass ein LKW einfach zufahren kann.

Funktionsbereich Bewegung

Die **Weidehaltung** ermöglicht eine arbeitssparende Mutterkuhhaltung und nutzt das Futter am kostengünstigsten. Zu beachten ist auf der Weide, dass im Sommer ausreichend Schatten für die Tiere zur Verfügung steht (z. B. durch Bäume ...).

Ein **Auslauf ist bei Anbindehaltung** eine Notwendigkeit (zwingend vorgeschrieben im Biobetrieb) und in der Laufstallhaltung eine erwünschte Einrichtung. Nicht befestigte Ausläufe müssen aus Gründen des Gewässerschutzes, der Hygiene und der Klauengesundheit abgelehnt werden bzw. entsprechen nur in seltenen Fällen. Empfohlen wird beim Auslauf eine Befestigung mit einem Gefälle zu einer Sammelrinne und regelmäßige Reinigung der Fläche. Kratz- und Reinigungsbürsten fördern neben Licht, Luft und Sonne das Wohlbefinden und die Gesundheit der Tiere.

Rindern sollte immer ein Auslauf (auch im Winter) zur Verfügung stehen.

Ganzjährige Freilandhaltung von Rindern

Während früher Fleischrinder im Winterhalbjahr aufgestallt wurden, werden sie heute zunehmend ganzjährig auf der Weide gehalten. Diese Form der Haltung stößt nicht selten auf lebhafte Kritik und hat sich an den Bedürfnissen des Rindes zu orientieren und dessen Verhaltensweisen zu berücksichtigen.

Sozialverhalten

Rinder haben eine soziale Rangordnung. In etablierten Herden weiß jedes Tier, welches Herdenmitglied ihm über- und welches ihm unterlegen ist, und es verhält sich entsprechend. Das Rangverhältnis zwischen annähernd gleichstarken Tieren wird durch einen Kampf ermittelt. Ist das Größenverhältnis sehr unterschiedlich, dann ordnet sich das schwächere Tier meist kampflos unter.

Deckverhalten

Der Stier erkennt brünstige weibliche Rinder am Geruch. Allerdings kann er olfaktorisch nur den Unterschied zur Zwischenbrunst feststellen. Es gelingt ihm nicht, am Geruch zu ermitteln, ob eine Kuh noch in der Vorbrunst, schon in der Hochbrunst oder bereits in der Nachbrunst ist. Dies muss er durch weitere Verhaltensweisen, z. B. durch Aufsprungintentionen, klären. Sobald der Stier erkennt, dass eine Kuh in die Brunst kommt, hält er sich vermehrt in ihrer Nähe auf.

Ausreichend Licht ist auch in Bezug auf die Fruchtbarkeitsabläufe wichtig.

Kuh-Kalb-Beziehung

Kurz vor der Geburt haben Kühe im Allgemeinen die Neigung, sich von der Herde abzusondern. Sie suchen dabei einen vor Witterungsunbilden geschützten Platz auf. Dies geschieht häufig auch dann, wenn eine Schutzhütte zur Verfügung steht. Schneedecke, Wind und Niederschläge um 0 °C führen zu einer Unterkühlung des von der Geburt her noch feuchten Kalbs. Das Belecken durch die Kuh (Entfernung von Geburtsflüssigkeit, Förderung der Hautdurchblutung) kann diesen Nachteil nicht ausgleichen. Deshalb ist bei derartigen Situationen die Häufigkeit von Kontrollen zu steigern.

Bereits im Alter von 14 Tagen haben Kälber ein deutlich besser isolierendes Haarkleid als bei der Geburt sowie etwas Unterhautfettgewebe. Dies reicht bei winterlichen Witterungsverhältnissen jedoch zur Stabilisierung der Körpertemperatur nicht aus.

Kälbern muss stets ein Platz zur Verfügung stehen, der vor Wind und Niederschlägen geschützt ist, eine genügende Wärmedämmung des Bodens besitzt und gemeinsames Liegen aller Kälber der Herde ermöglicht.

Ein Problem besonderer Art ist das „Lying out". Vor einer Liegeperiode entfernen sich Kälber meist von der Herde, um an einem ruhigen, geschützten Platz abzuliegen. Dabei können offene Gewässer, vor allem Entwässerungsgräben, zu Todesfallen werden. Die Muttertiere betrachten die Befreiungsbemühungen der Kälber zwar aufgeregt, können ihnen jedoch nicht helfen. Das gilt vor allem, wenn das Kalb sich außerhalb der Weide befindet. Kälber legen sich gern an optisch markante Punkte (Büsche, Holzhaufen usw.). Es scheint sinnvoll, innerhalb der Weide kleinere, vor Beweidung geschützte (eingezäunte) Flächen anzulegen, um den Kälbern einen attraktiven Ruheort, dem Kälberschlupf im Stall entsprechend, anzubieten. Für diesen Kälberschlupf genügt eine Fläche von ca. 25 m². Der Kälberschlupf dient ausschließlich als Rückzugsmöglichkeit für die Kälber. Er darf für ältere Jungtiere und erwachsene Rinder nicht zugänglich sein.

Fressverhalten und Wasserbedarf

Bei Weidehaltung während der Vegetationsperiode, d. h., wenn die Tiere grasen, benötigen sie für die Futteraufnahme täglich ungefähr 10 Stunden. Diese Zeit reduziert sich auf ungefähr 6 Stunden, wenn Raufutter vorgelegt wird. Werden Rinder mit aufbereitetem Futter (z. B. Maissilage) gefüttert, benötigen sie für die tägliche Futteraufnahme nur ca. 3 Stunden. Das Futter wird über den Tag verteilt in 4–6 Fressperioden aufgenommen. Wasser muss den

Rinder brauchen auch beim Liegen einen gewissen Abstand.

Tieren frei zur Verfügung stehen und in der warmen Jahreszeit in vierfacher Menge zur Verfügung stehen.

Ruhe- und Liegeverhalten

Zum Liegen bevorzugen Rinder Plätze mit einem geringen Verformungswiderstand; der Untergrund muss also möglichst weich sein. Bevorzugt werden verformbare Flächen mit geringer Wärmeableitung, wie z. B. Strohschüttungen.

Rinder sind Distanztiere. Das bedeutet, dass sie auch beim Liegen einen gewissen Abstand zu den Herdegenossen einhalten. Diese ist bei gehörnten Tieren ausgeprägter als bei hornlosen.

Die tägliche Liegedauer beträgt im Mittel 10 Stunden. Diese Zeit ist je nach Jahreszeit in 4–5 Liegeperioden eingeteilt. Rinder sind tagaktiv. Nach Beginn der Dunkelheit bis zur Morgendämmerung haben sie eine lange Liegeperiode, die nur kurz unterbrochen wird. Während der Helligkeitsperiode des Tages liegen weidegehaltene Rinder vor allem in den Mittagsstunden und am frühen Nachmittag. Während der Liegeperiode wird vor allem wiedergekäut.

Windgeschützte, trockene Liegeplätze sind notwendig.

Die Wasserversorgung kann auch über Fässer sichergestellt werden.

Ansprüche an die Umwelt

Temperatur

Warmblütige Tiere, also auch Rinder, sind bestrebt, ihre Köpertemperatur konstant zu halten. Zunächst versuchen sie durch ihr Verhalten, also z. B. durch Aufsuchen von Schatten oder Windschutz, in eine Umgebung zu gelangen, die ihren Temperaturansprüchen möglichst nahe kommt. Optimal ist die Umgebungstemperatur in der thermisch neutralen Zone. Hier reicht die Wärmeenergie aus dem normalen Stoffwechsel für den Grund- und Leistungsumsatz sowie den Ausgleich der Verluste an die Umgebung und die Tiere sind in der Lage, überflüssige Wärme in ausreichender Menge abzugeben, ohne dass dafür Energie aufgewandt werden müssen.

Schnee auf dem Rücken von Rindern ist nicht tierschutzrelevant. Er ist ein Zeichen dafür, dass das Haarkleid einen Verlust von Körperwärme verhindert. Gleichzeitig bedeutet dies aber auch, dass die Kälte für das Tier nicht spürbar wird.

Das Großtier Rind hat stärkere Probleme, die überschüssige Körperwärme loszuwerden, als sich vor Unterkühlung zu schützen.

Ein Schutz vor der Sonne im Sommer ist deswegen mindestens ebenso wichtig wie ein Kälteschutz im Winter.

Witterungsschutz

Rinder suchen bei ungünstigen Wetterbedingungen, insbesondere bei anhaltendem Regen, verbunden mit Wind und niedrigen Temperaturen, sowie bei intensiver Sonneneinstrahlung, einen Witterungsschutz auf. Die ganzjährige Weidehaltung von Rindern erfordert daher einen Witterungsschutz. Kälte- und Wärmebelastungen, die die körpereigenen Temperaturregulationsmechanismen überfordern, müssen vermieden werden. Zu beachten ist, dass nur gesunde, gut genährte Tiere, die sich langsam an die herrschenden Umweltbedingungen anpassen konnten, eine hohe Kälte- bzw. Wärmetoleranz besitzen.

Schutzhütten werden nur dann von allen Rindern angenommen, wenn für schwache, rangtiefe Tiere jederzeit eine Ausweichmöglichkeit vorhanden ist. Das gilt nur für solche Unterstände, die an einer Längsseite oder gar an zwei Seiten offen sind. Ist dies nicht der Fall, dann sollten zumindest zwei ausreichend breite Aus- bzw. Eingänge vorhanden sein, d. h., zwei erwachsene Rinder müssen ungehindert aneinander vorbeilaufen können.

Technische Einrichtungen – Mindesterfordernisse

Welche technischen Einrichtungen für eine Freilandhaltung von Rindern erforderlich sind, hängt in erheblichem Maße von den örtlichen Gegebenheiten und der Bestandsgröße ab. In jedem Fall ist von folgenden Einrichtungen auszugehen:

- Einzäunungen
- Tränkeeinrichtungen
- Fütterungseinrichtungen
- Fang- und Fixiereinrichtungen

Dabei sind folgende Überlegungen zu berücksichtigen:

- Stabilität und Witterungsbeständigkeit
- Geringes Verletzungsrisiko
- Tränken und Zäune sind mindestens einmal täglich auf ihre Funktionssicherheit zu überprüfen

Überwachung der Tiere

Die Besichtigung der Tiere muss mindestens einmal täglich erfolgen. Bei zu erwartenden Abkalbungen ist die Kontrollfrequenz zu erhöhen und das Verhalten zu überprüfen:

- Rangordnung, Futter- und Wasseraufnahme, Bewegung und Ruhen, ggf. Brunst und Deckverhalten, Reaktionen auf äußere Einflüsse (z. B. Verkehr).
- Der Ernährungszustand der Tiere wird durch Besichtigung und evtl. durch Betasten der Körperoberfläche kontrolliert. Mit dem Lendengriff wird der Fettansatz an den Enden der Querfortsätze im Bereich der Lendenwirbel beurteilt. Die Besichtigung des Schwanzansatzes dient ebenfalls der Konditionsbeurteilung. Verfettung zur Geburt, aber auch Mangelernährung in den Wochen vor der Geburt und zu Beginn der Laktation müssen vermieden werden.
- Vorsicht ist bei der Untersuchung und bei Eingriffen oder Schmerzen der Kuh angebracht, da Mutterkühe aggressiv werden können.

Zusammenfassung

- Bei ganzjähriger Weidehaltung ist unbedingt zu vermeiden, dass Kühe in den Monaten Dezember, Januar und Februar kalben. Bei einer Länge der Tragzeit von 280 Tagen bedeutet dies, dass der Stier zwischen Mitte Februar und Ende Mai aus der Herde zu entfernen ist.
- In der kalten Jahreszeit muss Rindern eine trockene, windgeschützte Liegefläche zur Verfügung stehen, die so bemessen ist, dass alle Tiere gleichzeitig liegen können. Trockener Frost und Schnee wird von Rindern prinzipiell besser vertragen als eine anhaltende nasskalte Witterung mit starkem Wind.
- Sollen Rinder in der kalten Jahreszeit auf der Weide gehalten werden, müssen sie sich im Herbst allmählich an die sinkenden Umgebungstemperaturen gewöhnen können.
- Eine ausreichende Futterversorgung ist zu gewährleisten. Reicht der natürliche Aufwuchs der Weide in Trockenperioden oder im Winter nicht aus, muss zugefüttert werden. Hilfreich ist dabei die Konditionsbeurteilung der Tiere.
- Trinkwasser von hygienisch einwandfreier Qualität muss ganzjährig zur freien Aufnahme zur Verfügung stehen. Für den Winter sind frostsichere Tränken zu installieren; in Ausnahmefällen, z. B. bei starkem Frost, muss mindestens zweimal pro Tag getränkt werden.
- Für erkrankte oder erheblich geschwächte Tiere muss eine Aufstallungsmöglichkeit vorhanden sein.
- Es sollten nie mehr als zwei Stiere in einer Herde gehalten werden. Eine Vielzahl von Stieren, auch von Jungstieren, die erst später abgesetzt werden sollen, führt dazu, dass Kühe und Kalbinnen bis zu deren Erschöpfung besprungen werden.

Weideformen

Durch den Aufenthalt im Freien wird die Vitamin-D_3-Synthetisierung mittels UV-Lichteinwirkung gefördert. Frisches Grünfutter enthält einen hohen Gehalt an Vorstufen des Vitamins A (Karotine), aus denen dann Vitamin A gebildet werden kann, das für Haut, Schleimhäute, Augen und Fruchtbarkeit sehr wichtig ist.

Die Umtriebsweide

Diese Form der Weideführung verlangt etwa 6–10 Koppeln, die möglichst arrondiert oder in wenigen Teilstücken nahe beisammenliegen sollen, um kurze Triebwege und wenig Zeit für die Umtriebe zu benötigen. Pro Mutterkuh mit Kalb sollen etwa 0,3 ha zusammenhängende Weidefläche zur Verfügung stehen. Je Koppel wird mit einer Weidezeit von 4–6 Tagen und mit einer Koppelfläche von 4–6 Ar pro Mutterkuh mit Kalb gerechnet.

In der wachstumsintensiven Vegetationszeit im Mai und Juni sollen ungefähr zwei Drittel des benötigten Winterfutters gewonnen werden, vom 2. und eventuell 3. Aufwuchs soll das weitere Drittel des Winterfutters geerntet werden. Im Spätsommer und Herbst wird die gesamte Fläche für die Weide benötigt. Insgesamt rechnet man mit 4 bis maximal 5 Aufwüchsen pro Jahr.

Neben dem anfallenden Wirtschaftsdünger sollen Handelsdünger nur bei dringendem Bedarf (Trockenperioden oder sonstige extreme Boden- und Klimaverhältnisse) eingesetzt werden. Koppelputzen nach der Weide bringt im darauffolgenden Weidegang höhere Futteraufnahme und sollte deshalb angestrebt werden. Der Umtrieb der Herde und die Unterteilung der Koppeln bedeuten gegenüber der Standweide auch mehr Arbeitszeit und einen höheren Materialaufwand.

Standweide

Wenn eine Standweide betrieben wird, soll eine Kombination von mittlerer bis intensiver Standweide mit 2–3 Koppelunterteilungen gewählt werden. Damit ist gewährleistet, dass neben der Winterfut-

Standweide im steilen Gelände

tergewinnung in Abhängigkeit von der Vegetationsintensität die gesamte Weideperiode über junges und älteres Gras gleichzeitig zur Verfügung steht. Das ermöglicht eine ausgeglichene, wiederkäuergerechte und bedarfsdeckende Nährstoffversorgung von Mutterkuh und Kalb über die ganze Weidezeit. Zu hohe Besatzdichte und zusätzlich zum Wirtschaftsdünger verabreichte Stickstoffgaben über Handelsdünger können die botanische Zusammensetzung des Pflanzenbestandes negativ beeinflussen. Zur Kontrolle des Nährstoffgehaltes im Boden sollen etwa alle 3–4 Jahre Bodenproben analysiert und der darauf aufbauende Düngeplan genau eingehalten werden.

Intensive Standweiden

Sehr häufig, vor allem in den anglikanischen Ländern, findet die extensive Rinderhaltung auf solchen Weideflächen statt. Es handelt sich hierbei um eine Weide, die den Tieren durch die gesamte Vegetationsperiode, also ohne Umtrieb, zur Verfügung steht. Aus diesem Grunde kommt auf die Wiesenflora durch den hohen Weidedruck eine enorme Belastung zu. Durch verringerte Besatzdichte kann hier vielfach positiv auf die botanische Zusammensetzung eingewirkt werden.

Um Mutterkühe auf solchen Standweiden rentabel zu halten und um ihren Nährstoffbedarf von der Weide her decken zu können, muss während der Vegetation die Weide mehrmals mit Stickstoffdüngern nachgedüngt werden. Das wirkt sich zwar positiv auf den Aufwuchs und den dadurch höheren Ertrag solcher Weideflächen aus, der botanischen Vielfalt aber schadet es. Durch diese künstliche Leistungssteigerung reduziert sich die ursprüngliche Pflanzenvielfalt auf knappe 40 %! Schweinegülle sollte – soferne im Betrieb vorhanden – nicht unmittelbar vor dem Austrieb auf die Weidefläche ausgebracht werden, da sich leicht Nitrat-/Nitritvergiftungen bei den Rindern einstellen können, wenn die Gülle noch nicht ausreichend abgebaut worden ist. Deshalb ist in jedem Fall der Düngeplan genauestens einzuhalten!

Vollweidehaltung

Dieses von Neuseeland ausgehende Weidesystem nutzt eine möglichst lange andauernde Weideperiode, um die Kosten zu senken. Damit verbunden ist die saisonale Abkalbung, was entsprechende Aufmerksamkeit in dieser Zeit verlangt. Es gilt dabei, innerhalb von kurzer Zeit die Kühe trächtig zu bekommen und die Geburten zu überwachen. Die Kalbinnen müssen intensiv aufgezogen werden, um mit 24 Monaten abkalben zu können. Im Herbst sind die Kühe altmelk und gehen im Winter in die Trockenstehzeit. Dazu ist eine gewisse Herdengröße notwendig, die Flächen müssen intensiv gedüngt und die Flächenerträge sehr hoch sein, was auch eine gleichmäßige Verteilung der Niederschläge über das Jahr voraussetzt. Erfahrungsgemäß haben kleinere Rassen in extensiver Haltung bestimmte Vorteile. Erfahrungen in Europa sind derzeit in Ausarbeitung und werden über die Wirtschaftlichkeit dieses Systems entscheiden.

Nutzung von Almflächen

Almflächen können über die Mutterkuhhaltung unter bestimmten Voraussetzungen wirtschaftlich sinnvoll genutzt werden. In Frage kommen aber nur Niederalmen oder nicht zu karge und steile Mittelalmen.

Almen eignen sich gut für die Mutterkuhhaltung.

Ideal ist eine Almfläche, die in zwei Höhenstufen unterteilt werden kann. Zu Beginn und am Ende der Weideperiode wird die niedrige Fläche bestoßen, die höheren Regionen werden dann im Hochsommer beweidet. Dadurch ist stets genug junges Gras zur Verfügung. Almen werden auch oft zur Herdentrennung genutzt.

Ob die Mutterkühe mit den weiblichen oder männlichen Kälbern gealpt werden sollen, ist von Fall zu Fall unterschiedlich zu entscheiden. Häufiger werden die weiblichen Kälber gemeinsam mit dem Jungvieh zur Remontierung gealpt, während die Kühe mit den Stierkälbern auf der Heimweide verbleiben. In Jahren mit günstiger Witterung wird der Zuwachs der Kälber auf der Alm etwa gleich hoch sein wie bei den Kälbern auf der Heimweide. In nasskalten Sommern muss aber mit schlechteren Zunahmen auf der Alm gerechnet werden.

Auf Niederalmen unter 1.300 m Seehöhe kann die Weidezeit bis zu 120 Tage betragen. Mit zunehmender Höhenlage verkürzt sich die Weideperiode aber beträchtlich. Die genaue Beobachtung der Körperkondition der Kälber ist besonders gegen Ende der Weideperiode wichtig, um eine durch Futterknappheit bedingte Verschlechterung der Zunahmen zu vermeiden und die Tiere rechtzeitig abzutreiben. Die Kondition der Kühe kann dabei – ohne Grund zur

Sorge – etwas schlechter sein. Wichtig ist, dass die Kälber einen guten Ernährungszustand zeigen.

> Vorsicht ist auf Almflächen mit Feuchtstellen geboten, wo erfahrungsgemäß beim Jungvieh ein Leberegel- und Lungenwurmbefall zu befürchten ist. Während die Kühe nicht befallen werden, können Kälber durch den Lungenwurm schwere gesundheitliche Schäden erleiden. Nassstellen auf den Weideflächen müssen entweder ausgezäunt oder richtig trockengelegt werden, um die damit verbundene Parasitengefahr zu vermeiden.

Karge Mittelalmen und Hochalmen sollen nur als Weidefläche für Jungvieh und Ochsen genutzt werden und kommen für die Mutterkuhhaltung nicht in Frage. Für alle Weideformen gilt, dass die ausreichende Wasserversorgung über die gesamte Weidezeit in hygienisch einwandfreier Qualität gewährleistet sein muss. Auch die Mineralstoff- und Salzversorgung während der Weideperiode muss sichergestellt sein. Die Weideflächen werden an den Außengrenzen üblicherweise mit Fixzäunen abgegrenzt, die Innen-Unterteilungen erfolgen mit Elektrozäunen. Für ausreichenden Witterungsschutz, Tränke- und Fütterungseinrichtungen ist zu sorgen und die Tiere sind täglich zu kontrollieren.

Unfälle auf den Almen

In den letzten Jahren haben sich die Unfälle von Wanderern mit Rindern gehäuft. Das ist einerseits auf die stärker werdende Nutzung der Almen als Erholungsraum zurückzuführen und andererseits auf die Unkenntnisse vieler Wanderer über das Verhalten der Rinder.

Rinder sind Herdentiere und zwischen Kalb und Mutterkuh entwickelt sich eine intensive Bindung. Der Schutzinstinkt der Mutterkuh für das eigene Kalb ist sehr stark ausgeprägt. Sobald die Mutterkuh das Kalb (oder eine Herde ein einzelnes Tier) in Gefahr sieht, wird sie zum Angriff übergehen. Besonders gefährlich wird die Situation, wenn Hunde mitlaufen.

Besondere Gefahr durch Hunde

Der ursprünglich größte Feind der Rinder war der Wolf (vor 4.000 Jahren). Da Rinder nicht gut sehen, können sie einen Hund nicht von einem Wolf unterscheiden und im Unterbewusstsein ist der Hund damit als Feind eingestuft und wird deshalb attackiert.

Einige Hinweise: Rinder auf den Almen in Ruhe lassen, nicht zu nah an sie herangehen; besonders die Kälber nicht locken; Rinder am besten weitläufig umgehen. In der Nähe von Rindern keine schnellen, hektischen Bewegungen; nicht laufen oder lärmen.

Ein sicher dienliches Hinweisschild

Die richtige Rassen wählen

Übersicht über die in Österreich vorkommenden Rassen

Seltene Nutztierrassen

Die Gebrauchskreuzung

Zweinutzungsrassen – Reinzucht oder Gebrauchskreuzung?

Vorsprung durch Nachsprung!?

Wichtige Eigenschaften des Stieres

Zuchtarbeit und Leistungsprüfung

Das Ziel eines Züchters ist es, die genetische Veranlagung der Tiere zu verbessern. Um das zu erreichen, gibt es einige Grundsätze, die im Zuchtprogramm festgelegt sind. Das Zuchtprogramm beinhaltet vier Schwerpunkte:

- Zuchtziel
- Leistungsprüfung
- Zuchtwertschätzung
- Selektion und gezielte Anpaarung

Voraussetzung für die erfolgreiche Umsetzung eines Zuchtprogrammes ist, dass die Zuchtpopulation groß genug ist. Weiters muss das Zuchtziel mittels der Leistungsprüfung kontrolliert und überprüft werden.

Zuchtziel

Im Zuchtziel wird festgelegt, welche Merkmale züchterisch besonders beachtet und verbessert werden sollen. Grundsätzlich ist es darauf ausgerichtet, das Leistungsniveau der nächsten Generation zu erhöhen und damit einen höchstmöglichen Gewinn zu erzielen. Im Zuchtziel wird die generelle Richtung der Zucht festgelegt und Zielwerte formuliert.

Leistungsprüfung

Die Leistungsprüfung dient dazu, die am Betrieb erbrachten Leistungen von Tieren eindeutig und zweifelsfrei festzustellen. Als wesentlicher Punkt ist die Sicherung der Abstammung im Zuchtbetrieb besonders wichtig. Die erhobenen Eigenleistungen am Betrieb, wie das 200-Tage-Gewicht oder das 365-Tage-Gewicht, werden standardisiert und damit vergleichbar gemacht. Das 200-Tage-Gewicht ist ein wichtiger Hinweis auf die Aufzucht- bzw. Milchleistung der

Mutter und das 365-Tage-Gewicht gibt wichtige Hinweise für die Masttauglichkeit des Tieres selbst. Weitere Daten, die am Zuchtbetrieb erhoben werden sind:

- Fruchtbarkeitsdaten (Erstkalbealter, Zwischenkalbezeit, Geburtsverlauf, Non-Return-Rate, Anzahl geborener Kälber)
- Beurteilung des Tieres mittels Exterieurbewertung
- Schlachthofdaten (Lebendgewicht bei Schlachtung, Schlachtgewicht, Ausschlachtung, Handelsklasse und Fettklasse)
- Zuchtwertschätzung

Die messbaren Leistungen eines Zuchttieres werden durch die Erbanlagen und die Umweltbedingungen bestimmt. Die Zuchtwertschätzung ermöglicht es, das genetische Leistungspotential eines Tieres, das an seine Nachkommen weitergegeben wird, zu schätzen. Der erblich bedingte Anteil an Leistungen wird als Heritabilität bezeichnet. In die Zuchtwertschätzung fließen verfügbare Informationen von verwandten Tieren ein. Diese Informationen werden je nach Nähe der Verwandtschaft gewichtet. Diese Berechnung liefert die Grundlage für eine Rangierung nach dem genetischen Wert eines Tieres. Tiere mit dem höchsten Zuchtwert versprechen die besten Ergebnisse für die Zukunft.

In der Zuchtarbeit müssen die Mütter bewertet werden.

Selektion und Anpaarung

Die Ergebnisse der Zuchtwertschätzung sollen die gezielte Auswahl von Paarungspartnern am Betrieb erleichtern. Unter Selektion versteht man die Auswahl der Elterntiere für die nächste Generation. Im Rahmen des Zuchtprogrammes werden Stierväter und Stiermütter ausgewählt. Die besten Nachkommen daraus werden geprüft und können für die künstliche Besamung ausgewählt werden.

Auf der Ebene des Zuchtbetriebes wählt der Züchter selbst die Stiere für die Kühe aus. Eine klare Zuchtstrategie und die Definition eines Zuchtzieles für den Betrieb ist dafür die Voraussetzung. Als Beispiel für eine Zuchtstrategie wird ein Betrieb gewählt, der das 200-Tage-Gewicht an erste Stelle stellt, dann folgen das Fundament der Kühe und die Leichtkalbigkeit. In der ersten Stufe wählt der Betrieb die Kühe nach diesem Zuchtziel aus. Nicht in das Zuchtziel passende Kühe (etwa Kühe mit wenig Milch oder mit wiederholten Schwergeburten) werden ausgeschieden. Danach wird der passende Stier für die Kuh ausgewählt.

> Idealerweise werden Schwächen der Kuh mit Stärken des Stieres gepaart. Ist das Fundament der Kuh nicht ganz ideal, wird z. B. ein Stier gewählt, der in diesem Merkmal ausgezeichnet ist.

Die Auswahl des Stieres erfolgt nach den Zuchtwerten für das jeweilige Merkmal. Vorsichtig muss man sein, wenn die Nachkommen nur auf einem Betrieb geprüft wurden und die Zuchtwertschätzergebnisse nur auf diesen einen Betrieb beruhen. Zusätzliche Informationen bekommt man aus Zuchtwerten von Vorfahren oder nahen Verwandten.

Zucht auf Hornlosigkeit

Hornlose Tiere weisen eine Reihe von Vorteilen auf. In Mutterkuhherden ist die Verletzungsgefahr geringer und die Herde ist insgesamt ruhiger. Besonders beim Verkauf von Absetzern oder Zuchttieren kann die Hornlosigkeit ein Vorteil sein, weil das Enthornen wegfällt. Angus und Galloway sind genetisch hornlos. Bemühungen, die Hornlosigkeit in den Rassen zu etablieren, gibt es bei Fleckvieh, Gelbvieh, Charolais, Limousin, Hereford, Blonde d'Aquitaine, Pinzgauer und Luing. Mit dem Einsatz von genetisch hornlosen Stieren kann die Hornlosigkeit in der Herde leichter verankert werden.

Die Erbanlage für Hornlosigkeit, mit „P" bezeichnet, wird dominant weitergegeben und folgt der Vererbungslehre nach Mendel („P" kommt aus dem Englischen und steht für polled, hornlos). Fehlt die Erbanlage Hornlosigkeit, wird das Tier mit „p" ausgewiesen. An einem Genort sind die Erbanlagen von Vater und Mutter vereinigt (je ein Allel vom Vater und eines von der Mutter).

Hornlose Tiere werden als PP-Tiere ausgewiesen (Allele am P-Genort, homozygot hornlos); behornte Tiere als pp-Tiere (homozygot behornt). Dazwischen liegen die Pp-Tiere, die als heterozygot hornlos bezeichnet werden. Bei Pp-Tieren können so genannte „Wackelhörner auftreten.

Nachzucht hornloser Tiere

Genotyp Vater	Genotyp Mutter	Genotyp Nachkommen
PP (homozygot hornlos)	PP (homozygot hornlos)	100 % PP (homoyzgot hornlos)
PP (homozygot hornlos)	Pp (heterozygot hornlos)	50 % PP (homozygot hornlos) 50 % Pp (heterozygot hornlos)
PP (homozygot hornlos)	pp (homozygot behornt)	100 % Pp (heterozygot hornlos)
Pp (heterozygot hornlos)	Pp (heterozygot hornlos)	25 % PP (homozygot hornlos) 50 % Pp (heterozygot hornlos) 25 % pp (homozygot behornt)
pp (homozygot behornt)	pp (homozygot behornt)	100 % pp (homozygot behornt)

Zucht auf Fleischqualität

Die bisherigen Bemühungen im Bereich der Zucht und Zuchtwertschätzung haben sich vorrangig auf die messbaren Leistungen (Rahmen, Bemuskelung und Form) konzentriert. In der Zuchtwertschätzung wird bei der Ausweisung des Fleischwertes das Schlachtgewicht, die Ausschlachtung, die Fleisch- und die Fettklasse bewertet.

In Australien wurde ein DNA-Test entwickelt, der die Fleischqualität über den intramuskulären Fettgehalt (Marmorierung) bewertet. Der positive Zusammenhang von Marmorierung zu Zartheit und Saftigkeit ist belegt. Die markergestützte Selektion ist ein Fortschritt in der Rindfleischerzeugung und kann dazu beitragen, dass jene Stiere zum Einsatz kommen, die eine höhere Marmorierung vererben. Das häufigste Verfahren ist das **Gen-Star-Verfahren**, das mittlerweile auch in Europa angewendet wird. Derzeit werden hauptsächlich Besamungsstiere auf die Marmorierung geprüft, in Australien werden auch Natursprungstiere gezielt nach der Fleischqualität ausgewählt.

Grundsätzlich ist die Vererblichkeit auf Qualitätsmerkmale beim Rind sehr hoch. Mit einer ausgewiesenen Heritabilität von 0,51 für den intramuskulären Fettgehalt und 0,58 für die Scherkraft ist es vielversprechend, darauf zu züchten. Neben der Genetik muss das Mastverfahren auf die jeweilige Rasse angepasst werden, um das genetische Potential voll ausschöpfen zu können.

Die richtige Rasse wählen

Die Auswahl der richtigen Rasse stellt für den Mutterkuhbetrieb ein Erfolgskriterium dar. Der Weltrinderbestand umfasst über 1,2 Milliarden Tiere und setzt sich aus über 300 Rassen zusammen. Etwa 220 Rassen werden schwerpunktmäßig für die Fleischnutzung verwendet. In den letzten Jahren haben sich einige neue Rassen herausgebildet. Dabei wurde vor allem versucht, Fitness-Merkmale mit guten Fleischleistungen zu kombinieren (etwa Santa Gertrudis oder Brangus). Für die Produktionsbetriebe spielen Kreuzungsmutterkühe (aus der Kreuzung Milchrasse x spezieller Fleischrasse, etwa Holstein x Angus) eine wichtige Rolle.

Die Rasse an den Standort anpassen

In Österreich gibt es mehr als 30 spezielle Fleischrassen, die in der Mutterkuhhaltung eingesetzt werden. Die Rasse muss so ausgewählt werden, dass das Potential der Rasse voll ausgeschöpft werden kann. So wird die Rasse an den Standort angepasst!

Wichtige Punkte, die dabei berücksichtigt werden müssen:

- Eignung des Bodens für das Gewicht der Tiere (Bodenstruktur, Hanglage ...)
- Klimatische Bedingungen (trockene oder feuchte Standorte), Höhenlage
- Ertragslage der Flächen (intensiv oder extensive Nutzung)

Um für den eigenen Betrieb die richtige Rasse zu finden, ist es wichtig, viele ähnlich gelagerte Betriebe zu besichtigen und im Gespräch mit diesen Betrieben die Stärken und Schwächen einer Rasse abzuklären.

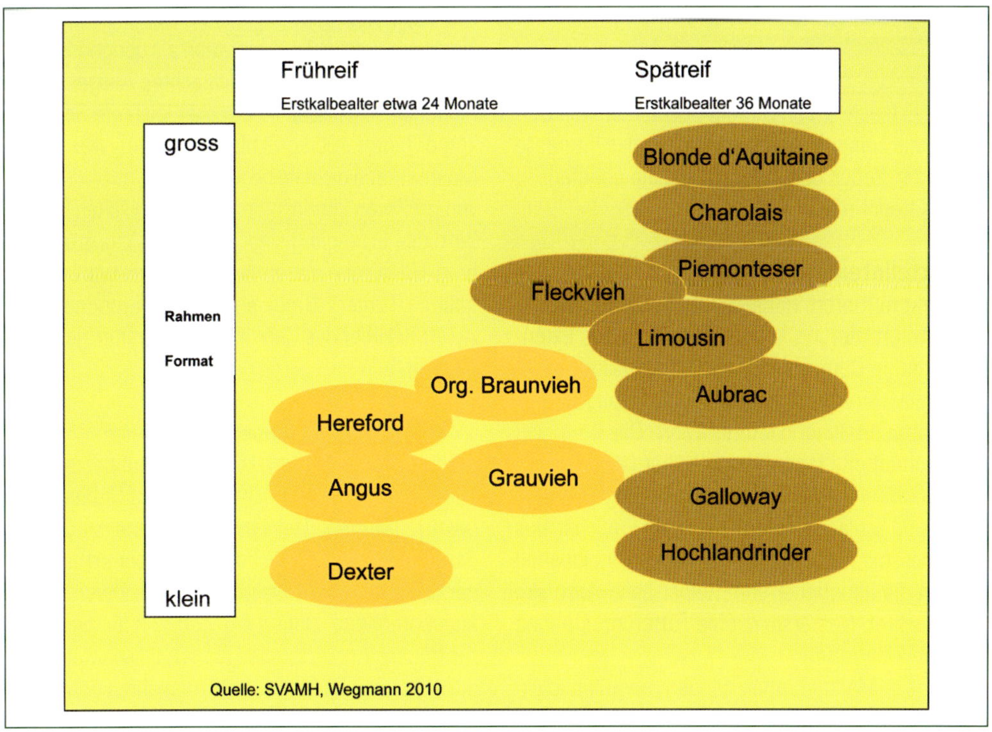

Extensiv- oder Robustrassen

Extensiv- oder Robustrassen sind in der Regel kleinrahmig. Sie stellen geringe Ansprüche im Bezug auf Weideflächen, Winterfütterung und die Haltung. Kleinrahmige Rinder sind gut geeignet für steile Flächen, weil sie geringe Vertrittschäden verursachen. Die ganzjährige Freilandhaltung ist möglich, es muss aber ein Unterstand errichtet werden, wo alle Rinder gleichzeitig, windgeschützt und trocken liegen können. Die Mast- und Schlachtleistung ist gering, weil die täglichen Zunahmen im Bereich von 500 bis 700 g liegen. Viele Betriebe versuchen, solche Zuchttiere zu verkaufen, da die Schlachtkörperqualität im normalen Fleischhandel nicht gut unterzubringen ist. Nur über die Direktvermarktung sind höhere Preise zu erzielen.

Hochlandrinder können das ganze Jahr im Freiland gehalten werden.

Das Halten von kleinrahmigen Extensivrassen ist nur dann wirtschaftlich interessant, wenn extensive Weideflächen genutzt werden können und wenn die Vermarktung überdurchschnittliche Erlöse ermöglicht.

Zu den Extensivrassen zählen: Hochlandrinder, Galloway und Luing. Neuerdings wächst das Interesse für Dexter, Zebus und Zwergzebus, die ebenfalls in diese Kategorie gehören.

Mittelintensive Rassen

Tiere mit mittlerem Rahmen stellen an die Weide und Winterfütterung höhere Ansprüche als Extensivrassen. In Deutschland, der Schweiz und Österreich haben sich diese Rassen für die Erzeugung von schlachtreifen Jungrindern bewährt. Die Tiere sind eher frühreif und lagern damit früher Fett ein, was für die Schlachtkörperqualität sehr wichtig ist. Jungrinder sind Schlachtrinder, die vor dem Erreichen des 12. Lebensmonats geschlachtet werden. Im Idealfall werden die Jungrinder unmittelbar beim Absetzen geschlachtet. Das erspart eine Futterum- stellung auf eine Mastration.

Je nach Marktsituation können die männlichen Absetzer als Jungrinder geschlachtet werden oder sie werden als Einsteller oder Fresser lebend verkauft. In der Regel werden die weiblichen Absetzer gleich geschlachtet.

Häufig werden in der Jungrinderproduktion Gebrauchskreuzungen eingesetzt. Dabei werden alle Nachkommen der F1-Generation als Jungrinder oder als ausgemästete Tiere geschlachtet. Ausgemästete Rinder dieser Rassen liefern eher leichtere Schlachtkörper (unter 400 kg Schlachtgewicht), was sie für Mastbetriebe nicht so begehrt macht, mit Ausnahme von größeren Limousintieren. Die typischen Rassen für diese Erzeugung sind: Limousin, Angus und Aubrac. Heimische mittelrahmige Rassen wären: Pinzgauer, Tiroler Grauvieh und Murbodner, die zusätzlich über das Genreservenprogramm gefördert werden.

Großrahmige Rassen

Vertreter dieser Rassen können nur auf besten Weidestandorten und in nicht zu steilem Gelände eingesetzt werden. Die Futteransprüche sind hoch, damit ausreichend Milch für die Kälber erzeugt und der höhere Erhaltungsbedarf für die schweren Tiere angeboten wird. Häufig ergeben sich für die Absetzer frühere Absetztermine (von 6–9 Monaten), weil die Laktation kürzer ist (mit Ausnahme von Fleckvieh).

Die Absetzer dieser Tiere sind optimal für die Mast geeignet, weil sie ein hohes Wachstumspotential haben, hohe Tageszunahmen erwarten lassen und eine quellige Bemuskelung mit einer hohen Ausschlachtung mitbringen. Männliche Tiere aus Zuchtbetrieben werden häufig in Produktionsbetriebe verkauft und als Kreuzungspartner eingesetzt. Als typische Intensivrassen werden folgende gesehen: Charolais, Blonde d'Aquitaine, Fleckvieh-Fleisch und Gelbvieh.

Extensive bis mittelintensive Standorte	Intensive Standorte
Als Rassen für extensive (feuchte, karge oder trockene) Standorte kommen leichte, besonders fitte Rassen in Frage.	Für intensive Grünlandstandorte werden Rassen mit einem hohen Wachstumspotential und hohem Futteraufnahmevermögen bevorzugt.
Hochlandrinder, Galloway, Luing	Charolais, Blonde d'Aquitaine
Limousin, Angus, Aubrac	Fleckvieh-Fleisch, Weiß-blaue Belgier
Heimische Rassen wie: Tiroler Grauvieh, Murbodner, Pinzgauer	Limousin
Hochlandrinder im Berggebiet	Fleckvieh als Fleischrasse

Übersicht über die in Österreich vorkommenden Rinderrassen

Klassische Extensivrassen	Hochlandrinder, Galloway, Luing
Rassen im Generhaltungsprogramm (Österreich)	Pinzgauer, Tiroler Grauvieh, Ennstaler Bergschecken, Hinterwälder, Kärntner Blondvieh, Murbodner, Pustertaler Sprinzen, Tux-Zillertaler, Ungarisches Steppenrind, Waldviertler Blondvieh
Alternativrassen, exotische Rinderrassen	Zwerg-Zebu, Auerochsen, Dahomey, Dexter, Welsh Black, Yak, Bison, Wasserbüffel
Mittelintensiv bis Intensivrassen	Angus, Aubrac, Blonde d'Aquitaine, Charolais, Fleckvieh, Gelbvieh, Hereford, Limousin, Piemonteser, Salers, Shorthorn, Weiß-blaue Belgier

Fleischleistung steht im Vordergrund

Bei der Mutterkuhhaltung steht die Fleischleistung im Vordergrund. Bei speziellen Fleischrassen ist die Beachtung der Milchleistung im Zuchtprogramm wichtig, weil es sonst dazu kommen kann, dass zu wenig Milch erzeugt wird. Es weisen alle Intensivrassen bei hohen Gewichten eine geringe Milchleistung auf (Charolais, Blonde d'Aquitaine, Weiß-blaue Belgier). Aber auch Hereford, Piemonteser und Galloway haben wenig Milch (unter 2.000 kg in der Laktation). Die Milchleistung der Mütter wird in speziellen Prüfprogrammen erhoben bzw. über das 200-Tage-Gewicht geschätzt. Nur Zweinutzungsrassen gelingt es, bei entsprechender Ausrichtung im Zuchtziel, beide Merkmale zu kombinieren (etwa Fleckvieh-Fleisch).

Angus

Vorteile	**Nachteile**
Guter Mutterinstinkt, leichte Abkalbung, sehr gute Aufzuchtleistung, bestes Steakfleisch	Frühe Verfettung, geringe Schlachtgewichte, nicht optimale Futterumwandlung

Sie stammen aus Schottland und werden seit etwa 200 Jahren züchterisch bearbeitet. In den letzten Jahrzehnten haben sich in einigen Staaten Anguszuchten entwickelt, die vom ursprünglichen Aberdeen Angus abweichen (z. B. Deutsch Angus).

Kennzeichen: einfarbig schwarz; walzenförmiger Rumpf; kurze und feine Beine; genetisch hornlos. Widerristhöhen von 130 cm werden vom Stier erreicht, Kühe etwa 125 cm. Gewichte von 1.200 kg beim Stier und 750 kg bei der Kuh sind möglich.

Belgier (Weiß-blaue Belgier)

Vorteile	**Nachteile**
Höchstes Fleischbildungsvermögen, hohe Nettozunahmen, höchste Ausschlachtung	Geburtsprobleme in der Reinzucht, deshalb wird die Rasse bei uns nicht rein gezüchtet

Diese mittelrahmige Rasse stammt aus Belgien und stellt bezüglich der Muskelfülle das Extrem unter den Fleischrassen dar, da großteils mit Doppellendern gezüchtet wird. Besonders auffällig ist die volle Bemuskelung der Vorhand, des breiten Rückens und der Keulen, die bis zu den Sprunggelenken hinunterreicht. Die Geburtsgewichte liegen bei den Kälbern niedrig, doch ist in der Reinzucht der Kaiserschnitt üblich, da das mütterliche Becken fast weggezüchtet wurde, das Kalb andererseits aber sehr wertvoll und in Belgien der Kaiserschnitt billig ist.

Die angenommenen Schwierigkeiten bei den Geburten sind in der Gebrauchskreuzung nicht getroffen (Doppellendigkeit ist ein rezessives Merkmal, tritt daher nicht in der F1 auf), da unsere Rassen normale Becken haben.

Kennzeichen: weiß bis schwarz gefleckte Tiere („blau"=stichelhaarig); feine Knochen und sehr hohe Ausschlachtung. Widerristhöhe der Stiere 150 cm bei Gewichten von etwa 1.000 kg.

Blonde d'Aquitaine

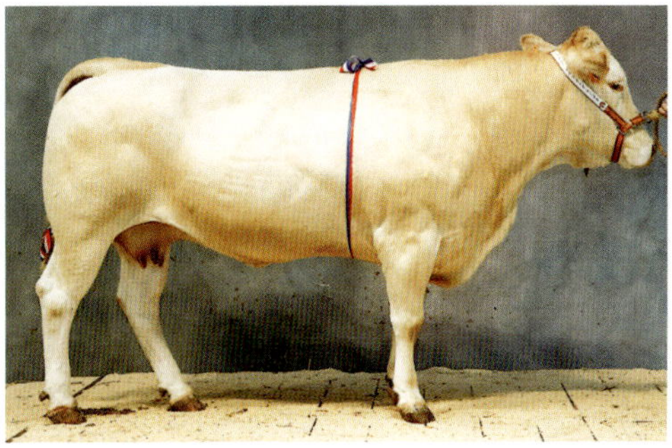

Vorteile	**Nachteile**
Sehr gute Zunahmen, feiner Knochenbau, schwere, lange Schlachtkörper, idealer Kreuzungspartner für Braunvieh und für die Ochsenproduktion	Schwere Kälber, Probleme in der Reinzucht (Fruchtbarkeit), Spätreife, sehr hohe Schlachtgewichte, wenn Schlachtgewichtsobergrenzen bestehen

Dies ist eine in Österreich noch junge Rasse, da erst 1991 erstmals ca. 20 Kalbinnen und einige Zuchtstiere aus Dänemark eingeführt worden sind.

Diese südfranzösische Fleischrasse ist spätreif.

Die großrahmigen, einfarbig hellgelben bis weißen Tiere bringen hohe Schlachtausbeuten bei entsprechenden Zuwachsleistungen. Auf leichte Abkalbungen ist ebenfalls zu achten.

Diese Rasse galt in Frankreich als vorzügliche Ochsenrasse.

Kennzeichen: Die Kühe erreichen Widerristhöhen von 145 cm und Gewichte von 750 bis 850 kg; bei Stieren liegen diese Werte bei 150 bis 160 cm und bis zu 1.300 kg.

In Österreich werden bereits über 30 Fleischrinderrassen gehalten. Mit Angus (Schottland), Belgier (Belgien) und Blonde d'Aquitaine (Frankreich) sind hier drei europäische Rassen abgebildet, die aus verschiedenen Ländern kommen und die eine unterschiedliche Zuchtgeschichte haben. Auch die Nutzungsrichtungen sind unterschiedlich. Angusrinder wurden in den Ausläufern des schottischen Hochlandes gezüchtet, wobei seit über 100 Jahren die Fleischnutzung im Vordergrund stand. Die Belgier kommen aus der Zweinutzung mit Milch und Blonde d'Aquitaines wurden in Frankreich zur Arbeit eingesetzt.

Charolais

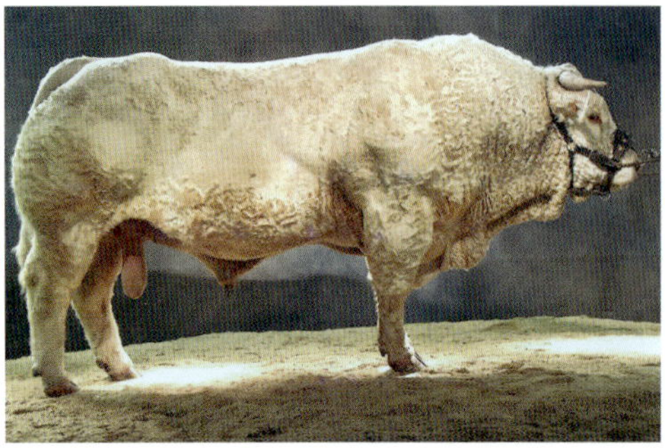

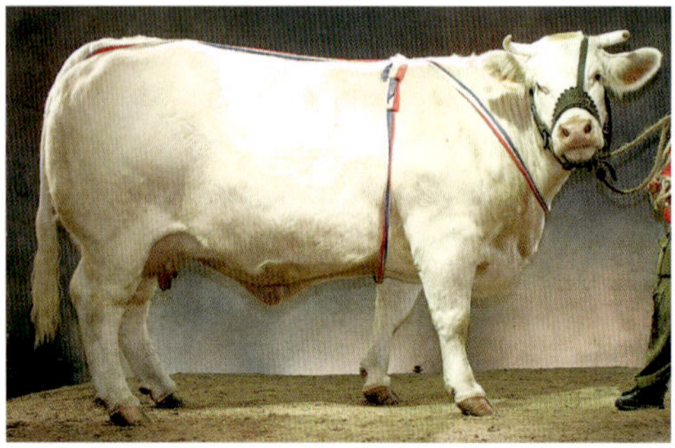

Vorteile	**Nachteile**
Höchste tägliche Zunahmen, Spätreife, geringe Verfettung, hohe Endgewichte	Abkalbungen nicht problemlos; schwere Kühe, bei Hanglagen problematisch

Das einfarbig weiße, großrahmige und schwere französische Charolais-Rind wird auch in Österreich gezüchtet. Die Schwerpunkte liegen in Niederösterreich und Kärnten. Die besten Ergebnisse können mit Charolais in der Kreuzung mit Fleckvieh erzielt werden.

Kennzeichen: Die Widerristhöhe beträgt bei Kühen etwa 145 cm mit Gewichten von 750 bis 900 kg; bei Stieren von 145 bis 155 cm Widerrist und bis zu 1.400 kg.

Fleckvieh

Vorteile	**Nachteile**
Gute Milchleistung, gute Mutterkuheigenschaften, genetische Hornlosigkeit möglich, ideal für Gebrauchskreuzungen, Zuchtwertschätzung möglich	Breite Linienführung, Betonung der Milchproduktion, Spätreife

Weltweit ist diese Rasse in der Fleischrinderhaltung sehr beliebt, weil die Jungtiere rasch wachsen und sehr gut zunehmen. Als Fleischrasse wird sie weltweit als „Simmentaler" bezeichnet. Das moderne

Zuchtziel der Rasse Fleckvieh geht in Richtung hoher Milchleistung bei hoher Fleischleistung. In der Mutterkuhhaltung wird Fleckvieh vor allem wegen der guten Milchleistung der Kühe geschätzt. Weiters werden genetisch hornlose Fleckviehstiere immer interessanter.

Kennzeichen: Der Kopf ist stets weiß, der Rumpf einfarbig bis gescheckt bei hellgelber bis dunkelroter Farbe, Unterbeine weiß. Widerristhöhe bei Kühen 140 cm bei Gewichten von etwa 650 bis 800 kg und bei Stieren von 150 cm und 1.200 kg.

In Österreich hat die Rasse Fleckvieh mit etwa 79 % Rassenanteil eine dominierende Rolle. Fleckvieh deckt in Österreich die gesamte genetische Veranlagung von viel Fleisch bis zu viel Milch ab. Diese große Streuung zwingt dazu, für die Fleischerzeugung spezielle Linien herauszufiltern. Fleckvieh Fleisch hat im internationalen Umfeld sehr gute Chancen, weil die Milchleistung vor allem in der Mutterkuhhaltung sehr gut ist. Diesen Vorteil nutzen vor allem die in Österreich und Deutschland gezüchteten Fleckviehtiere. International ist durch die bereits längere Ausrichtung auf Fleisch und durch diverse Kombinationskreuzungen einiges an Milchleistung verloren gegangen.

Galloway

Vorteile
Widerstandsfähig, genetisch hornlos, ideal für feuchte Lebensräume

Nachteile
geringe Schlachtgewichte, geringe tägliche Zunahme

Sie stammen aus dem Südwesten Schottlands und gelten als die älteste Rinderrasse Großbritanniens. Es fanden nie Einkreuzungen statt. Diese Rasse ist weltweit verbreitet und wird besonders in Deutschland als „Landschaftspfleger" eingesetzt. Gallowaytiere sind besonders widerstandsfähig und anspruchslos. Sie werden ganzjährig im Freien gehalten und verkraften selbst rauestes Klima.

Kennzeichen: Sie sind einfarbig schwarz oder weiß oder mit weißem Gürtel um die Bauchmitte (Belted Galloway) und haben langes, welliges Haar. Der Kopf ist kurz und breit mit langen Ohren. Sie sind genetisch hornlos.

Eine volle Schulter und ein breiter Rücken weisen auf eine gute Bemuskelung der Tiere hin.

Gallowaytiere sind sehr tief und rumpfig mit kurzen Beinen. Stiere erreichen Widerristhöhen von etwa 130 cm und Gewichte von 900 kg, Kühe etwa 120 cm und bis 600 kg Gewicht.

Gelbvieh

Vorteile	**Nachteile**
Harte Klauen, frühreif, fruchtbar, totale Pigmentierung	Stark verdrängt – in Österreich fast nicht mehr vorhanden

Dies ist ein Sammelbegriff, der neben dem Frankenrind das Limpurger und Glanrind (BRD) und die österreichischen Schläge (Murbodner, Waldviertler und Kärntner Blondvieh) umfasst. Gelbvieh ist verwandt mit anderen europäischen Rassen (Blonde d'Aquitaine, Limousin, South Devon). Diese ursprünglichen Rassen wurden stark verdrängt. Versuche zur Erhaltung als Genreserven sind aber vielversprechend (ÖNGENE).

Kennzeichen: einfarbig gelb bis braun, Augenumgebung und Flotzmaul, Hornspitzen und Klauen dunkel. Sehr harte Klauen. Diese Rasse verfügt über eine lange Mittelhand mit ausgeprägten Fleischpartien in Keule, Rücken und Schulter. Widerristhöhe der Kühe von etwa 140 cm und 650 bis 800 kg; bei den Stieren von 140 cm und 1.100 kg. In der Fleischrinderhaltung wird das Gelbvieh unter häufig extensiven Bedingungen zur Gebrauchskreuzung mit einheimischen Rassen eingesetzt. Die Kreuzungstiere sind frühreifer, fruchtbarer und verbessern bei kleinen Rassen das Wachstumsvermögen und die täglichen Zunahmen in der Mastperiode. Von besonderer Bedeutung ist in Gebieten mit hoher Sonneneinstrahlung die totale Pigmentierung der Gelbviehtiere, so dass keine Augenkrankheiten auftreten.

Murbodner, Waldviertler- und Kärntner Blondvieh

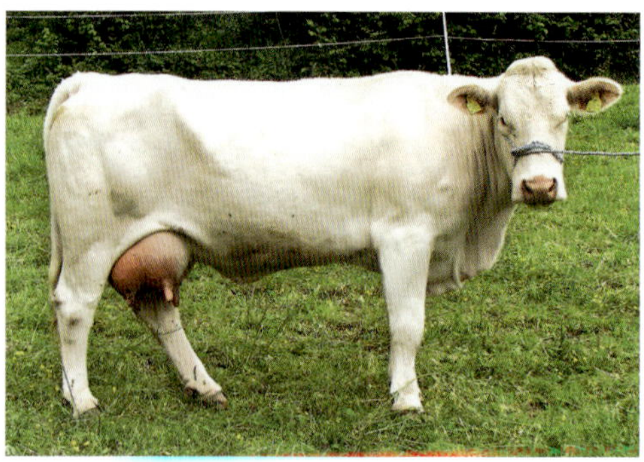

Vorteile	**Nachteile**
Robuste Natur, Tritt- und Gangsicherheit	zu geringe Tageszunahmen und Schlachtgewichte

Diese Rassen haben eine robuste Natur und eine gute Wesensart; die Leichtfutterigkeit und die korrekten Extremitäten sind typisch.

Besonders für den Weidegang auf den Almen und den Heimflächen sind Tritt- und Gangsicherheit verlangt – Voraussetzungen, die diese Rinderrassen mit ihren bekannt festen Klauen besonders auszeichnet.

Für die Mutterkuhhaltung sind sie besonders gut geeignet, weil das Verhältnis der Milchleistung zur Kuh-/Milchaufnahme bzw. -verwertung des Kalbes gut aufeinander abgestimmt sind.

Hereford

Maße WH: männl. 140 bis 150 cm
weibl. 130 bis 140 cm
Gewicht: männl. 900 bis 1.200 kg
weibl. 600 bis 750 kg
Geburtsgewicht: 35 kg

Vorteile	**Nachteile**
Frühreife, hohe Fruchtbarkeit, ruhig	Fettansatz, geringe Tageszunahme u. Schlachtgewichte

Die Herefordrasse ist weltweit stark verbreitet und stammt aus England. Bei mittlerem Rahmen sind die Tiere frühreif. Die Aufzuchtraten und Absetzgewichte der Kälber sind hoch und auch bei Kreuzungen vorhanden. Der niedrige Erhaltungsbedarf und die Langlebigkeit machen sie auch wirtschaftlich interessant, der Fettansatz ist aber etwas stärker.

Kennzeichen: Die Tiere sind rotbraun mit weißem Latz und Rückenstrich. Der weiße Kopf wird auch dominant vererbt.

Hochlandrind

Vorteile	**Nachteile**
Hohe Lebenserwartung, geringe Futteransprüche	geringe Tageszunahmen und Schlachtgewichte

Die Hochlandrinder stammen aus Schottland und werden seit 200 Jahren in Reinzucht gezüchtet, in Österreich seit 1985.

Als Hauptleistungen dieser Rasse gelten hohe Fruchtbarkeit, problemlose Abkalbung und hohe Lebenserwartung. Geringe Futteransprüche und Robustheit erlauben eine ganzjährige Freilandhaltung. Hartes, reifes Gras wird bevorzugt. Hochlandrinder haben von den Extensivrassen die größte Verbreitung in Österreich.

Kennzeichen: Urwüchsiges Aussehen, Gelb- bis Rostbraun, Schwarz oder Weiß sind möglich. Langes, zotteliges Haarkleid; weitgeschwungene, lange Hörner. Widerristhöhe etwa 130 cm bei Stieren und 120 cm bei Kühen. Gewichte von 600 kg bei Stieren und 400 kg bei Kühen sind zu erwarten.

Limousin

Vorteile	**Nachteile**
Leichtkalbigkeit, Frühreife eigene Zucht in Österreich, Frohwüchsigkeit der Kälber, hohe Ausschlachtungsprozente	Geringe Brutto-Tageszunahmen in der Mast, leichte Schlachtkörper, Tiere sind lebhaft

Hier handelt es sich um eine mittelrahmige Fleischrasse aus Frankreich, die bereits eine traditionelle Fleischrasse in Österreich, speziell in der Steiermark, geworden ist.
Kennzeichen: Die einfarbig rotbraunen bis rötlichgelben Tiere mit hellem Flotzmaul und aufgehellter Augenumrandung erreichen eine sehr gute Schlachtkörperqualität mit geringem Fettansatz.

Die Tiere haben einen feinen Knochenbau und die Muskulatur ist besonders an der Hinterhand ausgeprägt. Widerristhöhe bei Kühen 135 cm und Gewichte von etwa 750 kg; bei Stieren von etwa 145 cm und 1.200 kg. Bei der Selektion wird auf geringe Geburtsgewichte geachtet, daraus resultieren ein günstiger Kalbeverlauf und gute Aufzuchteigenschaften. Bei Gebrauchskreuzungen erzielt man mit dieser Fleisch- rasse keine Verbesserungen bei den täglichen Zunahmen, aber die Kreuzungsnachkommen sind für die Produktion von Jungrindfleisch bestens geeignet, da bereits bei niedrigem Alter die Schlachtreife erreicht wird (z. B. Styria-Beef-Programm).

Die Rasse kennzeichnet ein leichter Geburtsverlauf, sehr gute Zunahmen bei geringeren Schlachtgewichten (bis 350 kg) und hohe Ausschlachtungsprozente.

Luing

Vorteile	**Nachteile**
Eigenständige Rasse, hornlos, gute Futterverwertung	geringe Tageszunahmen und Schlachtgewichte

Sie stammen aus Schottland und wurden von den Gebrüdern Cadzow gezüchtet. Als Ausgangsrassen gelten Beef-Shorthorn und Hochlandrinder. Daher rühren auch die guten Eigenschaften dieser Rasse, wie Robustheit, Zähigkeit und sehr gute Fleischqualitäten. Seit 1965 gilt die Rasse Luing als eigenständige Rasse.

Luingrinder sind im Rahmen größer als andere Extensivrassen und erbringen sehr gute Zuwächse bei den Jungtieren. Sie eignen sich gut für Kreuzungszwecke.
Kennzeichen: Hell- bis dunkelrotbraun gefärbt, meist langhaarig mit Weißzeichnung an Euter und Bauch.

Teils sind Luingtiere hornlos. Die Widerristhöhe liegt bei Stieren etwa bei 140 cm mit Gewichten bis zu 950 kg. Kühe erreichen bis 135 cm Widerrist und etwa 600 kg Gewicht.

Piemonteser

Vorteile	Nachteile
Leichtkalbigkeit, hohe Ausschlachtung	Etwas geringere tägliche Bruttozunahmen, wenig Fettbildung

Bereits 1969 sind die ersten Zuchtstiere dieser italienischen Fleischrasse zur Durchführung von Gebrauchskreuzungsprogrammen nach Österreich importiert worden.

Sie sind eine mittelrahmige Rasse mit ausgesprochen feinem Knochenbau, einer stark ausgeprägten Muskulatur (besonders Keule, Schulter und Nacken) und einer besonderen Länge. In den Merkmalen der Schlachtleistung übertreffen die Piemonteser viele Fleischrassen. Sie wurden aus einem Arbeitstier herausgezüchtet. Piemonteser zeichnet eine extrem hohe Ausschlachtung aus (bis 70 % in der Reinzucht).

Kennzeichen: Die Kühe sind einfarbig hellgrau, die Stiere mehr dunkelgrau mit schwarzumringten Augen und Nacken. Widerristhöhe: 130 cm mit 600 kg bei der Kuh und 140 cm mit 1.000 kg beim Stier.

Pinzgauer

Vorteile	Nachteile
Harte Klauen, anpassungsfähig	Bestand geht zurück, Bemuskelung geringer

Sie sind Zweinutzungsrinder, die früher viel zur Arbeit herangezogen wurden (wegen der harten Klauen).

Weltweit werden sie als Fleischrind gehalten, weil Pinzgauer sehr anpassungsfähig sind.

Kennzeichen: Grundfarbe Kastanienbraun mit weißem Streifen an Rücken, Hinterseite, Bauch und Brust. Weiße Fatschen an Oberarm und Oberschenkel. Weltweit beträgt der Bestand etwa eine Million Tiere (fast ausschließlich in der Mutterkuhhaltung). In Österreich geht der Bestand zurück. Widerristhöhe bei Kühen 138 cm und 650 bis 800 kg sowie 148 cm bei 1.100 kg (Stiere). Auch als Mutterkühe für Gebrauchskreuzungen geeignet.

Salers

Vorteile	**Nachteile**
Französische Fleischrasse, gute Futterverwertung	Milchleistung gering

Diese südfranzösische Rinderrasse entwickelte sich aus einem Arbeits- und Gebrauchstier (Milch – Fleisch – Arbeit) hin zu einer modernen Fleischrasse. Bis 1979 wurden die Stiere der Rasse Salers nach den Milchleistungen ihrer Töchter ausgewählt.

Wichtige Veränderungen im Verlauf der letzten 15 Jahre auf dem Gebiet der Nutzungsbedingungen und der Absatzmärkte der Salers haben die Züchter veranlasst, ihre Produktionssysteme und Typen überlegt abzuändern.

Mehr und mehr macht die traditionelle Milch-Fleisch-Produktion der Entwicklung von großen Mutterkuhherden Platz.

Kennzeichen: Die dunkelrotbraunen Tiere sind eher groß und schmal, robust und haben einen guten Mutterinstinkt.

Tiroler Grauvieh

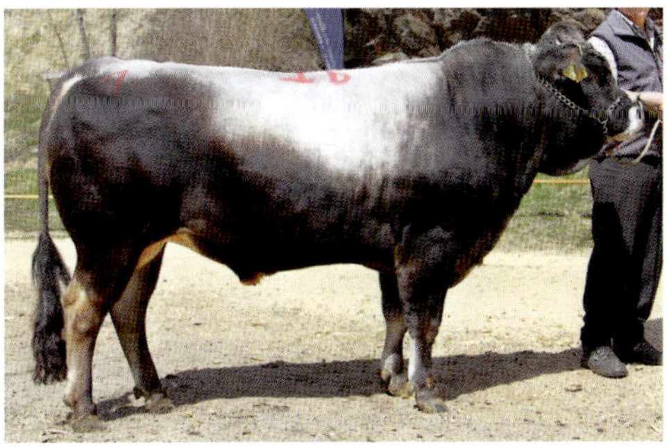

Vorteile	**Nachteile**
Stark steigende Beliebtheit, gute Berggängigkeit	geringe Tageszunahmen und Schlachtgewichte

Das Stammzuchtgebiet sind die extremen Gebirgsregionen Tirols. Tiroler Grauvieh wird von ca. 1.200 Bauern als Zweinutzungsrasse gezüchtet. Es erfreut sich europaweit stark steigender Beliebtheit in der Mutterkuhhaltung. Die jährliche Milchleistung liegt bei etwa 4.300 kg. Die Tageszunahmen der Stiere bis zu einem Alter von einem Jahr liegen bei 1.200 Gramm. Besonders hervorzuheben sind die gute Berggängigkeit und die Leichtfüßigkeit des Grauviehs.

Kennzeichen: Gute Futterverwertung, harte Klauen, leichtkalbend, Farbe von Silber- bis Eisengrau, Kopf und Hals dunkler, Stiere oft schwarz mit Aalstrich. Die Widerristhöhe liegt bei Stieren bei 140 cm mit einem Gewicht bis zu 1.100 kg und bei Kühen von 130 cm mit etwa 580 kg Gewicht.

Seltene Nutztierrassen

Eine Rasse gilt dann als gefährdet, d. h., in ihrem Fortbestand bedroht, wenn die Zahl ihrer Individuen unter eine bestimmte Mindestzahl sinkt. Über den hier anzusetzenden Grenzwert bzw. andere Kriterien als die aktuelle gezählte Populationsgröße zur Angabe des Gefährdungsstatus gehen die Meinungen ebenfalls auseinander.

Die EU verwendet folgende Grenzwerte für die Anerkennung als seltene Nutztierrasse:

In Herdenbüchern eingetragene Zuchttiere	
Rind	7.500 Tiere
Pferd	5.000 Tiere
Schaf und Ziege	7.500 Tiere

Tux-Zillertaler werden speziell gefördert.

Rückgang der Rassenvielfalt

Bereits im 19. Jahrhundert kam es bei vielen Rassen zu einem Rückgang ihrer Bestände, da nicht alle Rassen die damals einsetzende Entwicklung auf größere Produktmengen mitmachten. Häufig trifft dies auf so genannte Landrassen zu, bei denen andere Leistungen, wie Widerstandsfähigkeit und Angepasstheit, im Vordergrund standen. Heute spricht man im Zusammenhang mit solchen gefährdeten Rassen von genetischen Ressourcen im Hinblick auf die genetische Vielfalt.

Argumente für die Erhaltung gefährdeter Haustierrassen

Ein wesentlicher Grund für den Bestandsrückgang der Rassen war ihre wirtschaftliche Unterlegenheit gegenüber konkurrierenden Leistungsrassen. Dennoch lassen sich auch für eine großteils wirtschaftlich orientierte Tierzucht Argumente für den Erhalt gefährdeter Nutztierrassen anführen.

Der Ausschuss der deutschen Gesellschaft für Züchtungskunde für genetisch-statistische Methoden in der Tierzucht nennt als einen wichtigen Grund für die Erhaltung gefährdeter Rassen, dass sie über bisher nicht erkannte oder unbeachtete, genetisch fundierte Eigenschaften verfügen könnten, die sich bei geänderten Umweltbedingungen, bei veränderten Marktanforderungen oder bei der Kreuzung mit anderen Populationen als vorteilhaft gegenüber den vorherrschenden Populationen erweisen können. Eigenschaften, die eine Rasse erhaltenswert machen, sind entweder bereits heute von wirtschaftlichem Interesse (z. B. hohe Fruchtbarkeit, effiziente Futterverwertung, Krankheitsresistenz) und/oder erst unter zukünftigen Bedingungen ökonomisch interessant.

Auch wenn derzeit der direkte Nutzen tiergenetischer Ressourcen für eine wirtschaftliche Tierzucht nur gering ist, sollte der ideelle Wert alter Rassen nicht vergessen werden.

Einige Wissenschaftler setzen den Wert von Haustierrassen dem von Kunstwerken und Baudenkmälern gleich. Die Haustierrassen geben Zeugnis von menschlicher Fantasie, Intuition und Leistungsfähigkeit. Sie dokumentieren eine der größten Kulturleistungen der Menschheit.

Die Gebrauchskreuzung

Warum Gebrauchskreuzung?

Durch die geänderten Rahmenbedingungen wird der wirtschaftliche Erfolg immer mehr von einer Spezialisierung in der Tierhaltung abhängen und eine bessere Mast- und Schlachtleistung bei geringerem Aufwand gefordert.

In der EU werden in den großen Betrieben vor allem spezialisierte Milchviehrassen gehalten, da diese durch geringere Aufzuchtkosten und geringeren Futterverbrauch/kg Milch bedeutend wirtschaftlicher sind als Zweinutzungsrassen. Um dennoch ansprechende Maststiere mit gutem Schlachtkörper und einer guten Fleischqualität zu erhalten, ist die Gebrauchskreuzung (GK) weit verbreitet. Sie wird als Zweirassenkreuzung unter Ausnützung der Heterosis-Effekte durchgeführt. Dabei werden Kühe mit einer Fleischrasse gekreuzt und das Produkt dieser Kreuzung (= F1) zur Fleischerzeugung verwendet (Neudefinition von Zweinutzung: Milch von der Kuh und Fleisch von den Nachkommen). Die Wahl der entsprechenden Fleischrasse richtet sich dabei nach dem Produktionsziel (Kälber, Einsteller, Kalbin, Stier oder Ochse), der Produktionsgeschwindigkeit (Mastdauer, Intensität, Fütterung) und den Absatzmöglichkeiten.

Die Kälber stammen aus einer Gebrauchskreuzung: Fleckvieh x Limousin.

Zuchtziele

Das Zuchtziel in der Mutterkuhhaltung verkörpern Kühe mit ausgeprägtem Mutter- bzw. Herdentrieb und besonders guter Aufzuchtleistung, deren Nachkommen eine hohe Fleischleistung erbringen. Das wird am ehesten durch die Gebrauchskreuzung von Kühen aus Milch- oder Zweinutzungsrassen mit Fleischrassestieren erreicht. Bei der Stierselektion wird besonders auf Fleischleistung (Zunahmen, Futterverwertung und Schlachtkörperwert), Fruchtbarkeit, Geburtsverlauf und Gutmütigkeit geachtet. Die gezielte Gebrauchskreuzung ist neben der Reinzucht der speziellen Mutter- und Vaterrassen die Zuchtmethode für die Mutterkuhhaltung.

Grundsätze der Kreuzungszucht

Als Kreuzung bezeichnet man die Anpaarung von verschiedenen Rassen, um zwei Vorteile zu nützen:

- Erstens ist es möglich, schlechte Eigenschaften einer Rasse mit der hochpositiven Vererbung der anderen Rasse in diesem Merkmal auszugleichen

(Kombinationseignung). Der Züchter erhält so Nachkommen mit einer höheren Frequenz an erwünschten Eigenschaften.

- Der zweite Grund liegt in der Ausnützung des Heterosis-Effektes, d. h., man nützt den Vorteil, den die Anpaarung zweier Rassen durch einen spezifischen Effekt in einem Merkmal bringt. Der Heterosis-Effekt wird definiert als:

$$\textbf{\%Heterosis in der } \mathbf{F_1} = \frac{\text{Kreuzungs}\varnothing - \text{Reinzucht}}{\text{Kreuzungs}\varnothing} \times 100$$

Als Verfahren ist dabei hauptsächlich die Zweirassenkreuzung in Verwendung. Reinzuchttiere von zwei verschiedenen Rassen werden gekreuzt und die Nachkommen vermarktet. Es ist auch das einfachste System, geeignet für kleine landwirtschaftliche Strukturen. Der Heterosis-Effekt tritt bei den Nachkommen auf, allerdings sind Reinzuchttiere durch Zukauf nachzustellen. Bei Eigenremontierung ist die Kreuzungswahl eingeschränkt.

Ein anderes Programm wäre z. B. die Zweirassenrotationskreuzung mit Endstufenstier, wo aus Milchrassen in der F1-Stufe die Mutterkühe erzeugt werden, die dann mit einem Fleischrassestier angepaart werden, um die marktgerechte Qualität der Nachkommen zu erreichen. Damit verbunden sind auch die Berücksichtigung leichter Abkalbungen und ein hoher organisatorischer Aufwand, der sich nur in größeren Herden lohnt.

Vorteile der Gebrauchskreuzung

Neben der Mutterkuhhaltung hat die Gebrauchskreuzung auch bei spezialisierten Milchrassen an Bedeutung gewonnen. Dort versteht man heute die Zweinutzung nicht mehr im traditionellen Sinne der Verkörperung von Milch- und Fleischleistung gleichzeitig in einer Rasse. Man definiert sie neu, indem man einerseits eine möglichst hohe Milchleistung pro Standplatz und Kuh anstrebt und gleichzeitig das Fleisch von den Nachkommen über die Kreuzung mit einer Fleischrasse erzeugt. Maststiere aus einer Gebrauchskreuzung besitzen einen besseren Schlachtkörper, d. h. mehr Fleischfülle, höhere Ausschlachtung und Verbesserung der wertvollen Teilstücke. Die Einstufung im EUROP-Klassifizierungssystem liegt um eine halbe bis eine Klasse höher als bei reinrassigen Fleckviehstieren. Eine Untersuchung der Universität für Bodenkultur in Wien hat ergeben, dass „die Ausschlachtung im vorliegenden Versuch eine deutliche Überlegenheit der Kreuzungsgruppen in der Schlachtausbeute ergibt".

Außerdem wiesen die Tiere aus der Gebrauchskreuzung ein signifikant günstigeres Fleisch-Knochen-Verhältnis aus und der Anteil wertvoller Teilstücke war ebenfalls erhöht. Die täglichen Zunahmen liegen bei der Verwendung von großrahmigen Rassen etwa auf gleichem Niveau oder geringfügig höher, bei Verwendung von mittel- oder kleinrahmigen Rassen etwas niedriger als bei reinem Fleckvieh. Entscheidend sind aber die Netto-Zunahmen, d. h. der Fleischansatz.

Einen weiteren Vorteil der Gebrauchskreuzung stellt die bessere Futterausnutzung durch einen geringeren Futterverbrauch pro kg Zunahme dar. Das kann sich vor allem in grundfutterarmen Jahren entscheidend auswirken. Die bessere Futterverwertung und die zu erwartenden höheren Erlöse beim Schlachttier lassen beim Kälberverkauf laut einer deutschen Untersuchung einen Mehrerlös von 5 bis 9 € erwarten.

Voraussetzungen für eine erfolgreiche Gebrauchskreuzung

Die Betriebsstrukturen müssen eine gewisse Größe aufweisen, damit die eigene Nachzucht gesichert ist und noch Kapazitäten frei bleiben, um eine GK durchzuführen. Die GK hat nur dann Sinn, wenn die von der Remontierung ausgeschlossenen Tiere (geringer Zuchtwert u. a.) mit Fleischrassen besamt und die besten Kühe zur Weiterzucht verwendet werden. GK sind Mast-Endprodukte und zur Schlachtung bestimmt. Durch die Beachtung des Kalbeverlaufes bei

Stierbeschreibungen beugt man Abkalbeproblemen vor. Bestimmte Rassen wie Piemonteser oder Limousin weisen kaum Schwergeburten auf.

Die wichtigsten Voraussetzungen für die Rentabilität einer GK überhaupt sind entsprechende Fütterungsgrundlagen und die finanzielle Umsetzung der Vorteile. Da der Hauptvorteil der GK in einer besseren Schlachtkörperklassifizierung liegt, muss auch die Bezahlung danach erfolgen.

Bedenken sollte man auch, dass so manche Unterschiede in der Rasse breiter gestreut sind als zwischen den Rassen.

Was ist konkret zu berücksichtigen?

Für kleinere Betriebe kann die betriebseigene Nachzucht möglicherweise gefährdet sein, wenn die zur Nachzucht bestimmten Tiere unerwartet ausfallen oder nur Stierkälber bringen und die anderen Kühe mit Fleischrassen besamt sind. Wenn die Schlachtkörper nach dem EUROP-System bezahlt werden, sind die größten Vorteile (bessere Ausschlachtung und bessere Futterverwertung) zu erwarten. Mit erhöhten Futterkosten bei intensiver Mast frühreifer Rassen muss aber gerechnet werden. Ein Problem liegt in den erst im Aufbau befindlichen Fleischqualitätsnormen.

Prozentuelle Über- bzw. Unterlegenheit von Kreuzungsstieren auf Braunviehbasis im Vergleich zu Braunvieh-Reinzuchtstieren (Schweiz und Deutschland)

Vaterrassen	Tages-Zunahme	Futter-aufnahme	Futterver-wertung	Schlacht-ausbeute	Fleisch-anteil
Blonde d'Aquitaine	+2	–3	+4	+5	+4
Piemonteser	–1	–3	+3	+7	+6
Charolais	+3	–2	+5	+5	+3
Fleckvieh	+4	+1	+1	+1	+1
Limousin	–3	–4	+3	+3	+2

Prozentuelle Über- bzw. Unterlegenheit von Kreuzungsstieren auf Fleckviehbasis im Vergleich zu Fleckvieh-Reinzuchtstieren (Schweiz und Österreich)

Vaterrassen	Tages-Zunahme	Futter-aufnahme	Futterver-wertung	Schlacht-ausbeute	Fleisch-anteil
Blonde d'Aquitaine	+1	–3	+4	+4	+3
Piemonteser	–2	–4	+3	+6	+4
Charolais	+2	–2	+5	+3	+2
Limousin	–5	–5	+2	+2	+2

(aus: „Blick ins Land" Nr. 11, 1993)

Zweinutzungsrassen – Reinzucht oder Gebrauchskreuzung?

Bei unseren kleineren landwirtschaftlichen Strukturen überwiegt derzeit mit über 80 % Rassenanteil die Zucht von Zweinutzungsrassen. Um die marktgerechte Produktion zu verbessern, werden auch hier Gebrauchskreuzungen durchgeführt. Da in diesen Betrieben die Bereitstellung eigener Nachzucht mittelfristig verlorengeht, sind sie auf den Zukauf von Muttertieren angewiesen. Unabhängig davon sind auch einige Linien von Zweinutzungsrassen für die Mast gut geeignet, wenn sie auf Fleischleistung und Leichtkalbigkeit geprüft sind.

Die Vorteile einer Gebrauchskreuzung gegenüber einer Reinzucht von Milchrassen zur Erzeugung von Maststieren liegen auf der Hand. Hat aber die GK von Fleckvieh mehr Vorteile zu bieten als reine Fleckviehhaltung?

Das Fleckvieh ist in Österreich die Hauptrasse und wird auf Milch- und Fleischleistung gezüchtet. Dies ist besonders in einer kleinstrukturierten Rinderhaltung von Vorteil. Fleckviehkühe bewähren sich weiters auch bestens als Mutterkühe. Durch die starke Ausrichtung des Zuchtzieles auf die Milchleistung ist damit gleichzeitig die Spätreife gestiegen, was den derzeit erwünschten leichten Schlachtkörpern entgegensteht. Bei gezieltem Vorgehen ist es dennoch möglich, fleischbetonte, frühreife und nicht zu stark verfettete Fleckviehtiere zu erzeugen und mit der Kalbin eventuell auch weiterzuzüchten. Voraussetzung dafür ist, Stiere einzusetzen, die neben einem guten Fleischzuchtwert einen zumindest durchschnittlichen Milchzuchtwert aufweisen und auf Leichtkalbigkeit geprüft sind. Diskussionen in Züchterkreisen vermitteln oft ein Bild vom nahen Ende der Zweinutzungsrassen. Dazu ist zu sagen, dass zwar keine Rasse alles kann und die Spezialisierung fortschreiten wird, es aber dennoch möglich ist, eine hohe Milch- und Fleischleistung bei Fleckvieh zu erzüchten. Je nach den Zuchtzielen können weltweit die entsprechenden Märkte gefunden werden.

Nach der Abkalbung kann das Kalb (meist aus einer Fleischrassebesamung mit leichtem Kalbeverlauf) in die Mast gegeben und die Jungkuh geschlachtet werden. Am Beispiel des Kalbinnenfleisches ist zu sehen, dass beste Fleischqualität trotzdem schlechter als Stierfleisch bezahlt wird.

Leistungsergebnisse des Gebrauchskreuzungsversuches von Fleckvieh mit Stieren von französischen Fleischrassen
(KÖGEL, BLT-Grub, 1994)

Merkmale	FV-P	FV-F	Fleckvieh x Charol.	Blond.	Limous.
Tierzahl	66	86	70	87	66
Schlachtalter	467 Tg	485 Tg	499 Tg	500 Tg	466 Tg
Mastendgewicht	611 kg	639 kg	674 kg	638 kg	602 kg
Tägl. Zun. ab Einst.	1.253 g –	1.258 g +5	1.278 g +25	1.209 g –44	1.220 g –33
Schlachtausbeute	59,0 %	59,9 % +0,9	61,7 % +2,7	62,4 % +3,4	61,6 % +2,6
Schlachtgewicht	324,0 kg –	365,4 kg +23,4	396,7 kg +54,7	379,8 kg +37,8	352,7 kg +10,7
Nettozunahme	733 g/Tg. –	755 g/Tg. +22	796 g/Tg. +63	761 g/Tg. +28	757 g/Tg. +24
EUROP-Bewertg. (1–5)	3,34 –	3,75 +0,41	4,15 +0,81	3,97 +0,63	3,97 +0,63
Fettklasse (1–5)	2,95	2,92	2,81	2,45	2,70
Nettoerlös/Bulle	1.095 € –	1.191 € +96	1.302 € +207	1.242 € +147	1.148 € +53

(FV-P = Fleckvieh-Teststiere; FV-F = Fleckvieh-Fleischvererber)

Zuchtbetrieb und Gebrauchskreuzung – ein Widerspruch?

Grundsätzlich wird es für Zuchtbetriebe natürlich eine erstrangige Aufgabe sein, ihre Reinzuchtherde zu verbessern und am Test- und Zuchtprogramm teilzunehmen. Auch für den Reinzüchter ergeben sich einige interessante Möglichkeiten, sich gezielt an GK-Programmen zu beteiligen:

1. Wichtig ist die Tatsache, dass mit der Ausweitung der Gebrauchskreuzung und der Mutterkuhhaltung der Bedarf an Reinzuchttieren in der Landeszucht zunehmen wird und der Absatz im Inland verbessert werden kann.
2. Jeder Züchter hat auch die Möglichkeit, an dieser Produktionsrichtung teilzunehmen und mit Kühen, die zwar hohe Nutzwerte, aber niedrige Zuchtwerte haben, in die Gebrauchskreuzung zu gehen.
3. Wegen der Eigenschaften bestimmter Fleischrassen ist es z. B. auch möglich, Kalbinnen zu besamen, um ein höheres Geburtsrisiko in der Reinzucht zu umgehen.
4. Direktvermarkter von Fleischprodukten können auch diese Schiene nützen.

Vorsprung durch Nachsprung!?

Für die Mutterkuhhaltung empfehlen sich besonders hornlose oder enthornte Fleisch- oder Zweinutzungsrassen. Die Gruppenhaltung mit Stier (1 Stier auf bis zu 30 Kühe) hat sich bewährt, da der Stier einen Teil der Brunstbeobachtung übernimmt. Erfahrene Leitkühe sind besonders wichtig, da sie den Kalbinnen die nötige Erfahrung vermitteln. Die erste Brunst nach der Geburt tritt – noch unbeobachtbar – bei Milchkühen nach ca. 3 Wochen, bei Mutterkühen aber erst nach 5–8 Wochen auf. International gesehen werden Deckstiere überwiegend in Fleischproduktionsherden bei extensiver Haltung eingesetzt, da die Brunstbeobachtung nur mangelhaft durchgeführt werden kann und die Fleischleistung einen sehr hohen genetischen Merkmalsanteil hat.

Auf Merkmale mit hohem Erblichkeitsgrad (wie z. B. Milchmenge oder Fleischleistung) kann gezüchtet werden, wenn darin beide Elterntiere entsprechen. Bei allen anderen Eigenschaften mit geringerem genetischem Anteil ist es notwendig, Nachkommensgruppen mit dem Durchschnitt der Population zu vergleichen, um Abweichungen feststellen zu können. Dies ist aber nur im Rahmen der Zucht durch künstliche Besamung möglich. Auch in Zuchtbetrieben wird allgemein die Besamung mit dem Samen von geprüften Stieren notwendig sein. Probleme können bei der Festsetzung des richtigen Besamungszeitpunktes (Brunstbeobachtung), der Feststellung der Besamungstauglichkeit und der Durchführung der Besamung (Fixierung) entstehen.

Deckstiere werden auch dann eingesetzt, wenn sie entsprechen und ihre Väter einen hohen Zuchtwert erreicht haben. Mit genügend hoher Sicherheit können dann zumindest durchschnittliche Nachkommen erwartet werden und nicht trächtige Tiere doch noch trächtig werden.

In einigen Herden hat sich auch die Kombination mit der Besamung bewährt, die mit einer Brunstsynchronisation der Kühe kombiniert werden kann. Darunter versteht man das Zusammenlegen der Brunsten auf einen einheitlichen Termin durch Hormongaben.

> Der Einsatz der künstlichen Besamung in kleinen Herden ist bei Anbindehaltung günstig.

Vorteile der künstlichen Besamung

- Gezielter Einsatz von geprüften Stieren (Leichtkalbigkeit, Fleischleistung, Mutterinstinkt)
- Es besteht die Möglichkeit der Brunstsynchronisation, um den Abkalbezeitraum einzuengen.
- Zur Produktion reinrassiger weiblicher Tiere für die Remontierung unbedingt notwendig

Der Zuchtstier in der Herde ist Garant für Kälber.

Bei künstlicher Besamung besteht die Möglichkeit der Brunstsynchronisation.

Nachteile der künstlichen Besamung

- Schlechtere Befruchtungsrate
- Genaue Brunstbeobachtung wichtig, um richtigen Besamungszeitpunkt zu erreichen (nur morgens und abends ist zu wenig).
- Arbeitsaufwändiger, oft sehr schwierig durchzuführen, Brunstkalender notwendig.

> Stiere kommen auch als Suchtiere zur Brunsterkennung zum Einsatz und die stattgefundene Belegung kann durch eine Farbmarkierung festgestellt werden. Ein Verhältnis von max. 30 Kühen je Stier sollte dabei nicht überschritten werden. Gerade in Herden von Extensivrassen, die ganzjährig im Freien gehalten werden, sind Brunstsymptome bei Anwesenheit eines Stieres sehr deutlich ausgeprägt.

Eine höhere hormonelle Aktivität in diesen Herden ist ebenfalls ein Beweis für die Bedeutung der Funktion eines Stieres. Der Stier geht brünstigen Tieren tagelang nach, flehmt nach Beriechen des Urins, sondert sich mit der Kuh von der Herde ab und deckt sie während der Hauptbrunst bis zu zehnmal hintereinander.

Größere Risiken im Vergleich zur Besamung liegen im potentiellen Risiko für Unfruchtbarkeit (1:5) und für Deckinfektionen. Die Frage der Weiterverwendung als Zuchtstier stellt sich normalerweise in einem Alter von ca. 8 Monaten. Der folgende Pubertätseintritt, die Entwicklung des Hodenumfanges und die Samenqualität sollten dabei besonders beachtet werden.

Bei saisonaler Herdenführung ist eine kurze Decksaison notwendig und damit die Gefahr der Überlastung des Deckstieres gegeben.

Die Kosten eines eigenen Deckstieres schließen den Kaufpreis, die Fütterungs-, Pflege-, Tierarzt- und Haltungskosten ein. Umgelegt auf die Kosten pro Jahr der Nutzungsdauer und etwaige Zuschüsse bzw. den Schlachterlös sind als Ergebnis die Kosten pro Trächtigkeit zu errechnen und daraus ist die wirtschaftliche Zweckmäßigkeit ersichtlich. Neben einer hohen Fruchtbarkeit zählt vor allem die Vererbungsleistung des Stiers an seine Nachkommen, die die Wirtschaftlichkeit der Herde über die Jahre mitbestimmt.

Zuchtstiere rechnen sich ab 10 Mutterkühen

Die künstliche Besamung ist sehr oft problematisch und viele Betriebe überlegen, einen Zuchtstier anzukaufen. Beim Kauf muss man mit etwa € 2.500 rechnen. Der Zuchtstier rechnet sich dann, wenn mehr Kälber geboren und verkauft werden. Vorausgesetzt, dass es nur an der Zeit für genaue Brunstbeobachtungen fehlt und die Kühe in zuchttauglicher Kondition sind, bringt der Zuchtstier mit Sicherheit eine Verkürzung der Zwischenkalbezeit und damit mehr geborenen Kälber.

Wichtige Eigenschaften des Stieres

In der Mutterkuhhaltung gilt nach wie vor der alte Züchterspruch „Der Stier ist die halbe Herde“. Der Auswahl des Stieres ist daher ganz besonderes Augenmerk zu schenken.

Einsatz eines Deckstieres

Max. 30 Kühe/Altstier (20/Jungstier), sonst ist der Stier überfordert (Sprung aus der Hand: bis 50 Kühe)

Vorteile

- Keine Brunstbeachtung notwendig
- Brunstdauer ist verkürzt
- Vom Stier wird der richtige Deckzeitpunkt bestimmt, die Befruchtungsrate ist höher.
- Bei größeren Herden ist sie wirtschaftlicher als die künstliche Besamung.

Nachteile

- Unfruchtbarkeit schwer kontrollierbar

Übertragung von Deckinfektionen; die ersten brünstigen Kühe beobachten und nach 3 Wochen kontrollieren (Fleischrinder decken gern „heimlich“). Gefahr der Überlastung durch Mehrfachdecken derselben Kuh; Risiko: Schwergeburten, besonders bei großrahmigen Stieren. Nach der Decksaison Entscheidung über Verbleib des Stieres, er sollte alle zwei Jahre gewechselt werden, sofern die weibliche Nachzucht aufgezogen wird.

Vom Stier verlangen wir folgende Eigenschaften

- **Vererbung gesunder, frohwüchsiger Kälber.**
  Für den wirtschaftlichen Erfolg der Mutterkuhhaltung ist die Vererbung vitaler, gesunder und frohwüchsiger Kälber eine Grundvoraussetzung. Die Kälber müssen aber auch eine sichere Veranlagung für beste Mastfähigkeit, verbunden mit einem hohen Schlachtkörperwert und bester Fleischqualität mitbringen. Dafür bietet die Gebrauchskreuzung mit rahmenmäßig passenden Fleischrassestieren eine optimale Möglichkeit.
- **Leichtkalbigkeit**
  Leichtkalbigkeit ist eine Eigenschaft, die sehr stark vom Stier beeinflusst wird. Während bei klein- und mittelrahmigen Rassen kaum Schwergeburten vorkommen, neigen großrahmige Zweinutzungs- und Fleischrassen zu häufigerem Auftreten von Schwergeburten. Werden Stiere großrahmiger Rassen eingesetzt, so sollen diese unbedingt auf Leichtkalbigkeit geprüft sein oder aber aus Linien mit nachweislicher Leichtkalbigkeit stammen.
- **Deckverhalten und Fruchtbarkeit**
  Einwandfreies Decken und hohe Fruchtbarkeit des Stieres sind unerlässlich für eine hohe Trächtigkeitsrate. Bei konzentrierter Deckperiode sind besonders bei Jungstieren die Gefahr der Überforderung und ein Nachlassen der Fruchtbarkeit gegeben. In Laufstallhaltung müssen Stiere, die vorher am Anbindestand gehalten wurden, rechtzeitig zur Herde gegeben werden, um genügend Angewöhnungszeit an die neue Haltungsform zu gewähren.
- **Gutmütigkeit**
  Gutmütigkeit des Stieres ist besonders auf der Weide und bei der Laufstallhaltung notwendig, um Ruhe in der Herde und Sicherheit für Mensch und Tier zu gewährleisten.

Wert des Stieres = Genetische Überlegenheit der Nachkommen x Anzahl Trächtigkeiten

Rinder sehen und hören – und reagieren auf die Umwelt

Besondere Stressmomente für Rinder

Stressarmer Umgang mit Rindern

Grundsätze im Umgang mit Rindern

Tierhaltung, Tierschutz und Transport in der EU

Mit Mutterkühen richtig umgehen

Rinder sehen und hören – und reagieren auf die Umwelt

Rinder sind Herdentiere und leben im Verband der Herde. In der Herde gibt es eine strenge Rangordnung. Diese Rangordnung regelt den Zugang zum Futter, zum Wasser, den Durchgang durch Tore und auch die Berührungen zwischen den Tieren. Tiere wollen in der Herde bleiben und für sie bedeutet es Stress, wenn sie einzeln von der Herde weggetrieben werden. Tiere wollen Sichtkontakt halten oder zumindest Kontakt über Brüllen haben. Einzelne von der Herde weggetriebene Rinder können die Personen sogar angreifen, die sie wegtreiben. Das Temperament von Rindern ist ausschlaggebend für ihr Verhalten.

Wie Rinder sehen und beobachten

Rinder haben ein Gesichts- und Sehfeld von ca. 300°. Damit können sie fast rundherum sehen. Durch die weit auseinanderliegenden Augen überlappen sich die Augen nur wenig und das dimensionale Sehen ist eingeschränkt. Rinder sehen dann am besten, wenn sie stehenbleiben. Sie reagieren mit Unruhe, wenn sie fremde Objekte sehen, Schatten erkennen oder wenn sich Gegenstände bewegen. Rinder gehen eher vom Dunkeln in das Helle, was zeitweise bei Verladungen ausgenützt werden kann.

Die Wahrnehmungs- und Fluchtzone beim Rind

Rinder haben eine Wahrnehmungszone und eine Fluchtzone. Bewegen wir uns in die Fluchtzone, üben wir Druck aus und das Tier bewegt sich und bleibt dann wieder stehen, wenn der Druck nachlässt und der Mensch nicht mehr in der Fluchtzone ist.

Wahrnehmungszone: Wenn wir uns Rindern nähern und die Rinder stehenbleiben, den Kopf heben und uns anschauen, sind wir in der Wahrnehmungszone oder Beobachtungszone. Das Rind beobachtet den sich nähernden Menschen und setzt vorerst keine Reaktionen, weil es sich nicht unter Druck fühlt.

Fluchtzone: Geht der Mensch näher heran, so reagiert das Rind oder die Herde durch Flucht. Je nachdem, wie gewöhnt die Rinder an den Menschen sind, werden sie weiter beobachten und schließlich flüchten. Die Größe der Fluchtzone hängt davon ab, wie vertraut der Mensch, der sich nähert, ist. Ganz zahme Tiere haben gegenüber dem Menschen keine Fluchtzone, sind also praktisch nicht zu treiben.

Durch das Eindringen in die Fluchtzone übt der Mensch Druck aus. Das Tier setzt sich in Bewegung und geht dorthin, wo der Druck nachlässt. Das machen wir uns beim Treiben von Rindern zunutze.

Fluchtzonen (nach Gradin, 1980).

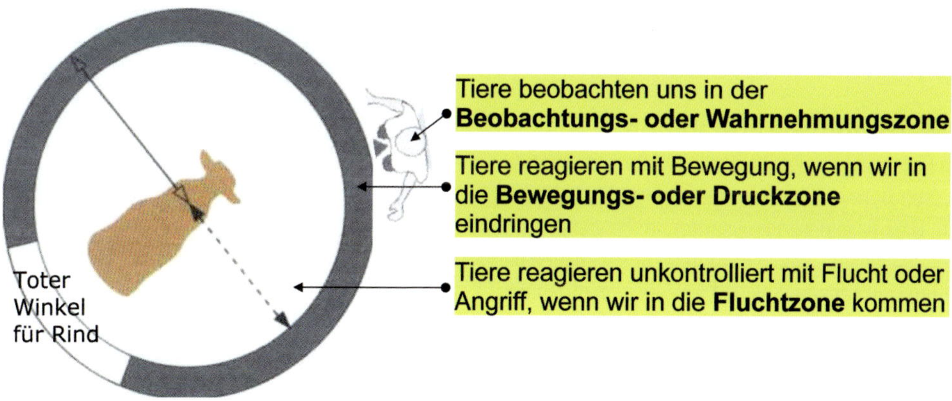

Durch Eindringen in die Bewegungs- oder Druckzone (grauer Ring) übt der Treiber Druck aus und das Tier wird sind in Bewegung setzen. Das Rind wird sich seitlich nach links wegdrehen, wenn der Treiber weiter auf das Tier zugeht. Das Ausloten der Bewegungs- und Fluchtzone ist notwendig und muss geübt werden. Jede Herde und jedes Rind reagiert anders.

Besondere Stressmomente für Rinder

Rinder haben Stress, wenn sich etwas Ungewöhnliches erreignet, wenn fremde Personen in ihre Nähe kommen oder wenn sie körperlich leiden. Die Angst oder Furcht der Tiere in solchen Situationen kann sehr schnell in Nervosität und Fluchtverhalten umschlagen, wenn sie mit dieser Situation negative Erfahrungen in Verbindung bringen.

Aggressionsverhalten

Das bei den verschiedenen Rinderrassen typische Verhalten wird durch Instinkte (genetisch bedingt) und von Umwelteinflüssen (Haltung, Betreuung) geprägt. Bei der Neuzusammenstellung einer Herde bildet sich in der ersten Woche eine stabile Rangordnung unter den Kühen aus, die zur Beruhigung und Stressfreiheit der Herde führt. Gerade in der Mutterkuhhaltung legt man Wert auf guten Mutterinstinkt (S. 33) und allgemeine Gutmütigkeit im Kontakt mit anderen Herdengenossen oder dem Menschen. Dazu ist ständiger Kontakt notwendig, was auch für die Führbarkeit eine wichtige Voraussetzung ist. Zu extensiv gehaltene Herden ohne ständigen Kontakt zum Menschen können verwildern und erschweren dadurch die gesundheitlichen Kontrollen und andere Managementmaßnahmen (Fixieren, Wiegen, Enthornen, Kastrieren usw.). Umgekehrt sollte durch richtiges Verhalten des Menschen im Umgang mit den Tieren das Verletzungsrisiko minimiert werden. Besonders beobachtenswert sind dabei Kühe mit Kälbern, Kühe in Brunst und der Deckstier. Deswegen sollte man sich freilebenden Rindern nur mit einem Stock nähern (z. B. auf Almen) und Hunde fernhalten.

Betreuungsmaßnahmen

Um Betreuungsmaßnahmen durchführen zu können, müssen Tiere in ihrer Bewegung eingeschränkt werden. Dies passiert im Fressgitter, im Fangstand, bei Verladungen etc., wobei Einzeltiere oder Gruppen betroffen sein können. Solche Betreuungsmaßnahmen können sein: Ohrmarken einziehen, Besamungen, Behandlung zur Krankheitsvorsorge oder von kranken Tieren, Absetzen, Verladen von Tieren. Entscheidend ist dabei das Verhalten des Tierhalters, wie er sich bewegt und wie er mit den Tieren spricht.

Der Ablauf wird aber auch ganz entscheidend durch das arteigene Verhalten des Rindes bestimmt.

> Das Temperament des Rindes kann über die Zucht, die Haltungsform und die Gewöhnung an den Menschen beeinflusst werden. Wenn sie nicht an die Situation gewöhnt sind, werden sie mit Angst reagieren, und wenn der Druck für sie zu hoch wird, mit Flucht.

Solche Situationen können für den Menschen gefährlich werden, vor allem dann, wenn die Betreuungseinrichtung nicht optimal gestaltet und ausgeführt ist. Einige Beispiele für Stress durch Betreuungsmaßnahmen:

- **Markieren des Kalbes in der Abkalbebox:** Jedes neugeborene Kalb muss innerhalb einer Woche mit zwei Ohrmarken markiert werden. Was kann passieren, wenn der Tierhalter in die Box geht, das Kalb festhält und die Ohrmarken einzieht? Im besten Fall gar nichts – die Kuh duldet den Menschen bei ihrem neugeborenen Kalb. Im schlimmsten Fall attackiert die Kuh den Tierhalter, weil sie ihn als Feind ansieht, der sich an ihr Kalb heranmacht. Ihr Schutzinstinkt sagt ihr: Gefahr – und die Folge ist ein Angriff auf den Tierhalter. Kann der Tierhalter abschätzen, was passieren wird? Ja, aus der Erfahrung mit der einzelnen Kuh (wie hat sie bei früheren Abkalbungen reagiert), ist sie stark unter Stress (angespanntes, verängstigter Ausdruck der Kuh). Gibt es Anzeichen von Stress, dann muss der Tierhalter Vorkehrungen treffen, damit ihm nichts passiert, und vor allem nicht allein in die Box gehen. Eine Person kann die Kuh ablenken, sie kraulen, sie füttern, sie eventuell auch fixieren … die zweite Person versorgt und markiert das Kalb. Wichtig ist, dass alles ruhig und mit möglichst viel Geduld abläuft.
- **Isolieren und Fixieren einzelner Tiere, z. B. zur Kastration:** Das einzelne Tier, das aus der Herde genommen und von der Mutter und von der Gruppe getrennt wird, hat enormen Stress. Es ist verängstigt und will in der Regel nur eines: zurück zur Gruppe. Gelingt es nicht, es sicher zu fixieren, bleibt das Problem aufrecht und der Stress wird größer. Die Behandlung durch fremde Personen ist ein weiteres stresserhöhendes Erlebnis für das Tier. Tiere zu fixieren, die an sich frei laufen, ist ein Faktor, der die Tiere mit Angst erfüllt. Was kann man tun, um diesen Stress für die Tiere zu mindern: Die vertrauten Personen versuchen, das Tier möglichst ruhig zu halten. Die Fangeinrichtung muss absolut sicher sein und das Tier sicher fixieren. Ruhig, bestimmt und mit Geduld muss der Tierhalter das Tier fixieren. Am besten ist es, wenn die Tiere die Fixiereinrichtung

kennen. Für zukünftige Behandlungen ist es ganz wichtig, dass die Tiere beim Einfangen nicht zu sehr verängstigt werden und das Erlebnis nicht als negative Erfahrung abspeichern.

- **Trennen der Kälber von den Müttern oder von einzelnen Tieren zum Verkauf:** Die Trennung von Absetzern von den Müttern oder von einzelnen Tieren für den Verkauf ist eine negative Erfahrung für die Tiere. Sie sind verängstigt, weil sie von der Gruppe getrennt werden. Auch hier werden die Tiere versuchen, zur Gruppe zurückzukommen. Auch hier ist das Beste, wenn der Tierhalter ruhig und bestimmt vorgeht, Reaktionen der zu trennenden Tiere im Vorhinein einschätzt und alles tut, um die Tiere sicher zu trennen, möglichst ohne viel Stress. Die Gruppen, die getrennt werden, müssen absolut sicher und möglichst ohne die Möglichkeit auszubrechen verwahrt werden. Trennungen mit zwei gespannten Elektrodrähten werden keine große Wirkung haben. Hier sind Boxen und Buchten am sichersten, die nach Möglichkeit außerhalb des Sichtkontakts liegen. Die Tiere werden sich eine Zeitlang über Brüllen verständigen, das kann bis zu 2–3 Tage dauern und ist sehr nervenzehrend für den Tierhalter. Beim Trennen von Tieren müssen in der Regel einige Personen helfen, die wissen sollten, wie Rinder reagieren – hilfreich sind dazu auch technische Einrichtungen (z. B. Treibgänge mit Sortiereinrichtung).
- **Verladungen, Transporte:** Das Grundproblem ist die Trennung von der Gruppe. Dazu kommt, dass Tiere verladen werden – sie müssen auf Anhänger über eine Rampe, die sie nicht kennen und gehen in der Regel vom Licht in dunkle Anhänger. Diese Faktoren lösen Angst bei den Tieren aus und verursachen Stress. Tiere wollen diesem Zustand entkommen und wollen durch Flucht den ursprünglichen Zustand erreichen. Auch hier geht es darum, dass der Tierhalter mit möglichst viel Ruhe die Tiere führt und leitet, sie gekonnt antreibt und alles tut, um die Verladung möglichst ohne Lärm, Rufe, Klappern von Elementen und mit Beleuchtung des Anhängers abzuwickeln. Einzeltiere haben dabei den größten Stress; in einer Gruppe fühlen sich die Tiere wohler. Ausnahmen sind Zuchttiere, die vom Tierhalter führig gemacht worden sind und sich dann voll auf den Tierhalter verlassen.

Treibgänge und Fixiereinrichtungen sind bei großen Herden ein Muss.

- **Neuer Stall – unbekannte Umgebung:** Wenn Tiere in einen neuen Stall – auf eine neue Weide – kommen, bei unbekannten Menschen sind, haben sie Stress. Am wichtigsten ist, dass der Tierhalter ruhig und mit Geduld versucht, eine gewisse Vertrautheit herzustellen.

> Sichere Boxen und Einzäunungen sich wichtig, weil die Tiere versuchen könnten, aus der neuen Umgebung zu fliehen, und die gewohnte Umgebung mit der Tiergruppe suchen wollen.

Auch hier wieder die gleiche Reaktion der Rinder: Angst verursacht Stress – die Tiere wollen sich durch Flucht dem Stress entziehen. Auf jeden Fall muss verhindert werden, dass die Tiere ausbrechen können. Wenn sie die Umgebung nicht kennen, können sie tagelang herumirren. Durch das Negativerlebnis fliehen sie vor dem Menschen und sind schwer wieder einzufangen.

Stressarmer Umgang mit Rindern

Die oben angeführten Beispiele zeigen, dass es wichtig ist, Stress zu vermeiden, weil Rinder durch Stress unberechenbar werden. Es kann zu schweren Unfällen kommen und die Tierhalter verlieren die Freude an den Rindern.

Der Mensch ist der wichtigste Faktor für die Mensch-Tier-Beziehung

Tiere werden getrieben, manchmal werden sie verschreckt (z. B. durch Autos, durch Schatten von Ballons, durch Hunde ...) und reagieren mit Angst. Angst setzt Stresshormone frei. Stress pflanzt sich in der Herde fort. Wenn ein Tier flieht, fliehen alle Tiere, auch wenn sie den Grund dafür nicht kennen. Stress wirkt in der Regel negativ und er überträgt sich vom Tier auf den Menschen und umgekehrt. Rinder erkennen sofort, was wir von ihnen wollen. Sie erkennen unsere Stimmung und Absicht und reagieren sofort darauf.

Aus einer Schweizer Studie wird klar, dass die Hauptverantwortung für das Verhalten von Tieren (in der Studie wurden 175 Mutterkuhhalter befragt) beim Tierhalter und seiner Einstellung zu den Tieren liegt. Die Studie war die Doktorarbeit von Frau Franziska KLARER, 2003 an der ETH Zürich. 87 % der Befragten sagten, dass der Tierhalter der wichtigste Faktor in einer guten Mensch-Tier-Beziehung ist. Weitere genannte Faktoren für den Umgang mit Mutterkühen waren: das Interesse und die Freude an den Rindern, das Wissen und die Erfahrungen des Menschen, die Tierauswahl und das geplante Vorgehen bei jeder Aktion mit Rindern.

Stress vermeiden als oberstes Ziel

Es muss dem Tierhalter gelingen, Stress zu vermeiden oder auf ein Minimum zu reduzieren. Dies gilt für den Tierhalter als Person, weil sich Stress vom Menschen auf die Tiere überträgt. Es gilt aber auch für den Umgang mit den Tieren. Dazu gehört, dass sich der Tierhalter im Vorhinein überlegt, was er vor hat und wie die Tiere darauf reagieren könnten.

Stress wird vermindert, wenn folgende Dinge unterlassen werden:

- Lärm, Klappern, Rufen
- Schnelle, hektische Bewegungen, wie Laufen oder Fuchteln mit den Armen (Übertragung von Stress vom Menschen auf das Tier)
- Tiere schlagen, stoßen
- Den Tieren den Weg versperren

Grundsätze im Umgang mit Rindern

Geschulte Tierhalter achten auf das Entstehen von Stress bei Rindern. Sie erkennen schon die ersten Anzeichen und reagieren darauf. Es muss gelingen, dass die Tiere die Kontrolle durch den Tierhalter zulassen. Dann kommt es zu einer Zusammenarbeit mit den Tieren, die die Arbeitseffizienz wesentlich erhöht.

5 Grundsätze im Umgang mit Rindern

DI Philipp Wenz aus Deutschland hat fünf Grundsätze abgeleitet, wenn man versucht, das Verhalten der Tiere zu verstehen:

1. Tiere wollen sehen, wer oder was sie treibt (Druck ausübt)
2. Tiere wollen dahin gehen, wohin sie schauen
3. Bewegung erzeugt Bewegung
4. Tiere haben nur eines im Sinn
5. Tiere haben nur wenig Geduld

Diese fünf Grundsätze und die Berücksichtigung der Wahrnehmungs- und der Fluchtzone leiten den Umgang mit Tieren. Damit gelingt es, die Tiere möglichst stressarm dazu anzuleiten, damit sie das tun, was wir von ihnen wollen. Zu den einzelnen Grundsätzen und ihre Bedeutung:

1. Tiere wollen sehen, wer oder was sie treibt

Sobald jemand ein wenig in die Wahrnehmungszone tritt, werden die Rinder aufmerksam und schauen, was das ist. Wenn sie einen vertrauten Menschen erkennen, werden sie weiter fressen und den Menschen im Blickfeld behalten. Kommt der Mensch näher und tritt in die Fluchtzone, setzt sich die Herde in Bewegung. Auf keinen Fall darf man sich den Rindern direkt von hinten nähern, weil hier die Tiere nichts sehen können. Der Mensch kommt dabei den Rindern so nahe, dass sie sich dann erschrecken können und eine panische Flucht die Folge ist.

2. Tiere wollen dahin gehen, wohin sie schauen

Für die Rinder ist es wichtig, dass sie ihren möglichen Fluchtweg im Auge behalten. Sie gehen am ehesten dorthin, wohin sie schauen. Das macht man sich als Tierhalter zunutze. Der Mensch bewegt sich so, dass er aktiv die Tiere treibt, indem er von seitlich hinten auf die Tiere zugeht. Der Balancepunkt ist die Schulter – kommt der Mensch hinter der Schulter in einem stumpfen Winkel, bewegt sich das Tier nach vorne. Kommt der Mensch vor der Schulter, wird sich das Tier abwenden und die Richtung ändern.

3. Bewegung erzeugt Bewegung

Nur wer sich bewegt, kann Tiere in Bewegung versetzen. Wer sich zu schnell bewegt (z. B. durch Laufen), wird Tiere zum Laufen bringen. Es kommt darauf an, wie sich jemand bewegt. Danach richtet sich die Reaktion der Rinder. Ein langsames Gehen, ohne mit den Armen zu fuchteln, zu klappern oder zu schreien, ist jene Bewegung, die bei den Tieren am wenigsten Stress auslöst. Die Tiere gewöhnen sich daran, dass hier jemand geht und reagieren, wenn der Mensch in ihre Fluchtzone kommt. Dann fühlen sie den Druck und sie bewegen sich. Dieser Druck kann auf Einzeltiere ausgeübt werden, aber auch auf eine ganze Herde. Bei einer Herde ist es wichtig, dass die vorderen Tiere wissen, dass eine Bewegung gefordert ist. Wenn bei der Herde nur hinten Druck aufgebaut wird, kann das Treiben schief gehen, weil die hinteren Tiere drängen, die vorderen Tiere aber nicht wissen, was los ist.

4. Tiere haben nur eines im Sinn

Tiere haben eine einfache Gedankenstruktur: Sie machen das, was sie machen, und nur eine Sache zur gleichen Zeit. So denken sie beim Weiden nicht an das Wiederkauen oder an den Stall. Wenn sie fressen, dann fressen sie. In der Folge ist es auch so mit Menschen, die sich Tieren nähern: Solange sie in der Wahrnehmungszone sind, beobachten die Rinder den Menschen. Sie prüfen, ob eine Gefahr ausgeht oder nicht (Vergleich mit Erfahrungen in der Vergangenheit). Kommt der Mensch näher und wird Druck ausgeübt, lauft ein einfaches Reaktionsschema ab: Rinder fühlen den Druck und wollen aus der Druckzone hinaus – sie setzen sich in Bewegung. Wird das Nähern als Gefahr gesehen, dann gibt es instinktive Reaktionen, die sehr schnell und ohne zu überlegen ablaufen: Flucht, wenn die Gefahr zu groß ist, oder Attacke, wenn die Gefahr als bewältigbar eingestuft wird (z. B. bei einem Hund). Wenn Tiere flüchten, dann laufen sie solange, bis sie sich sicher fühlen. Eine flüchtende Herde kann daher nicht mehr geführt oder gesteuert werden.

5. Tiere haben wenig Geduld

Rinder haben nicht viel Geduld. Sie wenden sich bald ab, wenn für sie keine interessante Situation eintritt. Mit Rindern zu üben, ist daher nicht einfach. Aber man sollte unbedingt das geplante Bewegen mit der Herde üben. Das Zugehen auf die Tiere, das Erkennen der Wahrnehmungszone und der Fluchtzone muss mit der eigenen Herde geübt werden. Wenn es zu lange dauert, drehen die Kühe ab und wenden sich ihren Interessen zu (wie etwa Fressen oder Liegen).

Rinder stressarm bewegen – Treiben

Durch den Umgang mit dem Tierhalter lernen die Rinder, dass ihnen nichts Böses passiert, wenn der Mensch sie treibt – sie haben damit keine Angst vor dem Tierhalter. Wie muss sich der Mensch verhalten, damit die Rinder die Angst verlieren und Vertrauen aufbauen? Zum Verhalten des Menschen empfiehlt sich, zu den Tieren durch Reden, Berühren oder alleinige Anwesenheit regelmäßig Kontakt aufzunehmen. Dabei soll ruhig und geduldig vorgegangen werden, die Tiere dürfen dabei nicht geschlagen werden.

Behandlungen und Zwangssituationen gut vorbereiten

Behandlungen oder Zwangsmaßnahmen müssen mit viel Umsicht geplant und vorbereitet werden. Mit den Tieren muss mit Bestimmtheit und Respekt umgegangen werden. Das Herdenverhalten sowie die Herdenstruktur muss bekannt sein, vor allem die Position des Stieres, wenn er in der Mutterkuhherde ist, und der Leitkuh, aber auch die Kuh-Kalb-Beziehungen müssen respektiert werden. Das Tier- und Herdenverhalten sollte genutzt werden, um die Herde zu locken, zu treiben oder einfach um mit ihnen zu arbeiten. Es empfiehlt sich, dass nur vertraute Bezugspersonen mit den Tieren arbeiten.

Rindern die Richtung vorgeben

Die Rinder müssen eindeutig wissen, was wir von ihnen wollen. Wir müssen ihnen die Richtung vorgeben, wenn wir wollen, dass sie in eine bestimmte Richtung gehen. Das ist wichtig z. B. beim Umtreiben von einer Weide auf die andere oder wenn wir sie zum Stall bewegen wollen oder zum Sortieren.

Ich bewege mich so auf das Rind zu, dass es mich sieht. Wenn ich will, dass das Rind nach rechts geht, weil dort die gewünschte Richtung ist, bewege ich mich von links vor dem Balancepunkt (der Schulter) auf das Tier zu. Das Rind spürt den Druck und wenn ich in die Fluchtzone komme, wird es nach rechts weggehen. Die Bewegungen dürfen nicht zu rasch erfolgen, weil sonst das Tier wegspringt und sich dann wieder zum Tierhalter herdreht. Das Druckaufbauen muss langsam geschehen, wobei der Tierhalter sich auf das Tier zubewegt, stehen bleibt, wieder zurückgeht und dann wieder auf das Tier zugeht. Nur so weiß das Rind, dass es nur weggehen braucht, um dem Druck zu entkommen.

Tiere seitlich von hinten antreiben

Wenn ich das weiß, beginne ich mich zu nähern – wenn die Richtung passt, dann hinter dem Balancepunkt (der Schulter). Das Tier wird sich vorwärts bewegen, wenn ich in die Fluchtzone komme. Ich baue von seitlich hinten Druck auf und das Tier bewegt sich nach vorne, um dem Druck zu entkommen.

Die Richtung ändern

Solange im stumpfen Winkel von seitlich hinten Druck ausgeübt wird, bewegen sich die Tiere gerade noch vorne, eventuell in einem leichten Bogen hin zum Tierhalter, der sie treibt. Soll die Richtung geändert werden, geht man am besten so vor, dass das Tier zum Stehen kommt (bei Einzeltieren). Steht das Einzeltier, dann schaut es in eine bestimmte Richtung. Wenn der Tierhalter keinen Druck mehr von seitlich hinten aufbaut und sich das Tier nicht auskennt, was es jetzt tun soll, schaut es zurück zum Tierhalter (mit dem fragenden Blick – und was soll ich jetzt?).

Der Tierhalter muss überlegen und nachdenken, wohin er das Tier lenken will. Es gibt zwei Möglichkeiten: Einmal kann er Druck vor dem Balancepunkt (der Schulter) aufbauen, indem er zuerst aus der Fluchtzone hinausgeht, seitlich am Tier vorbeigeht und dann vor der Schulter wieder Druck aufbaut, indem er auf das Tier zugeht. Das Tier wird sich dann abwenden, wenn der Mensch in die Fluchtzone kommt, und in die gewünschte Richtung weggehen.

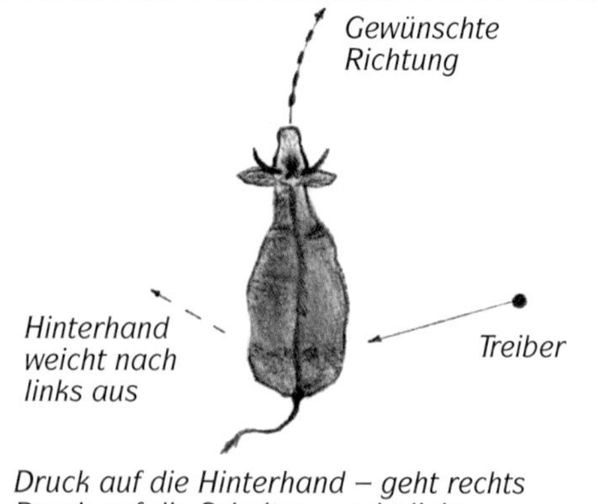

Druck auf die Hinterhand – geht rechts
Druck auf die Schulter – geht links
Foto: Grabner (Steve Cote)

Die zweite Möglichkeit ist, dass er von hinten auf die Hinterhand des Tieres Druck ausübt, wobei die Kuh das beobachtet, wenn er seitlich kommt und dann mit der Hüfte nachgibt und sich in die gewünschte Richtung dreht und weggeht.

Das Wichtigste dabei ist, dass das Rind den Tierhalter immer im Blickfeld behalten muss und auch dorthin sehen will, wohin es geht.

Herden in Bewegung setzen

Die Bewegung von Herden in die gewünschte Richtung ist eine besondere Herausforderung und sollte mit kleineren überschaubaren Herden geübt werden. Bei Herden kommt die Schwierigkeit dazu, dass vermutlich nicht alle Tiere der Herde den Tierhalter sehen, dass das Leittier üblicherweise die Richtung und die Geschwindigkeit vorgibt und dass der Herdentrieb berücksichtigt werden muss. Panische Reaktionen können sich aus lapidaren Gründen von Einzeltieren auf die ganze Herde übertragen.

Bei Herden gilt das Gleiche: Der Tierhalter muss sich der Herde nähern, muss sie aufmerksam machen und den Tieren zeigen, was er von ihnen will. Ist eine Bewegung in eine bestimmte Richtung vorgesehen, dann muss das vom vorderen Teil der Herde ausgehen. Von hinten Druck zu machen, kann so enden, dass die Herde sich zwar bewegt, aber in irgendeine Richtung. Wichtig ist, dass das Leittier in die Richtung schaut, wohin die ganze Herde gehen soll. Es wird Druck auf das Leittier und den vorderen Teil der Herde ausgeübt. Die Tiere bewegen sich, der hintere Teil der Gruppe wird sich anschließen und mitgehen.

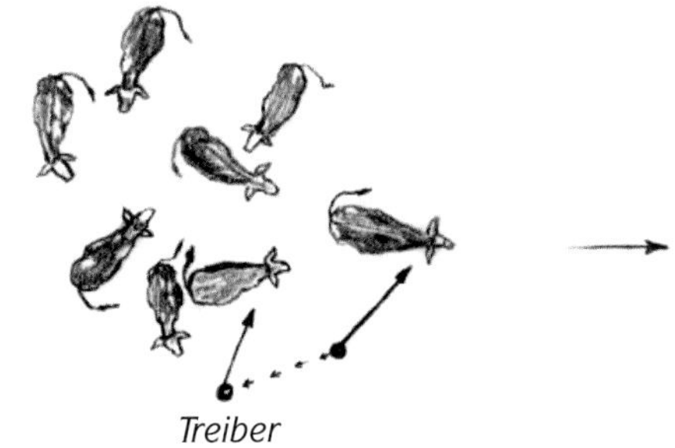

Die Leitkuh wird in die gewünschte Richtung in Bewegung gesetzt, die Herde folgt der Leitkuh.

Foto: Grabner (nach Steve Cote)

Mit Herden zu arbeiten, verlangt viel Geduld und viel Vertrauen zwischen dem Tierhalter und der Herde.

Es muss ganz ruhig und bestimmt vorgegangen werden. Wenn etwas nicht funktioniert, muss einfach von vorne begonnen werden.

Die Planung ist der halbe Erfolg

Der Tierhalter muss sich vorher überlegen, was er von den Tieren will. Wo sollen sie hingetrieben werden? Welche technischen Hilfsmittel stehen zur Verfügung? Welche Probleme können auftreten? Wohin könnten die Tiere ausbrechen? Welches Tier ist das Leittier? Wo stehen die Tiere? Wie ist das Umtreiben in den letzten Jahren verlaufen? War ich bisher mit Locken erfolgreich? Sind die Helfer ausreichend informiert?

Eine kritische Auseinandersetzung mit diesen Fragen ist wichtig und muss objektiv beantwortet werden. Wenn diese Fragen geklärt, alle technischen Vorbereitungen getroffen und alle Helfer informiert sind, kann es losgehen.

Ruhig arbeiten

Das Wichtigste ist, dass ruhig gearbeitet wird. Kein Schreien, keine hektischen Bewegungen, kein Laufen, kein Klappern, keine lauten Motorengeräusche! Nichts stresst Rinder mehr, als nervöse Tierhalter. Diese Nervosität überträgt sich rasch auf die Rinder und dann lässt sich nicht mehr viel machen. Die fünf Grundsätze für den stressarmen Umgang mit Rindern müssen eingehalten werden. Nur dann ist ein Erfolg möglich. Die Tiere kennen die Stimme ihres/r BetreuerIn; Reden, langsam Gehen und vor allem den Überblick behalten.

Ruhe zu bewahren ist das Wichtigste im Umgang mit Tieren.

Vorausdenken, was die Tiere machen könnten

Das Mit- und das Vorausdenken sind für den Tierhalter ganz wichtig. Er muss im Vorhinein erkennen und abschätzen, was passieren könnte. Die Rinder reagieren auf bestimmte Einflüsse immer gleich. Wird zum Beispiel eine Herde getrieben, alles läuft ruhig und gut ab und plötzlich hupt ein Auto auf der angrenzenden Straße – die Rinder könnten in Panik zur Flucht ansetzen. Der Tierhalter kann in diesem Moment nichts machen, er kann nur warten, wo sie wieder zum Stehen kommen. Dann muss er wieder von vorne beginnen.

Alle hindernden Elemente beseitigen

Rinder reagieren auf fremde Elemente, wie auf sich bewegende Farbbänder etc., sehr skeptisch und in der Regel ängstlich. Wenn die Tiere durch ein Tor auf andere Flächen oder zum Stall getrieben werden sollen, müssen alle fremden Elemente weggeräumt werden. Das kann farbige Bänder betreffen, klappernde Bretter, wehende Fahnen ... Es muss auch darauf geachtet werden, dass die Wege frei sind von Steinen, Holz etc.

Überlegen und planen, was zu tun ist

Im Stall oder im Auslauf ist die Situation noch etwas brisanter, weil die Tiere eingeengt sind. Die Tiere sind noch schneller gestresst und können ihren Stress aber nicht durch Flucht abbauen. Die Folge ist, dass die Arbeiten im Stall gefährlicher für den Tierhalter sind als die Arbeiten auf der Weide. Eine genauere Planung ist deshalb noch wichtiger.

Mehr Ruhe ist notwendig

Ist die Ruhe generell wichtig, ist sie im Stall das oberste Gebot. Nichts bringt Rinder mehr aus der Ruhe, als Schreie im Stall, wenn aggressiv vorgegangen wird, wenn Türen und Tore metallisch hart schlagen. Dies muss vermieden werden, wenn man erfolgreich sein will. Noch wichtiger ist im Stall,

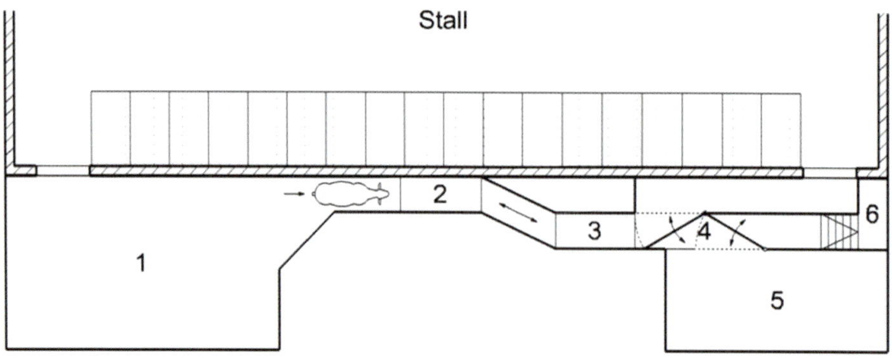

Beispiel für Treib- und Fangeinrichtung im Stallbereich mit Warteraum (1), Waage (2), Behandlungsstand (3), Schwenktore zum Sortieren (4), Sammelbucht (5) und Verladerampe (6) HAMMER 1976; Foto: Dr. Franziska Klarer

dass die Tiere eine bekannte Stimme hören, das beruhigt sie sehr.

Technische Ausstattung muss sicher sein

Boxentrennungen, Treibgänge und Fangstände müssen so ausgeführt sein, dass sie absolut sicher sind für Mensch und Tier. Es darf hier keine Kompromisse geben. Wenn Tiere sortiert oder fixiert werden, muss das ruhig und möglichst ohne Lärm erfolgen. Die Tiere müssen sicher fixiert werden können. Das gilt vor allem, um keine Fluchtmöglichkeit zu bieten, aber auch, um die Tiere nicht zu verletzen. Außerdem müssen die Betreuungspersonen und Tierärzte möglichst unfallfrei arbeiten können.

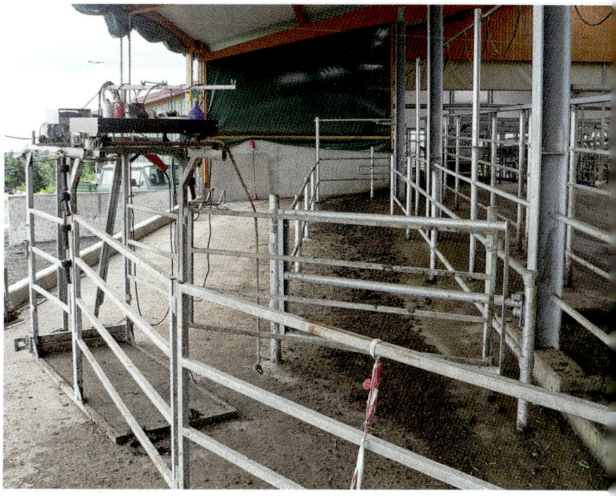

Sicherheit für Mensch und Tier steht im Vordergrund.

Unser Ziel: ein stressarmer Umgang mit Rindern

Das Ziel ist, dass wir die Rinder möglichst ruhig, zeitsparend und gefahrlos umtreiben, verladen etc. können. Dazu muss der Tierhalter die Rinder verstehen, ihre Aktionen abschätzen und ruhig und bestimmt agieren und reagieren.

Die Voraussetzungen beim Tierhalter sind: Wissen und Kenntnisse um das Tierverhalten, innere Ruhe, Gelassenheit und Geduld.

Tierhaltung, Tierschutz und Transport in der EU

Die Europaratskonvention zum „Schutz der Tiere in landwirtschaftlicher Tierhaltung" (Österreich ist 1992 beigetreten) hat die Schaffung eines einheitlichen Mindeststandards für die landwirtschaftliche Tierhaltung und besonders für die Intensivhaltung zum Ziel bzw. verpflichtet zur artgerechten und den jeweiligen Bedürfnissen des Tieres (Bewegung, Beleuchtung, Belüftung, Temperatur usw.) angepassten Haltung. Die Umsetzung dieser Konvention erfolgt im Bundestierschutzgesetz. Eine tiergerechte Unterbringung von Nutztieren muss den verschiedenen Ansprüchen der Tierkategorien und ihren Verhaltensweisen gerecht werden, damit den wichtigsten Bedürfnissen hinsichtlich Raumbedarf, Bewegungs- und Spieltrieb sowie dem Sozialverhalten entsprochen wird und Schäden vermieden werden.

Tiergerechtere Haltungssysteme führen allerdings insgesamt zu höheren Produktionskosten, die über den Preis abgegolten werden müssen. Markenprogramme bieten hier zusätzlich eine Chance.

In der Mutterkuhhaltung wird die Weide- und Laufstallhaltung stark propagiert und ist auch schon sehr verbreitet. Die üblichen Varianten dieser Haltungsform kommen bei richtiger Ausführung der erforderlichen Stalleinrichtungen der artgerechten Haltung von Mutterkuh und Kalb am nächsten. Auch hinsichtlich Arbeitswirtschaft und Tierbetreuung ist diese Haltungsform sehr positiv zu beurteilen.

Im Tiertransport-Gesetz wurden mit Verordnungen die Betreuung, Fütterungszeiten, Tränkezeiten und Ruhezeiten geregelt. Darüber hinaus wurden Bestimmungen über die Ausbildung und Transportbescheinigung erlassen. Für die Landwirtschaft wurden einige Ausnahmen (z. B. Alm- und Weidehaltung, Veranstaltungen, Ausstellungen etc.) geschaffen (sofern die zurückgelegte Entfernung nicht mehr als 65 km beträgt).

Tiergesundheit – Beziehung zur Umwelt und zum Verhalten der Rinder

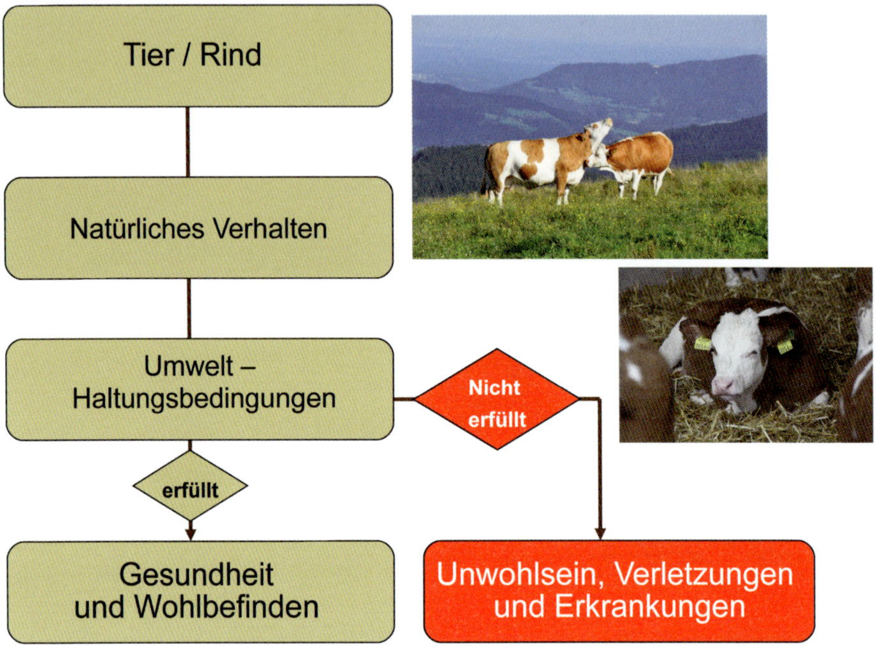

Die Gesundheit und das Wohlbefinden der Rinder zu sichern, ist eine wesentliche Aufgabe für jeden Tierhalter.
Es liegt in der Verantwortung eines jeden Tierhalters, die Tiere vor Leiden, Schäden und Schmerzen zu bewahren.
Nur gesunde Rinder können Leistungen bringen – jede Abweichung führt zu Leistungseinbußen (Milch, Fruchtbarkeit, Tageszunahmen)

Betriebs-wirtschaftliche Überlegungen

Direktkostenfreie Leistung (DFL) oder der Deckungsbeitrag

Direktkosstenfreie Leistung in der Mutterkuhhaltung

Möglichkeiten zur Verbesserung der Wirtschaftlichkeit

Aufzeichnungen und Auswertungen

Arbeitszeitbedarf in der Mutterkuhhaltung

Die Mutterkuhhaltung ist ein Betriebszweig mit geringen Erlösen (Leistungen) und einem geringen Aufwand. Es ist nicht möglich, einen hohen Deckungsbeitrag, vergleichbar mit der Milchviehhaltung, zu erzielen. Es ist daher wichtig, dass sehr genau gearbeitet wird und dass Fehler vermieden werden.

Die Mutterkuhhaltung ist in Österreich kleinstrukturiert. Der durchschnittliche Mutterkuhbestand in der Steiermark weist nur etwa 7 Mutterkühe auf. Bei Betriebsumstellungen von der Milchviehhaltung in Richtung Mutterkuhhaltung ist daher in der Regel die Kombination mit einem Neben- oder Zuerwerb notwendig.

Erfahrungsgemäß zeigt sich, dass die Alternativen am Grünland (Mutterkuhhaltung, Ochsenmast, Lammfleischerzeugung, Farmwildhaltung) sehr ähnliche Deckungsbeiträge erreichen und im Vergleich zur Milchviehhaltung stark abfallen. Es ist daher sinnvoll, dass der/die Betriebsführer alle Möglichkeiten überlegen und prüfen, um eine für den Betrieb passende Alternative zu finden.

Die Mutterkuhhaltung ist dann grundsätzlich interessant, wenn:

- möglichst arrondierte Weideflächen zur Verfügung stehen und genutzt werden,
- keine großen baulichen Investitionen notwendig sind,
- genügend Arbeitskräfte für die Tierbetreuung zur Verfügung stehen,
- ein sehr gutes Herdenmanagement für gesunde Tiere und eine gute Fruchtbarkeit sorgt.

Die Mutterkuhhaltung aus betriebswirtschaftlicher Sicht

Betriebswirtschaftlich gesehen ist die Mutterkuhhaltung ein interessanter Betriebszweig, wenn die Arbeitszeit am Betrieb knapp ist und sich die Zeitkapazitäten mit anderen Betriebszweigen (wie z. B.: Urlaub am Bauernhof oder der Forstwirtschaft) gut kombinieren lassen oder ein Zu- oder Nebenerwerb angestrebt wird. Was passiert z. B. bei der Umstellung von Milchviehhaltung auf die Mutterkuhhaltung:

- Arbeitsbelastung wird geringer, vor allem die strenge zeitliche Fixierung auf die Melkzeiten fällt weg.
- Die Mutterkuhhaltung ist ein Betriebszweig mit wenig Zukauf, daher sind Preisschwankungen im Futtermittelbereich nicht unmittelbar wirksam.
- Die Entlohnung der eingesetzten Arbeitsstunde liegt im Bereich der Milchviehhaltung, obwohl die Erlöse zurückgehen.
- Der Vergleich der direktkostenfreien Leistung ist nicht wirklich ideal, weil dieser Betrag um bis zu 80 % sinken kann; korrekter ist die gesamtbetriebliche Betrachtung über die Gewinnermittlung.
- Die Erlöse in der Mutterkuhhaltung sind unregelmäßig verteilt, was zu Liquiditätsproblemen führen kann.
- Für Neben- oder Zuerwerbsbetriebe mit einer kleinen Milchquote ist die Mutterkuhhaltung eine interessante Alternative.

Direktkostenfreie Leistung (DfL) oder der Deckungsbeitrag

Die direktkostenfreie Leistung (oder Deckungsbeitrag) ist eine gute Möglichkeit, Betriebszweige oder Produktionsverfahren zu vergleichen. Die direktkostenfreie Leistung ergibt sich aus der Differenz allen Leistungen eines Tieres (Verkaufserlöse, tierbezogene Prämien, Altkuhanteil) und allen zuteilbaren Direktkosten (früher Variable Kosten) des Betriebszweiges.

Berechnung der direktkostenfreien Leistung	
Direktleistungen	**minus Direktkosten**
Leistungen durch Nachkommen	**Bestandesergänzung**
Jungrinder, Einsteller, Zuchttiere,	Zukauf
Milchmastkälber	Nachzucht
Innerbetriebliche Überstellung (Absetzer, Zucht)	**Ammenkälber-Zukauf**
Altkuhverkauf	**Besamung**
Bestandsveränderung	Künstlich bzw. Natursprung
Direktzahlungen	**Futterkosten**
Mutterkuhprämie (+ für Kalbinnen)	Grundfutter bzw. Kraftfutter
Generhaltung	**Tiergesundheit**
Schlachtprämie	Trächtigkeitskontrolle, Abkalbung
Sonstige Leistungen	**Sonstige Kosten**
Besamungsrückerstattung	Einstreukosten
Preisgelder	Vermarktungs- und Werbekosten
Versicherungsentschädigung	Mitgliedsbeiträge
sonstige Leistungen	sonstige Direktkosten bis € 350,-
= Direktkonstenfreie Leistung (DfL)	

Quelle: BMLFUW – Bundesauswertung Arbeitskreis Mutterkuhhaltung

Leistungen einer Mutterkuh

In die betriebswirtschaftliche Betrachtung kommen die Verkaufserlöse für Jungrinder, die zur Schlachtung gehen, oder Einsteller, die verkauft werden. Verbleiben die Tiere im Bestand, werden sie mit dem durchschnittlichen Verkaufswert von Einstellern oder Jungrindern bewertet. In die Berechnung fließt zusätzlich ein Altkuherlös ein. Dabei wird von einer durchschnittlichen Haltedauer ausgegangen und der Schlachtkuherlös auf z. B. 8 Jahre und auf alle Kühe aufgeteilt. Zu den aktuell in Österreich bestehenden Leistungen kommen die tierbezogenen Prämien dazu (neben Österreich hat in der EU nur Frankreich Mutterkuhprämien).

Nach den Auswertungen im Bundesbericht für Mutterkuhhaltung 2009 (BMLFUW) liegt die Leistung pro Mutterkuh im Durchschnitt bei € 1.135. In den schwächeren Betrieben liegt die Leistung bei € 992 und in den besten 25 % bei € 1.378. Allein daraus erkennt man, dass es ein Verbesserungspotential in der Mutterkuhhaltung gibt.

Direktkosten einer Mutterkuh

Die Direktkosten einer Mutterkuh sind gering. Die größte Kostenposition ist die der Grundfutterkosten mit 36 %. Dann folgt die Bestandsergänzung mit 31 %, die Kraftfutterkosten (10 %), die Gesundheitskosten (6 %), sonstige Kosten (13 %) und Besamungskosten mit 2 %. Im Bundesbericht für Mutterkuhhaltung 2009 sind die Direktkosten mit insgesamt € 727 pro Mutterkuh angegeben. In den schwächeren Betrieben liegen die Direktkosten bei € 869 und in den besten 25 % der Betriebe bei € 657.

Direktkostenfreie Leistung (Deckungsbeitrag)

Werden die Direktkosten pro Mutterkuh von den Leistungen abgezogen, ergibt sich die direktkostenfreie Leistung. Nach den Ergebnissen des Bundesberichts für Mutterkuhhaltung 2009 (BMLFUW) ergeben sich im Durchschnitt € 409 pro Mutterkuh mit € 123 bei den schwächeren 25 % der Betriebe und mit € 720 bei den besseren 25 % der Betriebe.

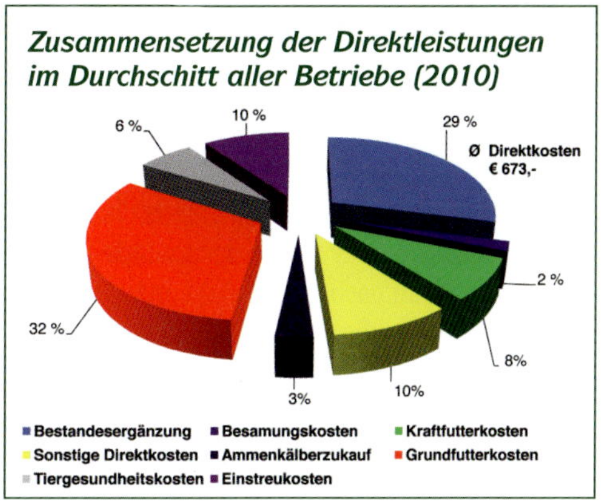

Quelle: BMLFUW – Bundesauswertung Arbeitskreis Mutterkuhhaltung

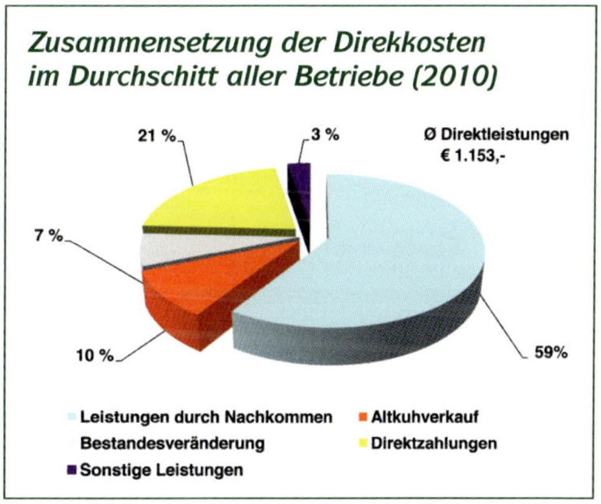

Quelle: BMLFUW – Bundesauswertung Arbeitskreis Mutterkuhhaltung

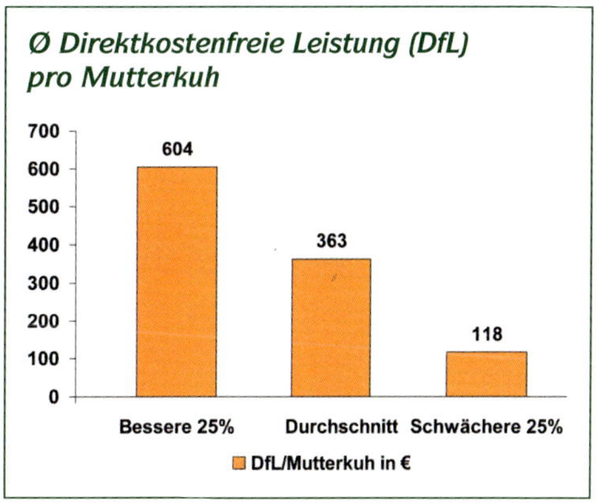

Direktkostenfreie Leistung in der Mutterkuhhaltung

Die Auswertung von 204 Arbeitskreisbetrieben in Österreich im Jahr 2009 stellt einerseits die Berechnungsmethode vor und andererseits werden die Ergebnisse getrennt nach den Produktionsrichtungen: Jungrinder (Schlachtung unter 12 Monate), Einsteller und Zucht dargestellt. Das beste Ergebnis konnten demnach die Jungrindererzeuger mit einer durchschnittlichen DfL von € 480 erreichen, gefolgt von den Einstellerbetrieben mit € 333 und den Zuchtbetrieben mit € 302.

Ergebnisse der Betriebszweigauswertung Mutterkuhhaltung 2009 Vergleich nach Produktionsrichtung					
Kenndaten	**Einheit**	**Ø gesamt**	**Ø Jungrinder**	**Ø Einsteller**	**Ø Zucht**
Ausgewertete Betriebe		204	128	64	12
		3.631	1.943	1.374	341
Biologische Daten					
Durchschnittsbestand	Kühe	17,8	15,2	21,5	26,2
Alter der Mutterkühe	Jahre	6,0	6,2	5,8	5,5
Geborene Kälber pro Betrieb	Stück	18,2	15,5	22,0	26,9
Kälber pro Mutterkuh u. Jahr	Stück	1,02	1,0	1,0	1,0
Abgesetzte/verkaufte Kälber pro Betrieb	Stück	16,7	14,0	21,2	21,5
Zwischenkalbezeit	Tage	408	409	403	434
Berechnung direktkostenfreie Leistung					
Leistung Nachkommen	€/Kuh	731	789	669	645
Leistung Altkuhverkauf	€/Kuh	91	82	83	177
Leistung Bestandsveränderung	€/Kuh	23	26	22	9
Direktzahlungen	€/Kuh	275	285	262	269
sonstige Leistungen	€/Kuh	16	14	16	29
Summe aller Direktleistungen	€/Kuh	1.135	1.196	1.052	1.129
Bestandsergänzung*	€/Kuh	234	223	241	259
Besamungskosten	€/Kuh	16	18	13	16
Grundfutterkosten (Kuh u. Kalb)	€/Kuh	263	264	261	272
Kraftfutterkosten (Kuh u. Kalb)	€/Kuh	76	75	70	108
Gesundheitskosten (Kuh u. Kalb)	€/Kuh	47	47	44	63
sonstige Direktkosten	€/Kuh	92	91	89	108
Summe aller Direktkosten	€/Kuh	727	716	719	827
Direktkostenfreie Leistungen (DfL)	**€/MK**	**409**	**480**	**333**	**302**
Sonstige Kenndaten					
Anteil Direktzahlungen an Leistungen	%	24	23	25	24
Variable Kosten pro Tag	€/Kuh	2,03	2,00	2,02	2,27
Grundfutterkosten pro Tag	€/Kuh	0,72	0,72	0,72	0,75
Kraftfutterkosten pro Tag	€/Kuh	0,21	0,21	0,19	0,30

* Zukauf, Nachzucht und Ammenkälber

Quelle: BMLFUW – Bundesauswertung Arbeitskreis Mutterkuhhaltung

Möglichkeiten zur Verbesserung der Wirtschaftlichkeit

Es muss versucht werden, die Leistungen (Verkaufserlöse) zu erhöhen und auf der anderen Seite die Kosten zu senken. In der Mutterkuhhaltung gibt es dafür einige Möglichkeiten.

Leistungen erhöhen

Der Verkaufserlös für Jungrinder oder Einsteller ergibt sich aus dem Preis pro Tier (je kg Schlachtgewicht oder je kg Lebendgewicht) und den erzeugten Tieren. Beim Preis pro Tier bringt die Teilnahme an Markenprogrammen höhere Verkaufspreise (z. B. Ja! Natürlich Biojungrinder, Schneebergbeef, Tiroler Jahrling ...).

Eine Chance liegt in der Direktvermarktung von Jungrinderfleisch. Kalkuliert werden müssen die Investitionen für die Errichtung von Schlacht- bzw. Zerlegeräumlichkeiten und Verkaufsräumen. Der höhere zeitliche Aufwand rechnet sich mit Sicherheit. Die Lage des Betriebes und die Eignung der Betriebsführer sind ebenfalls Erfolgsfaktoren.

Auch die gut organisierte und auf Qualität ausgerichtete Einstellervermarktung kann höhere Erlöse bringen. Der Verkauf über Versteigerungen oder über eine gut organisierte Vermarktungsorganisation kann hier zu fairen Preisen führen.

Der zweite Ansatz ist, dass die Zahl der erzeugten Jungrinder/Einsteller erhöht wird. Diese Zahl hängt mit der Fruchtbarkeit zusammen. Je kürzer die Zwischenkalbezeit ist, desto mehr Kälber werden geboren und können verkauft werden. Im Bundesbericht ist eine durchschnittliche Zwischenkalbezeit von 399 Tagen angeführt. Optimal und erstrebenswert ist eine Zwischenkalbezeit von 350 bis 370 Tagen.

Langlebige Kühe verbessern ebenfalls die Wirtschaftlichkeit, weil damit die Kosten für die Remontierung geringer werden.

Kosten senken

Im Bereich der Kosten lohnt es sich, dafür zu sorgen, dass das Grundfutter optimal angeboten wird. Beim Zustand der Weiden und Wiesen, bei der Gestaltung der Weideflächen, bei der Grünfutterernte und bei der Fütterung können optimale Verhältnisse eine deutliche Verbesserung der Qualität und der Menge des Grundfutters ergeben. Bestes Grundfutter führt zu gut versorgten und gesunden Kühen und reduziert den Aufwand für Kraftfutter.

Ein zweiter Bereich der Möglichkeiten, die Kosten zu senken, liegt in der Tiergesundheit und in der Fruchtbarkeit. Nur völlig gesunde Mutterkühe sind fruchtbar und haben genügend Milch für gesunde Kälber. Vor allem Hygienemaßnahmen sind wichtig, um für geringe Tiergesundheitskosten zu sorgen. Je sauberer der Stall, je sauberer das Futter, desto gesünder und leistungsfreudiger sind die Tiere.

Kälberverluste vermeiden

Von der Besamung (oder dem Decken durch einen Stier) bis zur Abkalbung kann viel passieren wie etwa embryonale Fruchtabgänge durch Fehlernährung oder Stress. Sie führen zu höheren Behandlungskosten und dazu, dass Kühe gefüttert werden, die kein Kalb tragen. Wenn ein Kalb geboren wird, muss alles versucht werden, dass es auch abgesetzt werden kann.

Ergebnisse der Arbeitskreisauswertungen aus Österreich zeigen, dass bei Problembetrieben die Absetzquote unter 0,7 liegt. Das heißt, dass bei 10 Kühen weniger als 7 Kälber zum Absetzen kommen. Das ist betriebswirtschlich katastrophal und darf auf keinen Fall zu einem Dauerzustand werden.

Der gute Deckstier rechnet sich

Wenn in Betrieben die Zeit für eine intensive Tierbeobachtung fehlt, kann es zu Problemen mit der Besamung kommen. Mutterkühe sind hormonell anders gesteuert und die Zeit für eine erfolgreiche Besamung ist kürzer. In solchen Fällen kann ein guter Deckstier sehr viel bringen, weil der Stier den richtigen Zeitpunkt besser erkennt und das Decken bei gesunden Tieren sicherer ist als die künstliche Besamung.

Aufzeichnungen und Auswertungen

Grundlage für jede betriebswirtschaftliche Bewertung ist eine gute Basis von Daten. Aufzeichnungen sind daher wichtig. Mittlerweile gibt es sehr gute EDV-Programme, die viele Daten übernehmen können und wo dann die Erstellung von Auswertungen relativ einfach ist.

Welche Daten sind für eine betriebswirtschaftliche Bewertung notwendig:

- Biologische Daten (Abkalbungen, Zwischenkalbezeiten, tägliche Zunahmen …)
- Grundfutterkosten (Bewertung der eigenen Flächen für Weide und Mähnutzung)
- Kraftfutter-Mineralstoffzukauf
- Sonstige Kosten mit Einstreu, Tiergesundheit, Transporte
- Prämiensystem, wobei in die Berechnung der direktkostenfreien Leistung nur die tierbezogenen Prämien einbezogen werden
- Fixkosten, was Stallabschreibungen und Maschinenabschreibungen betrifft
- Arbeitszeitbedarf

Gesamtbetriebliche Darstellung

Die Berechnung der direktkostenfreien Leistung kann nur für den Vergleich von ähnlichen Produktionsverfahren herangezogen werden. Für eine gesamtbetriebliche Betrachtung ist die Betrachtung des Einkommensbeitrages und des Gewinns besser. Im folgenden Formular können eigene Werte eingetragen werden.

Formular für eigene Werte und Berechnungen

	Position	**Werte**
	Zahl der Mutterkühe im Bestand	
	Direktkostenfreie Leistung je Mutterkuh (inklusive Grundfutterkosten und tierbezogene Prämien wie Mutterkuhprämie, anteilige Schlachtprämie)	
X	Anzahl der Mutterkühe im Bestand	
=	Direktkostenfreie Leistung für Mutterkuhhaltung gesamt	
+	Anteilige sonstige Prämien wie Ausgleichszulage, Betriebsprämie, UBAG	
-	Anteilige Maschinen-Fixkosten	
-	Anteilige Gebäude-Fixkosten	
-	Anteilige sonstige Kosten (Gebäudeversicherung, Sozialversicherungsbeitrag, Maschinenringkosten …)	
=	Einkommensbeitrag aus der Mutterkuhhaltung (steht für Arbeits- und Kapitalentlohnung zur Verfügung)	

Arbeitszeitbedarf in der Mutterkuhhaltung

Die Arbeitszeit für die Mutterkuhhaltung hängt stark von den stallbaulichen Gegebenheiten und von der Bestandsgröße ab. Vor allem darf die Tierbeobachtung nicht unterschätzt werden. Besonders zum Zeitpunkt der Abkalbung und zum Zeitpunkt des Besamens/Deckens müssen die Mutterkühe verstärkt beobachtet werden. Die Angaben zur Arbeitszeit sind ohne die Zeit für die Futtergewinnung und Grünlandbewirtschaftung.

- Füttern über Weidehaltung im Sommer (Kontrolle des Aufwuchses, der Tiere und der Zäune) und Fütterung mit Heu und/oder Grassilage im Winter
- Ausmisten und Einstreuen (je nach Stallsystem mit täglicher Arbeit im Stall bis hin zu Systemen mit 1 x pro Woche)
- Abkalbungen und Besamungen (Zeit für Beobachtung, Betreuung der Kälber, Besamungen)
- Tierbeobachtung – Brunsterkennung, Krankheiten frühzeitig erkennen, Kälberverhalten ...
- Tierbehandlungen, die ein Fixieren der Tiere notwendig machen (Arbeitszeit richtet sich nach Fixiermöglichkeit), wie etwa Parasitenvorsorge, Besamungen, Ohrmarken einziehen ...
- Zukauf und Verladungen für Verkauf – sind stark von den Gegebenheiten am Betrieb abhängig

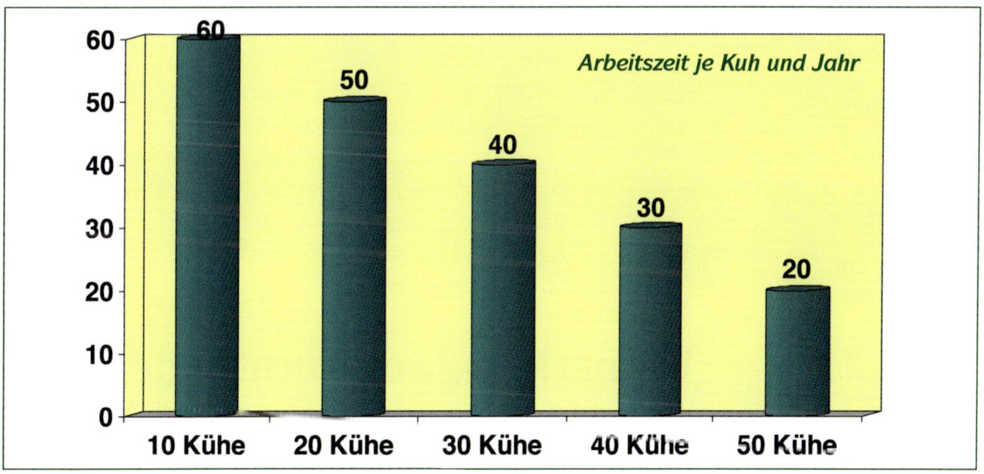

Erwartete Verteilung der Arbeitszeit in 2-Monatszeiträumen						
	Jan – Feb	Mär – Apr	Mai – Jun	Jul – Aug	Sep – Okt	Nov – Dez
Stunden morgens	1	1	0,5	0,5	1	1
Stunden abends	1	1	0	0	0	1
Gesamt/Tag	2	2	0,5	0,5	1	2
für 60 Tage	120	120	30	30	60	120
Abkalbungen	10	10				10
Stallreinigung	10	10	10			10
Absetzen, Verkauf	10			10		10
Summe Abschnitt	150	140	40	40	60	150
Gesamt / Jahr	**580**		**Anzahl Kühe**	**10**	**Std/Kuh**	**58**

Vermarktung

Rindfleischqualität

Jungrindfleisch

Strategie der Schweiz

Der Rindfleischmarkt in Österreich

Wichtige Hinweise zur Vermarktung

Erfahrungen bei der Direktvermarktung

Rechtsbestimmungen für die Direktvermarktung

Vermarktung

Das aufgezogene Kalb bleibt bei der Mutterkuh und wird im Alter von 8–12 Monaten abgesetzt und dann verkauft (oder im Betrieb umgestallt und für die Remontierung vorbereitet).

Eine Strategie der österreichischen Rindfleischproduktion ist die organisierte und partnerschaftliche Vermarktung im Rahmen von Erzeugergemeinschaften. Sie schaffen eine Verbindung zwischen dem Markt und den Produzenten und können den Markt und die Produktion aktiv mitgestalten. Die ARGE Rind (Vereinigung aller Erzeugergemeinschaften für Rinder in Österreich) hat 2009 etwa 89.000 Lebendrinder und 148.000 Schlachtrinder vermarktet. Sie ist damit der größte Anbieter von Rindern in Österreich.

Vermarktung von Zuchtrindern

Verkauft werden reinrassige Zuchttiere von Fleischrassen oder Zweinutzungsrassen. Männliche Tiere gehen vorwiegend in Mutterkuhbetriebe oder an Viehzuchtgenossenschaften, um Kreuzungstiere mit einer guten Bemuskelung zu erzeugen. Weibliche Tiere gehen an Betriebe, die ihre Bestände aufbauen oder die abgehende Kühe mit reinrassigen Kalbinnen ersetzen wollen.

Erzeugung von Zuchttieren		
Zuchtstiere	Als Deckstier an Mutterkuhbetriebe oder Viehzuchtgenossenschaften	12–20 Monate alt Herdebucheintragung, Eigenleistung (Tageszunahmen)
Zuchtkalbinnen	An Betriebe, die ihre Bestände erst aufbauen	Meist werden trächtige Kalbinnen verkauft (teilweise auch Jungkalbinnen)
Für Zucht nicht geeignete Tiere	Werden meist am Betrieb ausgemästet	Verkauf an Schlachthof – nach Möglichkeit in Qualitätsprogramme (Swiss Prim Beef, Limousin Gourmet …)

Vermarktung von schlachtfertigen Jungrindern

Schlachtfertige Jungrinder unter einem Alter von 12 Monaten werden in Österreich, Deutschland, der Schweiz und in Frankreich erzeugt.

Sie werden im Rahmen von Qualitätsprogrammen angeboten und über Erzeugergemeinschaften und Partner in der Fleischwirtschaft und Gastronomie vermarktet.

Die biologische Bewirtschaftung spielt bei diesen Betrieben eine große Rolle, weil viele Qualitätsprogramme „Bio" als zusätzliches Vermarktungsargument einsetzen. Bio macht hier betriebswirtschaftlich auch Sinn, weil in der Mutterkuhhaltung mit der Jungrindererzeugung wenig zugekauft wird und sich die biologische Bewirtschaftung mit der Erzeugung von schlachtfertigen Jungrindern gut vereinbaren lässt.

Die Vorteile: Es wird eine nachhaltige Bewirtschaftung mit einer möglichst optimierten Kreislaufwirtschaft betrieben; es wird ein Qualitätsprodukt erzeugt und vermarktet und die Betriebe sind krisensicher, die auf ihre Ertragskraft aufbauen.

Vermarktung von schlachtreifen Jungrindern		
Ab-Hof-Vermarktung	Hat sich bewährt, gute Verkaufserlöse möglich; Zerlege- und Verkaufseinrichtung, Kundenstock notwendig	10–12 Monate alt, männlich und weibliche Tiere; Qualitätsparameter selbst in der Hand; unmittelbarer Kontakt zum Kunden
Verkauf an Handel über Erzeugergemeinschaften	In der Regel über Qualitätsprogramme (Jungrind, Natura Beef …) österreichweit gut organisiert; Bio und konventionell	10–12 Monate alt; männlich (in der Regel kastriert); weiblich; Einhaltung von Gewichts-, Fleisch- und Fettklassen

Vermarktung von Einstellern

Verkauft werden hauptsächlich männliche Tiere (kastriert oder nicht) direkt an Mastbetriebe oder über Versteigerung und Viehmärkte, über den Handel oder Erzeugergemeinschaften. Nicht wenige Tiere gehen auch in den Export. Problematisch sind die weiblichen Einsteller, weil hier die Preise nicht zufriedenstellend sind.

Erzeugung von Einstellern (männlich und weiblich)		
Männlich, kastriert	An Ochsenmastbetriebe; direkt von Bauer zu Bauer oder über den Handel	8–11 Monate alt; kastriert; Kreuzungen mit Fleischrassen
Männlich	An Stiermastbetriebe; teilweise in den Export	6–10 Monate alt; Kreuzungen mit großrahmigen Fleischrassen bevorzugt
Weiblich	Absatzmöglichkeiten begrenzt, da Kalbinnen kaum gemästet werden; teilweise werden Kalbinnen zur Bestandsergänzung behalten	6–10 Monate alt; Kreuzungen bevorzugt

Vermarktungswege suchen

Bei der Vermarktung von Produkten aus der Mutterkuhhaltung gilt es, das System zu finden, das die besten Erlöse sichert. Regional gibt es dazu große Unterschiede. Somit ist die Erkundung des Marktes und der Absatzmöglichkeiten eine wesentliche Aufgabe von Mutterkuhhaltern. Die wesentlichen Punkte der Vermarktung zusammengefasst:

- Absatzchancen umfassend erkunden, analysieren und dann entscheiden
- Es kann ein Ziel des Betriebes sein, ein unverwechselbares, qualitativ hochwertiges Produkt zu erzeugen und anzubieten. Im Bereich der Direktvermarktung kann den Kunden etwas Einzigartiges angeboten werden (z. B. Lieferung von aufgeschnittenen, einzeln verpackten Teilen …).
- Die organisierte und partnerschaftliche Vermarktung im Rahmen von Erzeugerorganisationen kann dazu beitragen, die Erlöse zu optimieren.

Rindfleischqualität hat viele Aspekte

Die Rindfleischqualität wird von sehr vielen Faktoren beeinflusst. Noch schwieriger wird es, weil diese Faktoren auf verschiedenen Stufen die Qualität beeinflussen.

> Es gilt, dass eine vom Landwirt erzeugte gute Qualität von den folgenden Stufen nur gehalten oder verschlechtert, praktisch aber nicht verbessert werden kann.

Beim Konsumenten steht die Verzehrqualität im Vordergrund. Alles was mit den Ess- und den Kocheigenschaften zu tun hat, ist für ihn entscheidend. Bis dahin kann aber sehr viel passieren. Nur im Rahmen von Qualitätsprogrammen kann für alle Stufen die Ausrichtung auf die beste Qualität erreicht werden.

Faktoren, die der Produzent beeinflussen kann

Der landwirtschaftliche Betriebsführer steht am Beginn und er hat die grundlegenden Faktoren in der Hand:

- Auswahl der Genetik
- Mit der Auswahl der Kühe und des dazu passenden Deck- oder Besamungsstieres werden schon

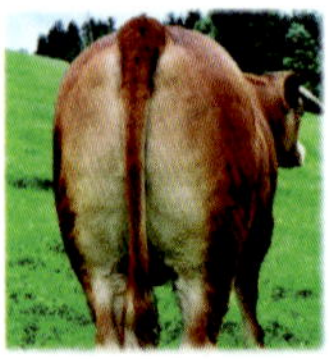

Produktion
- Tageszunahme
- Futterverwertung
- Tiergesundheit

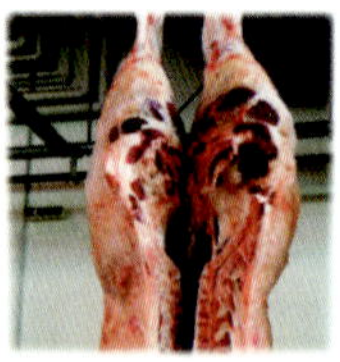

Be- und Verarbeitung
- Handelsklasse
- Fettklasse
- Fettfarbe

Die Fütterung beeinflusst jede Stufe

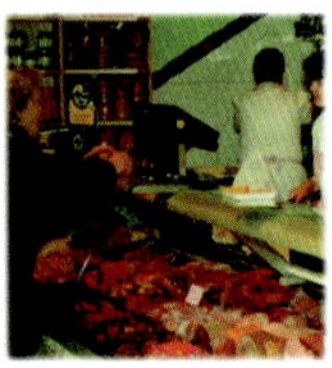

Handel
- Nachfrage
- Kontinuität
- Lebensmittelsicherheit

Konsument
- Aussehen
- Geschmack
- Kocheigenschaft,...

vor der Geburt des Kalbes die Grundlagen gelegt. Generell gilt: Kreuzungen mit Fleischrassen liefern sehr gutes Rindfleisch. Aufpassen muss man bei den großrahmigen, extrem stark bemuskelten Rassen, weil sie auch größere Muskelfasern aufweisen (Tendenz zu Grobfasrigkeit, z. B. beim Weiß-Blauen Belgier). Folgende Bereiche werden mit der Auswahl der Rasse mit beeinflusst:

- Muskelfasereigenschaften
- Muskelbildung am Tier; Proportionen der Fleischteile
- Optimales Schlachtgewicht (und Schlachtalter)
- Bindegewebsgehalt ist bei Fleischrassen verringert
- Fetteinlagerung und damit der Geschmack des Fleisches

In Australien wurden Gen-Marker gefunden, die eine enorme Auswirkung haben können: Über DNA-Tests ist es möglich, jene Tiere herauszufinden, die mehr Fett im Muskel einlagern (intramuskuläres Fett = Geschmack) und die ein zarteres Fleisch haben. Damit können Besamungsstiere gezielt danach ausgesucht werden, ob sie besseres und zarteres Fleisch vererben.

Das Geschlecht der Masttiere

Das beste Rindfleisch kommt von Kalbinnen (Färsen); dann folgt der Ochse und dann kommt der Stier. Die Reihung erfolgt nach objektiven Qualitätskriterien. Die Fetteinlagerung und der Bindegewebsanteil sind geschlechtsbezogen und Kalbinnen haben hier einen Vorteil.

Alter der Tiere bei der Schlachtung

Schlachttiere müssen das optimale Schlachtalter erreichen, um eine hohe Rindfleischqualität zu bringen. Einerseits ist ein bestimmtes Alter notwendig, um die Fetteinlagerung (Geschmack) zu sichern, und andererseits ist ein höheres Alter wegen der Erhöhung des Bindegewebes im Muskel ein Nachteil (Fleisch wird fester und zäher). Das optimale Schlachtalter richtet sich nach der Genetik, dem Geschlecht und nach der Mastintensität.

Optimale Ausmast und optimales Schlachtalter sind entscheidend für die Qualität.

Haltung und Fütterung

Eine tiergerechte Haltung mit Bewegungsmöglichkeit und viel frischer Luft ist die Grundvoraussetzung für gute Leistungen. Die Fütterung hat zudem massive Auswirkungen auf die Rindfleischqualität. Nur wenn die Tiere nährstoffmäßig optimal versorgt sind, können hohe Qualitäten erzeugt werden. Das Schlachtgewicht, der optimale Ausmastgrad und die Fetteinlagerung hängen unmittelbar mit der Fütterung zusammen. Die Fütterung muss auf die Genetik abgestimmt sein und das genetische Wachstums- und Qualitätspotential muss voll ausgenützt werden.

Fetteinlagerung

Das wichtigste Kriterium für Qualitätsrindfleisch ist die Zartheit und der Geschmack. Mit der optimalen Fetteinlagerung können beide Forderungen des Konsumenten erfüllt werden. Der Betriebsführer hat es in der Hand, wie die Endphase der Mast erfolgt. Wird die letzten 3–4 Monate vor der Schlachtung eine entsprechend energiereiche Ration angeboten, dann wird die Fetteinlagerung optimal verlaufen und die Fleischqualität wird in Ordnung sein.

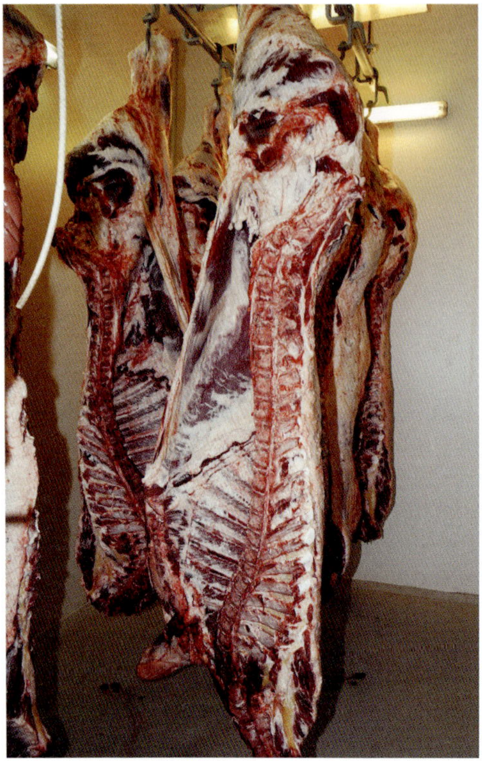

Qualitätsrindfleisch muss mindestens 10 Tage im Kühlraum reifen.

Qualitätsbeeinflussende Faktoren am Transport und beim Schlachthof

Verladeeinrichtungen

Der Landwirt hat einen entscheidenden Zeitpunkt in der Hand – die Verladung der Tiere für den Transport zum Schlachthof. Unzureichende und improvisierte Verladeeinrichtungen können für Tier und Mensch gefährlich sein. Stress bei der Verladung kann die Ursache für Fleischfehler sein (Stress vor der Schlachtung kann dazu führen, dass das Fleisch nicht lagerfähig ist). Der Transport muss so kurz wie möglich sein und fremde Tiere sollten sich beim losen Transport auf dem LKW nicht vermischen (Rangordnungskämpfe, Unruhe, Stress).

Schlachtung

Die Schlachtung bei kürzeren Transportstrecken sollte unmittelbar nach dem Transport erfolgen. Ideal ist es, wenn der Tierbetreuer die Tiere selbst zum Schlachthof bringt, ohne dass sie von fremden Personen auf unbekannte Fahrzeuge verladen werden. Die Tiere sollten auch am Schlachthof nicht mit anderen Tieren vermischt werden, um Stress zu vermeiden. Bei der Schlachtung selbst muss möglichst hygienisch gearbeitet werden, um jede unnötige Verunreinigung und Keimbelastung der Schlachtkörper zu vermeiden.

Kühlung nach der Schlachtung

Eine zu rasche Kühlung nach der Schlachtung (Schockkühlung des Schlachtkörpers unter 10 °Celsius vor Eintritt der Totenstarre) ist zu vermeiden, weil sie zu einer Verkürzung der Muskelfasern führt und damit das Fleisch hart und zäh bleibt. Die Reifung ist eingeschränkt und damit die Fleischqualität beeinträchtigt.

Fleischreifung

Üblicherweise kommt Rindfleisch nach 3–4 Tagen im Kühlraum in den Handel. Für Qualitätsrindfleisch ist diese kurze Lagerdauer zu kurz. Rindfleisch muss je nach Schlachtalter mindestens 10 Tage (Jungrinder) bzw. 14 Tage (Kalbinnen, Ochsen, Stiere) bei Temperaturen von 0 bis 2 °Celsius im Kühlraum reifen, um die beim Konsumenten gewünschte Qualität zu erreichen. Eine Reifedauer von über 30 Tagen hat keine verbessernden Auswirkungen.

Jungrinderfleisch – ein ideales Produkt aus den Grünland- und Berggebieten

Jung und zart

Die Erzeugung von Jungrindern, die im Alter von 10–12 Monaten geschlachtet werden, ist eine für die Mutterkuhhaltung ideale Variante. Diese Erzeugung hat besonders dann Sinn, wenn zu viel Rindfleisch erzeugt wird. Mit Jungrinderfleisch gelingt es, Grünland zu verwerten und aus Gras wertvolles Fleisch zu erzeugen. Die größten Vorteile von Jungrinderfleisch:

- Es wird natürlich erzeugt; die Kälber sind die ganze Zeit bei der Mutter, saugen die Milch und ernähren sich von Grundfutter.
- Das Schlachtgewicht von mindestens 185 kg erreichen sie im Alter von 10–12 Monaten (entspricht etwa 340 kg lebend)
- Der Aufwand für Kraftfutter, der zu Erreichung der Gewichte, der Muskelausformung und der Fetteinlagerung notwendig ist (der Fleischqualität), beschränkt sich auf geringe Mengen (etwa 1 kg energiereiches Kraftfutter pro Tag in den letzten 4 Monaten – ca. 120–200 kg pro Jungrind).
- Die Fleischqualität ist anders; Jungrinderfleisch ist fein marmoriert, damit ist es zart; es ist fein im Geschmack und eignet sich ideal zum Kurzbraten.
- Diese Produktionsweise lässt sich mit der biologischen Wirtschaftsweise sehr gut kombinieren und am Markt hat Biofleisch große Vorteile
- Gebrauchskreuzungen mit Limousin bewähren sich am besten. Fleckvieh wird vorwiegend in der Zweinutzung gehalten und zu Erreichung der geforderten Fleischqualität bewährt sich die Einkreuzung mit frühreifen Fleischrassen sehr gut. Den größten Anteil an den Kreuzungen hat die französische Fleischrasse Limousin. Limousinkreuzungen erfüllen die Wünsche der Konsumenten nach einem fein marmorierten, zarten, nicht zu fetten Qualitätsfleisch mit den Anforderungen der Erzeuger nach guten Tageszunahmen.

Die Strategie der Schweiz zur Vermarktung von Rindfleisch aus der Mutterkuhhaltung

Die Schweiz ist geprägt von Bergen und die Mutterkuhhaltung dort hat in den letzten 30 Jahren einen großen Aufschwung erlebt. Das Fleckvieh (Simmentaler) war in seiner früheren genetischen Ausrichtung auf die Zweinutzung ausgerichtet. Heute ist das Fleckvieh in der Schweiz eine stark auf die Milchleistung konzentrierte Rasse mit einem sehr hohen Anteil von Rotfriesen- und Montbeliardblut. Daher haben sich in den letzten Jahrzehnten spezielle Fleischrassen stark ausgebreitet.

Die Schweiz als Pionier beim Jungrind

Die Schweiz gilt als Pionier beim Jungrind, weil bereits 1978 das erste Programm gestartet wurde. Das „Natura Beef" Programm der SVAMH (Schweizer Vereinigung der Mutterkuhhalter) sah die Erzeugung von Jungrindern aus der Mutterkuhhaltung vor, die beim Absetzen geschlachtet wurden. Heute ist dieses Programm eines der erfolgreichsten in Europa und es war auch Vorbild für Österreich.

Die Grundziele der Schweizer waren damals wie heute:

- Die Marke muss in der Hand der Bauern sein.
- Erfolg gibt es nur, wenn das Angebot gebündelt und von einer bäuerlichen Erzeugerorganisation vermarktet wird.
- Die Genetik für Rindfleischprogramme muss die besten Anlagen für Fleisch aufweisen.

„Swiss Prim Beef"-Programm für spezielle Fleischrassen

Nach dem Erfolg beim Jungrind wurde von der SVAMH um das Jahr 2000 herum ein neues Programm gestartet. Das „Swiss Prim Beef"-Programm fasst alle Schlachttiere von speziellen Fleischrassen zusammen. Dabei wird aber die Rasse ausgewiesen. Es werden in diesem Programm Schlachtkälber, Stiere, Ochsen und Kalbinnen angeboten. Auch dieses Programm ist richtungweisend für die Mutterkuhhaltung.

Der Rindfleischmarkt in Österreich

Die Vermarktung von Rindfleisch optimal gestalten

Etwa 90.000 landwirtschaftliche Betriebe in Österreich halten Rinder und bringen sie auf den Markt. Die fünf größten Schlachthöfe in Österreich schlachten etwa 70 % der Rinder und zwei Handelsketten haben bei Fleisch einen Marktanteil von knapp über 70 %. Für Österreich ist wichtig, dass der österreichische Lebensmittelhandel auf österreichische Herkunft setzt. Hervorzuheben ist auch die Arbeit der AMA, die wirkungsvolle Aktivitäten für das Marketing von Rindfleisch setzt. So wie die Produktion auf allen Ebenen Optimierungsschritte setzen muss, ist dies auch auf der Ebene der Vermarktung notwendig.

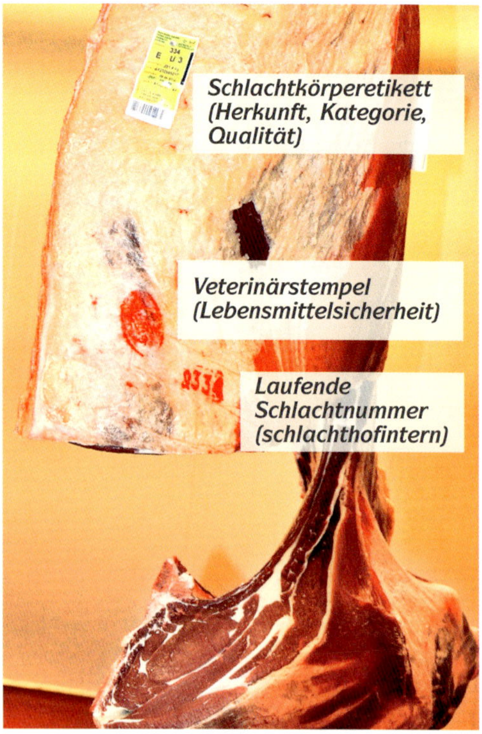

Lebensmittelsicherheit, Herkunft und Qualitätseinstufung (Österreich)

Direktvermarktung von Jungrinderfleisch – Kriterien für den Erfolg

Hygieneleitlinie nach HACCP-Konzept

Die Europäische Union hat mit der **„Leitlinie für eine gute Hygienepraxis und die Anwendung der Grundsätze des HACCP bei der Schlachtung und Zerlegung von Rindern sowie bei der Herstellung von Fleischerzeugnissen und beim Verkauf"** neue einheitliche Richtlinien geschaffen. Für Österreich wurde diese EU-Leitlinie im Erlass des Bundesministeriums für Gesundheit am 7. 1. 2010 veröffentlicht (BMG-75210/0050-II/B/7/2009 vom 7. 1. 2010). Diese Leitlinie betont die Eigenverantwortung des Lebensmittelerzeugers.

Erfolgreich in der Direktvermarktung

Grundlage für eine erfolgreiche Direktvermarktung von Jungrinderfleisch ist einerseits die gleichbleibende, unverwechselbare und gute Qualität: die naturnahe und artgerechte Haltung, die fachgerechte Schlachtung, Zerlegung und Reifung des Fleisches. Weitere wichtige Punkte sind:

- Optimale und umfassende Kundenbetreuung, um die Kunden an den Betrieb zu binden (z. B. durch E-Mails, Kundenfeste ...). Ein freundlicher Umgang mit den Kunden ist wichtig, wie auch das Anbieten von Informationsmaterial, Kochrezepten ...
- Kundengerechte Mengen und Teilstücke anbieten; dieser Punkt wird immer schwieriger, weil die Haushalte kleiner werden und die Kunden immer öfter fertig portionierte Stücke wollen.
  Im Sortimentskarton mit 5 kg oder 10 kg sind aufgeschnittene Schnitzel oder Steaks ein großartiges Angebot. Die Teile vom Englischen, Gusto, Hinteren und Vorderen sind idealerweise mit Kochempfehlungen gekennzeichnet. Wenn ein Direktvermarkter dieses Service anbietet, kann der Preis flexibler gestaltet werden.
- Qualitätsorientierte Preise verlangen: Für gute Qualität und kundenoriontiertes Service lassen sich die höheren Aufwendungen durch Schlachtung, Zerlegung, Gewichtsverluste bei der Reifung, die Kosten für die Verpackung und Informationsmaterial in den Preis einkalkulieren. Jungrinderfleisch ist etwas Besonderes und die Direktvermarktung ist eine besondere Vermarktungsschiene, die höhere Preise verträgt.

Wünsche der Konsumenten stärker berücksichtigen

Die Kernpunkte: die hohe Qualität sicherstellen, Eignung zum Kurzbraten verbessern, Spitzenzeiten abdecken. Beim Konsumenten zählen die Kocheigenschaften und die Verzehrqualität. Informationen über die Herkunft und Umwelt sind für den Konsumenten genauso wichtig. Als oberste Priorität muss jedoch gelten, dass der Konsument ein geschmacklich gutes, zartes Rindfleisch auf den Teller bekommt.

Qualitäts- und Regionalprogramme aus- und aufbauen

Qualitätsprogramme bauen auf eine durchgehende Qualitätssicherung. Qualitätsfördernde Maßnahmen in der Erzeugung sind festgeschrieben, wobei der Transport, die Schlachthöfe und schließlich auch die Verkaufsstätten miteinbezogen sind.

Ein weiterer wichtiger Punkt ist die Regionalität. Kleinere Regionsbezeichnungen sind zwar möglich und können auch ihre positive Wirkung haben. Sie können aber auch verwirrend wirken, wenn zu viele Programme angeboten werden.

Das AMA-Gütesiegel sichert auf breiter Basis die Herkunft und Qualität. Marken- und Regionalprogramme bauen darauf auf und nutzen die Qualitätssicherungsmaßnahmen des AMA-Gütesiegels.

Der Aufbau von Qualitätsprogrammen wird österreichweit koordiniert und gezielt forciert. Die Planung und Koordination wird von der ARGE der Rindererzeugergemeinschaften durchgeführt.

Auf der Ebene des Lebensmittelhandels wird versucht, die Konsumenten an Marken zu binden, so dass der Konsument immer wieder zu „AMA-Gütesiegelfleisch" greift.

Im Rahmen einer partnerschaftlichen Zusammenarbeit sollen Programme ausgearbeitet werden, die möglichst gut auf die unterschiedlichen Anforderungen des Lebensmittelhandels abgestimmt sind.

Die Gastronomie hat in Österreich ein hohes Potential. Immerhin werden knapp über 50 % des Rindfleisches außer Haus verzehrt, leider kommt sehr viel Fleisch für die Gastronomie aus dem Ausland. Auch im Bereich der Kennzeichnung und Auslobung gibt es Verbesserungspotential. Der Aufbau eines Gastronomie-Gütesiegels könnte hier wichtige Impulse setzen.

BIO

Das Bio-Jungrinderprogramm ist das Programm, das in Österreich viel bewegt hat. Die Mengenanforderungen des größten Abnehmers haben dazu geführt, dass es in Österreich zu einer Zusammenarbeit aller Bundesländer gekommen ist. Das Jungrinderprogramm harmoniert mit Bio sehr gut, weil die Zukäufe minimiert sind und eine nachhaltige Kreislaufwirtschaft sehr gut möglich ist. Bio-Rindfleisch hat sich einen Platz im Regal erobert und es geht darum, diesen Platz zu festigen und ständig an Qualitätsverbesserungen zu arbeiten.

Wichtige Hinweise zur Vermarktung

- Reinrassige Zuchttiere werden überwiegend an Mutterkuhbetriebe, die gezielt die Gebrauchskreuzung betreiben, direkt oder über Versteigerungen als trächtige Kalbinnen verkauft. Strenge Zuchtauswahl zur Erzielung langfristig leistungsfähiger Mutterkuhherden ist dafür aber Grundvoraussetzung.
- Einsteller für die Mast werden hauptsächlich an spezialisierte Rindermäster entweder direkt, über den Viehhandel oder über Versteigerungen verkauft.

> Der Direktverkauf bietet den Vorteil, dass eine zusammengewöhnte Gruppe auch im Mastbetrieb zusammenbleiben kann. Die Versteigerung ermöglicht aber dem Mäster die genaue Auswahl der Tiere für die Zusammenstellung einheitlicher Mastgruppen.

Außerdem übt die Versteigerung einen starken Anreiz auf den Produzenten zur Erzeugung bester und ausgeglichener Qualität bei den Einstellern aus. Diese Art der Vermarktung soll aus Sicht der Mäster und Mutterkuhhalter unbedingt stärker betrieben werden.

- Die Totvermarktung wird am besten über den örtlichen Fleischhauer oder den nächstgelegenen Schlachthof abgewickelt. Um die besondere Qualität an die Kunden weitergeben zu können, muss eine enge Zusammenarbeit mehrerer Produzenten mit dem Schlachtbetrieb und ein kontinuierliches Angebot gegeben sein. Bei der Teilnahme an Markenfleischprogrammen sind neben anderen Auflagen der Verkauf der Tiere an Vertragsschlachtbetriebe und die Kontrolle des Fleisches bis zum Kunden hin vertraglich geregelt. Der Erfahrungsaustausch mit Betriebsleitern, Ini-tiatoren und Verantwortlichen gut funktionierender Produktions- und Vermarktungsgemeinschaften bzw. erfolgreichen Markenprogrammen und das Beratungsservice der Fleischrinderverbände sollten rechtzeitig und intensiv gepflegt und genutzt werden.
- Die Direktvermarktung ist mit sehr hohem Arbeitsaufwand, beträchtlichem Kapitaleinsatz, und einer guten fachlichen Ausbildung und Kundenbetreuung verbunden. Der erhöhte Arbeitsaufwand wird dabei als Alternative zum Nebenerwerb außerhalb des Betriebes in Kauf genommen. Der erfolgreiche Verkauf und die gute Kundenbetreuung sind aber in hohem Maße von der persönlichen Neigung und Fähigkeit des Landwirtes abhängig. Zum Kapitaleinsatz muss gesagt werden, dass die Errichtung von eigenen Schlacht- und Kühlräumen im Mutterkuhbetrieb immer zu hohen Kosten führt und unwirtschaftlich sein wird. Hier ist die Zusammenarbeit mehrerer Direktvermarkter oder noch besser mit ortsansässigen Fleischhauern bzw. mit nahen Schlachtbetrieben unbedingt anzustreben. Die hohen baulichen, technischen, hygienischen und gesetzlichen Auflagen verlangen die bestmögliche Ausnutzung solcher Anlagen. Die Kooperation mit ortsansässigen Fleischhauern trägt auch dazu bei, oft wirtschaftlich gefährdete Fleischhauerbetriebe zu unterstützen und die Nahversorgung wie auch den Nahabsatz an Schlachttieren im ländlichen Siedlungsraum sicherzustellen. Kurze

Transportwege der Tiere zum Schlachtbetrieb sind auch im Sinne des Tierschutzes und der Fleischqualität sehr wichtig. Die Fachausbildung und Erfahrung des Fleischhauers kann dabei zum Vorteil aller bestens eingesetzt und genutzt werden. Für die anfallenden Schlachtabfälle besteht Ablieferungspflicht. Gesetzliche Auflagen zur Direktvermarktung sind unbedingt einzuhalten.

Wichtige Erfahrungen bei der Direktvermarktung von Jungrindern

Die Mutterkuh- und Rindermastbetriebe trifft der Preisrückgang für Rinder in den letzten Jahren und insbesondere seit dem EU-Beitritt Österreichs besonders schmerzlich, da das Fleisch das einzige Verkaufsprodukt darstellt und das Einkommen dieser Betriebe vorher schon auf niedrigem Niveau lag.

Daher stellt sich für einen Teil der Betriebe die Frage, ob unter Ausschaltung des Zwischenhandels die direkte Vermarktung zumindest eines Teiles der anfallenden Kälber als Qualitäts- oder Markenfleisch möglich und rentabel ist.

Zur Direktvermarktung gehören Schlachtung, Kühlung und Reifung der Ware, Teilstückzerlegung, Verpackung, eventuell Zustellung, Werbung und Beratung der Kunden. Dafür sind eine zusätzliche Fachausbildung und auch ein hoher Zeitaufwand erforderlich. Üblicherweise erfolgt die Direktvermarktung ab Hof, aber auch auf dem Markt, über einen eigenen Verkaufsladen oder über die direkte Zulieferung an Privathaushalte, Gastronomie und Großküchen kann der Absatz erfolgen.

Was sind Jungrinder?

Als Jungrind bzw. Jungrindfleisch wird das Fleisch von Tieren bezeichnet, die in der Entwicklungsphase zwischen Mastkalb und Mastrind stehen und zu diesem Zeitpunkt geschlachtet werden. Die Tiere werden mit Muttermilch, auf der Weide mit Gras und im Winter mit Raufutter und Silage gefüttert und im Alter von maximal 12 Monaten und mit einem Lebendgewicht von 250–350 kg geschlachtet.

Jungrind wird von Kennern als exklusives Qualitätsrindfleisch geschätzt, die besondere Qualität wird aber meistens nur bei der Direktvermarktung entsprechend honoriert.

Jungrind ist keine rassenspezifische Bezeichnung und wird für Tiere aller Herkünfte verwendet. Besonders gerne werden dafür weibliche Kälber aus Gebrauchskreuzungen zwischen Zweinutzungsrassen und eher frühreifen, mittelrahmigen Fleischrassen verwendet. Diese Tiere haben ein feinfaseriges, zartes Fleisch und die Fetteinlagerung im Muskelgewebe erfolgt etwas früher als bei spätreifen Rassen. Es müssen aber frohwüchsige Kälber mit guter Gewichtsentwicklung für diesen Zweck genutzt werden, um beste Fleischqualität zu gewährleisten.

Wenn ein Teil oder alle Absetzer als Jungrinder über den Schlachthof vermarktet werden, erfolgt die Klassifizierung nach der Fleischigkeits- und Fettklasse (EUROP, 1–5 Punkte) und aufgrund dieser Klassifizierungsergebnisse die Preiseinstufung. Da bei Jungrind-Tieren die Fettabdeckung des Schlachtkörpers und die Fetteinlagerung im Muskelgewebe oft zu gering sind, leidet auch die Fleischqualität besonders im sensorischen Bereich. In Mutterkuhherden mit eher mäßiger Futtergrundlage und dadurch mit erfahrungsgemäß geringer Fettabdeckung des Schlachtkörpers sollte daher den Jungrindern unbedingt in den letzten 2–3 Monaten eine Kraftfuttergabe von 1–1,5 kg pro Tier und Tag verabreicht werden.

Wichtige Kriterien für den Erfolg bei der Direktvermarktung von Jungrindern

- **Beste, unverwechselbare und gleichbleibende Qualität erzeugen**
  Voraussetzungen dafür sind naturnahe Produktion, artgerechte Haltung, Einsatz geeigneter Fleischrassen, die Tiere müssen jung und in schlachtreifer Kondition sein, fachgerechte Schlachtung sowie richtige Kühlung und Reifung des Fleisches.
- **Haushaltsgerechte Mengen anbieten**
  Ein Vorderviertel wiegt 30–35 kg, ein Hinterviertel 50–60 kg. Ganze Viertel sind für Gastronomie- und Großküchen geeignet, für Einzelhaushalte aber zu viel. Deshalb soll die Zerlegung der Hälften in die einzelnen Teilstücke und die Zusammenstellung von Sortimentkartons erfolgen. Jeder Sortimentkarton enthält gleiche Teile vom Englischen, Gusto, Hinteren, Vorderen und von Knochen. So lässt sich der ganze Schlachtkörper gut absetzen und jeder Kunde ist gleich gut bedient.
- **Ansprechende Verpackung und Kennzeichnung der Teilstücke**
  Schriftliche und mündliche Informationen über Verwendung der Teilstücke und Fleischzubereitung sind immer gefragt und gleichzeitig Werbeträger.
- **Freundlicher und zuvorkommender Umgang mit den Kunden**
  Die beste Werbung ist die Mundpropaganda zufriedener Kunden. Trotzdem Werbeprospekte verteilen oder an einem Markenfleischprogramm mit überregionaler Werbung und Verteilung teilnehmen.
- **Qualitätsorientierte Preise verlangen**
  Der zusätzliche Arbeitsaufwand, die Kosten für die Schlachtung, Gewichtsverluste beim Abhängen zur Reifung, Investitionskosten und Betriebskosten für Schlacht- und Kühlraum sowie Kosten für Verpackung und Werbematerial müssen ordentlich abgegolten werden, um die angestrebte Rentabilität zu erreichen.
- **Hygiene-Voraussetzungen einhalten**
  Teile der Frischfleischhygieneverordnung gelten auch für bäuerliche und gewerbliche Kleinbetriebe. Damit sollen die gestiegenen Qualitätsanforderungen an Frischfleisch durch eine verbesserte Schlacht-, Verarbeitungs-, Personal- und Betriebshygiene im Rahmen eines betrieblichen Eigenkontrollsystems sichergestellt werden. Durch diese Verbesserungen soll die Übertragung von Krankheitskeimen verhindert und die Haltbarkeit der Produkte verlängert werden. Die Basishygiene umfasst fünf Bereiche: – Einrichtung – Personalhygiene – Reinigen und Desinfektion – Personalschulung – Schädlinge bekämpfen.

Die wichtigsten Rechtsbestimmungen für die Direktvermarktung von Rindfleisch

Rechtsbereich	Zuständigkeit	Hinweise
Gewerberecht	Urproduktion ist davon ausgenommen. Zerlegung von Schlachtkörpern in Hälften oder Vierteln und deren Verkauf.	bei Ab-Hof-Verkauf, Bauernmärkten und Verkaufsständen
Nebengewerbe	Weitere Teilstückzerlegung; Be- und Verarbeitung muss gegenüber der Urproduktion untergeordnet bleiben, maximal 25 % Fremderzeugnisse.	wie oben; Feilbieten im Umherziehen ist verboten.

Rechtsbereich	Zuständigkeit	Hinweise
Lebensmittelrecht	Regelt den Verkehr mit Lebensmitteln u. a. zum Schutz der Verbraucher vor Gesundheitsschäden und Täuschung. Die Verabreichung von Hormonen, Antibiotika, nicht zugelassenen Arzneien und Reinigungsmitteln ist verboten. Hygienebestimmungen sind einzuhalten, Kontrollen vorgesehen.	Auflagen durch die kontrollierenden Lebensmittelbehörden sind einzuhalten.
Veterinärrecht	Bei Direktvermarktung ist die amtliche Untersuchung vor und nach der Schlachtung vorgeschrieben. Meldung der beabsichtigten Schlachtung bei der Gemeinde, Beschau durch bestellte Fleischuntersuchungsorgane. Die Fleischhygieneverordnung regelt die Ausstattung der Schlacht- und Kühlräume, Arbeitsgeräte, Fleischbeförderung und -behandlung und die Wasserqualität.	Fleischuntersuchungstierarzt, Amtstierarzt
Produkthaftungsgesetz	Wird dann wirksam, wenn es zu einer weiteren Verarbeitung und zur Herstellung von Fleischwaren kommt.	Verpflichtung zur Schadensabdeckung durch Haftpflichtversicherung
Lebensmittelkennzeichnungsverordnung	Tritt in Kraft, wenn fest verpackte Lebensmittel abgegeben werden. Zur Verkaufsvorbereitung oder in Gegenwart des Käufers verpackte Ware ist davon ausgenommen. Kennzeichnung ist deutlich sicht- und lesbar sowie dauerhaft auf der Verpackung anzubringen.	Auflagen durch die kontrollierenden Lebensmittelbehörden sind einzuhalten.
Preisrecht	Für Direktvermarktung ab Hof, auf Bauernmärkten etc. ist die Preisangabe nicht mehr verpflichtend.	Auf Märkten, die der Gewerbeordnung unterliegen, besteht Preisangabepflicht.
Steuerrecht	Bei Tierhaltung auf eigener Futtergrundlage und Einhaltung der Vieh-einheiten-ha-Relation sind Einnahmen aus der Tierhaltung Einnahmen aus der Landwirtschaft. Be- und verarbeitete Erzeugnisse aus Nebengewerbe bis 25 % werden als Einnahmen aus der Landwirtschaft gewertet.	
Maß- und Eichrecht	Messgeräte, die im rechtsgeschäftlichen Verkehr zur Bestimmung des Maßes oder Gewichtes verwendet werden, unterliegen der Eichpflicht.	Die Nachweispflicht beträgt jeweils 2 Jahre.s

Anhang

Fahrplan für die Mutterkuhhaltung

1. Geburtszeit

- jahreszeitlichen Produktionsrhythmus aufrechterhalten (Abkalbungen in arbeitsschwacher Zeit) *Erstkalbealter* ≈ 2 Jahre: daher intensivere Aufzucht der Zuchtkalbinnen bei Belegen (15–16 Monate, 400 kg)
- verhaltene Fütterung während der Trockenstehzeit und Bewegung (Auslauf) gewährleistet, leichte Abkalbungen und normales Nachgeburtsverhalten
- *Überwachung* der Abkalbung unbedingt erforderlich, Kalbetermine beachten! Evtl. Kälberverluste wirken sich stark negativ auf die Wirtschaftlichkeit aus
- **Abkalbebox** (8–12 m²) unbedingt erforderlich, Sichtkontakt zur übrigen Herde, Separierung 2–3 Wochen vor Geburt; Euter nicht ausmelken! Kontrolle des Euters
- *Geburtshilfe*: Sauberkeit durch Reinigung von Muttertier, Geburtsstricken und Händen und auf ABS (= Atmung, Bewegung, Saugen) achten
- Kuh nach dem Abkalben zudecken: Wärme fördert den Abgang der Nachgeburt. Versorgung des Kalbes: Falls die Kuh es nicht trocken leckt, Kalb trocken reiben, Nabel ausstreifen und desinfizieren (Jodlösung, äußerlich! Penicillinpuder usw.), ehestmögliche Kolostrumaufnahme des Kalbes anstreben, ideal 1 Liter in den ersten 3 Stunden und zumindest 3 Liter in den ersten 24 Stunden
- Anteil Totgeburten und verendeter Kälber innerhalb 24 Stunden festhalten, Vitalität beurteilen.
  1. *Abwiegen* des Kalbes: Zur Feststellung von
  - Rassenunterschieden
  - Einfluss des Geburtsgewichtes auf den Geburtsverlauf
  - Gewichtserhebung der Kälber Eintragungen ins *Mutterkuhblatt* oder die Kälberkarte

  Markieren der Kälber mit Plastik-Ohrmarken zur Erfassung der Leistungsdaten (aus 3 m Entfernung lesbar)
- bei *Nachgeburtsverhalten* 24 Stunden nach Geburt: Nachgeburtsabnahme, antibiotische Versorgung der Muttertiere durch den Tierarzt
- *Kälberschlupf* (bei Laufstallhaltung) nicht an Stallaußenwand, zugluftfrei, jederzeit erreichbar und ca. 1–1,5 m² je Kalb groß.
  In den ersten Wochen nach der Abkalbung *knappe Fütterung* der Muttertiere oder Beimengung von Futterstroh (Kühe von Zweinutzungsrassen haben sonst oft zu viel Milch), eventuell ein zweites Kalb saugen lassen (Ammenkuhhaltung)
  - Kalb kann nicht alles aufnehmen *Eutererkrankungen* sind die Folge (Tierarzt). Gefahr bei fetten Kühen: Fettabbau, Fresslust, Fruchtbarkeitsstörungen
- Stoffwechselerkrankungen (Milchfieber, Azetonämie ...) sind normalerweise kein Problem
- Allmähliche *Steigerung der Fütterungsintensität* (eigenes Futter ist kostengünstig) ≈ 12 kg/T/Tier/Tag, wichtig: gute Qualität des Wirtschaftsfutters! Heu, Grassilage, nicht zu viel Maissilage, Mineralstoffe 50–100 g/Tier/Tag und Salz zur freien Aufnahme, *Kälberschlupf: Kraftfutter*
- *Enthornen* nach örtlicher Betäubung mit Brenneisen im Alter von 4–6 Wochen; Kühe vom Tierarzt enthornen lassen, Kastration von männlichen Kälbern bis 6 Monate
- In verseuchten Gebieten Kälber gegen *Lungenwürmer* impfen lassen
  - 1. Impfung: Kälber müssen mindestens 8–12 Wochen alt sein und dürfen noch nicht geweidet haben
  - 2. Impfung: frühestens 3 Wochen später

2. Beginn der Weideperiode

- Planung der Weidewirtschaft, Kontrolle der Weiden
- Zur Zeit der Umstellung älteres Heu oder Stroh zufüttern, um Blähungen und Durchfälle zu vermeiden, anschließend *ausschließlich Weidefütterung*. Kalb muss von Beginn an große Futtermengen aufnehmen, um nährstoffreiches Gras zu nützen.
- 2. *Abwiegen der Kälber* (Erfassen der Winterfutterperiode) vor Weidebeginn, Weide: Kalbinnen zuerst getrennt halten: Futterneid, Trächtigkeit
- Frühjahrsabkalbungen: Zeitraum von Mitte Jänner bis Mitte März, geringe Krankheitsanfälligkeit, jahreszeitlicher Produktionsrhythmus kann dadurch aufrecht erhalten werden. Abkalbungen fallen in die arbeitsschwache Zeit des Jahres.
- Mineralstoff- und Salzversorgung, ausreichende Wasserversorgung sicherstellen
- Wenn möglich, Nassstellen auszäunen oder trockenlegen, Parasitengefahr!
- Auf *Leberegelweiden* ≈ 300 kg Kalkzyanid ausbringen, an nassen Stellen mit Hand nachstreuen, um Schnecken zu bekämpfen
- Fliegenbekämpfung: Ohrclips gegen Kriebelmücken! Kratzvorrichtungen anbieten
- *Um die Fruchtbarkeitsrate nach Besamung zu erhöhen*, eventuell Flushingfütterung (1–2 kg Kraftfutter/Kuh/Tag zu Beginn der Decksaison) bzw. Vitamingaben vorteilhaft (1 Woche 300 g/Kuh/Tag)
- Trächtigwerden der Kühe ist ein entscheidender wirtschaftlicher Faktor
- Problem der Brunstlosigkeit: Durch das Saugen des Kalbes kommt es zu einer gestörten Sexualhormonausschüttung und damit zu keiner Brunst (wenn möglich, Kälber 3 Tage absetzen, aber: Gefahr von Euterentzündung)
- 3. *Abwiegen der Kälber* zur Zeit der Herdentrennung
- Mähen überschüssiger Weiden, „Saubere Flächen", Überprüfung auf Giftpflanzen, Düngerreste verteilen (Geilstellen)
- günstige Weideführung in Form einer *Umtriebsweide*!
  - Mindestens 6–10 Koppeln
  - 4–5 Tage/Koppel
  - 4–6 Ar/Kuh/Kalb,
  - aber auch Standweide möglich
- regelmäßige Beobachtung der Herde, maximal 3-Tages-Intervall (Wasser!)
- Klauenpflege ≈ 4 Wochen vor Weidebeginn
- *Sammelkotproben* untersuchen lassen
- falls erforderlich, Kälber gegen *Magen-Darm-* und (falls nicht geimpft) gegen *Lungenwürmer* behandeln und 1–2 Tage später Umtrieb auf „saubere Flächen" (z. B. im Frühjahr gemähte Weide)

3. Herbstweide

- Lässt der *Aufwuchs nach*, ist es günstig, den Kälbern etwas Kraftfutter zu geben (bei guter Weide fressen die Kälber kaum Kraftfutter), um Absetzgewichte zu steigern
- Bei nasskalter Witterung und geringem Futterangebot nehmen Tiere nicht mehr richtig zu, daher *rechtzeitiges Absetzen*
- Kühe können ohne Weiteres noch, solange es die Witterung zulässt, auf der Weide bleiben
- Ende der Weideperiode: Kühe scheren (Vorbeugung gegen Schmutz und Läuse)
- Herbstabkalbungen (Oktober–Jänner): Kälber erreichen höhere Absetzgewichte, Herdentrennung schon zu Weidebeginn notwendig. Bei Winterstallhaltung erhöhte Infektionsgefahr
- In verseuchtem Gebiet von *Leberegeln*: In den ersten 3 Jahren sämtliche Rinder im Okt./Nov. und im Feb./März behandeln, in den folgenden Jahren genügt dann die alleinige Frühjahrsbekämpfung.

4. Absetzen

- *Richtiger Absetzzeitpunkt* für Wirtschaftlichkeit entscheidend: Einstellerverkauf, Weideende, Trockenstehzeit
- 4. *Abwiegen der Kälber*: Absetzgewicht ist entscheidendes Merkmal für Beurteilung der Leistungen von Mutter und Kalb (Milchmenge, tägliche Zunahmen)
- *Beurteilung und Abwiegen der Kühe*: Nachstellen nur der weiblichen Kälber mit bester Abstammung!
- *Trächtigkeitsuntersuchung aller Kühe durch den Tierarzt*: Nicht trächtige oder alte Kühe ausmerzen, weil unwirtschaftlich, nur trächtige Kühe überwintern
- Erfassung aller Daten und *Leistungskontrolle*: Diese ist für eine objektive Beurteilung und damit für die Wirtschaftlichkeit unerlässlich und zur Auswahl der Zuchtkalbinnen notwendig
- Eintragung in *Mutterkuh- und Aufzuchtblatt* (für jede Kuh)
- Beim *Vergleich der Absetzgewichte* ist zu beachten: – weibliche Kälber erreichen ca. 89 % des Gewichtes der Stierkälber – Kälber von Erstlingskühen sind um 15–20 % leichter – Kühe mit längerer ZKZ – mehr Milch – Kälber schwerer
- *Verwendung und Vermarktung* der Kälber – Jungrinder-Erzeugung – Ausmast im eigenen Betrieb – Einsteller-Produktion – Kalbinnenmast (mit oder ohne Vornutzung) – Zuchtviehproduktion – Ochsenproduktion

5. Winterfütterung

- Raufutter und Grassilage (je mehr Grassilage, desto bessere Qualität soll sie haben – Anwelkgrad 35–40 %). Maissilage wenig oder gar keine, sonst zu starke Verfettung der Kühe – Schwergeburten! Ausreichend Mineralstoffe und Salz. Insgesamt *verhaltene Fütterung* (kein Kraftfutter!), sonst Energieüberversorgung!
- *Kalbinnen für die Nachzucht*: Intensiv (mit Kraftfutter) füttern, um sie in der Entwicklung zu fördern, getrennt von Altkühen füttern
- *Räude- und Läusebehandlung* falls notwendig: 2-mal im Abstand von 7 Tagen gesamte Herde mit einem milbenabtötenden Präparat waschen. Entwurmung der Kühe vor erstem Austrieb
- Anzahl der Stallplätze und Futtervorrat wichtig! Erhöhte Infektionsgefahr
- Klauenpflege (Korrektur, Klauenfäule!)
- Durchsicht der Kalbetermine

Beispiel für saisonale Herdenführung

Beispiel für saisonale Herdenführung

Abkalben			Belegen		Herdentrennung		Absetzen			Trockenstehen	
Jän	Feb	Mär	Apr	Mai	Juni	Juli	Aug	Sep	Okt	Nov	Dez

Mutterkuh- und Aufzuchtsblatt

Betrieb: .... Anschrift ....

Kuh: .... Rasse: .... geb. am: .... Tät.-Nr.: .... Ohrmarke: ....

Vater: .... Nr.: .... Rasse: .... Mutter: .... Nr.: .... Rasse: ....

Jahr	Belegt am	Deckstier Name: Nr.: Rasse:	Soll kalben am Gekalbt am	Zwischen-kalbezeit (Tage)	Kalbeverlauf*) Geb.-Gew. (kg)	Geschlecht ♂ ♀ Ohrmarken-Nr.	Absetz-datum Absetzgew. (kg)	Alter (Tage) Tägl. Zunahme**) (g)	Verkaufserlös (öS) Sonstiges

*) 0 = ohne Hilfe
1 = Hilfe durch 1 Person
2 = Hilfe durch 2 oder mehr Personen
3 = Tierarzt/Kaiserschnitt

**) a) Bei Feststellung des Geburtsgewichtes: $\frac{\text{Absetzgewicht} - \text{Geburtsgewicht}}{\text{Alter in Tagen}}$ = Ø tägl. Zunahme

b) Ohne Feststellung des Geburtsgewichtes: $\frac{\text{Absetzgewicht}}{\text{Alter in Tagen}}$ = Ø Tagesentwicklung (TE)

Produktionsverfahren in der Mutter- und Ammenkuhhaltung

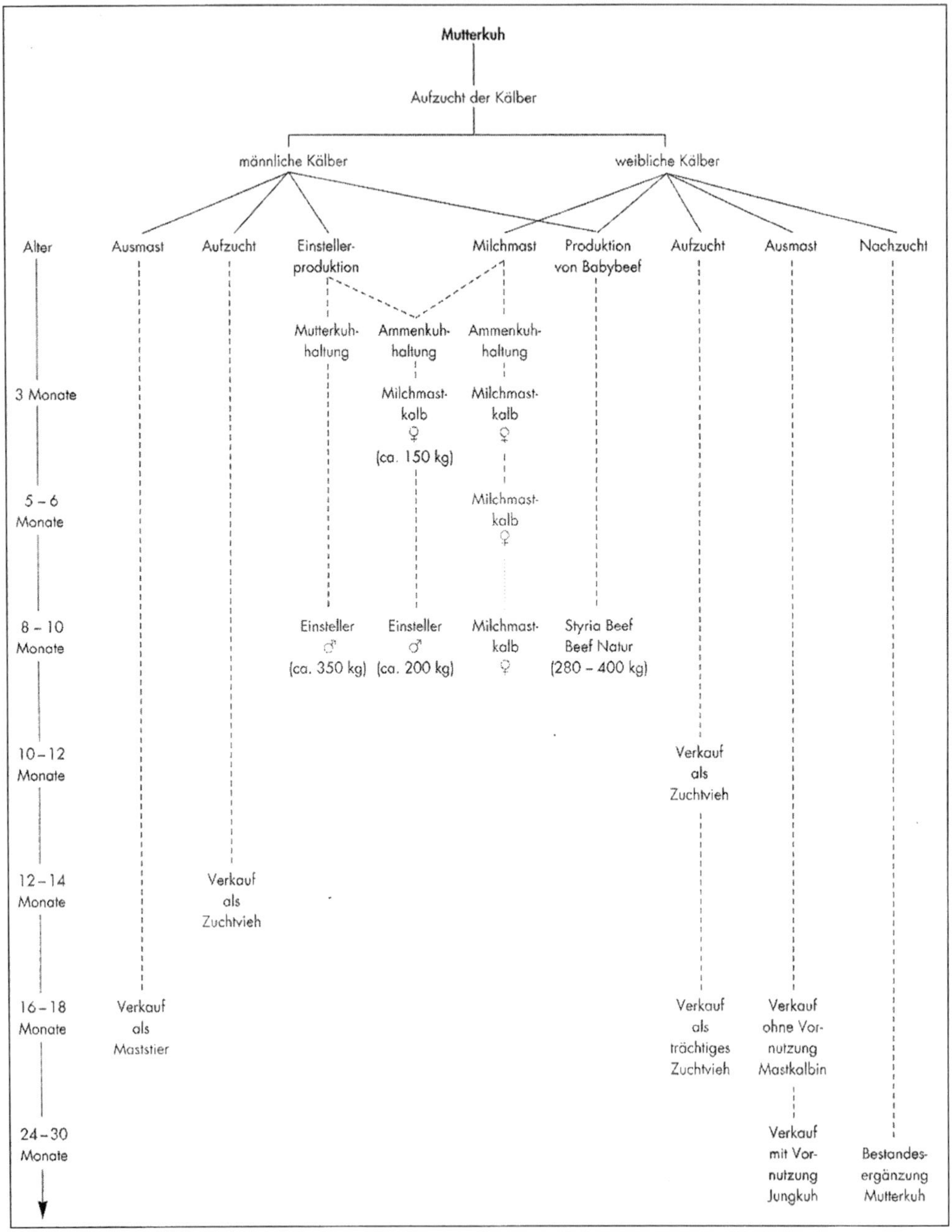

Literaturverzeichnis

ACHLER, B., und Autorenkollektiv, 1989: Fleischrinderproduktion – Alles über Zucht, Haltung, Vermarktung. top agrar extra, Landwirtschaftsverlag Münster-Hiltrup

ARBEITSAUSSCHUSS für Fleischerzeugung der Deutschen Gesellschaft für Züchtungskunde, 1996: Empfehlungen zur Qualitätsfleischerzeugung in der Mutterkuhhaltung. Züchtungskunde 68, S. 163–164.

BACH, H., 1987: Klassifizierung und Vermarktung von Rindfleisch. Rindfleisch-Schlachtkörperwert und Fleischqualität; Kulmbacher Reihe, Band 7, S. 55–86.

BAL (Bundesanstalt für alpenländische Landwirtschaft Gumpenstein), 1989: Alternative Formen der Tierhaltung im Grünlandgebiet und deren Wirtschaftlichkeit. Veröffentlichungen der BAL, Heft 13

BARTUSSEK, H., LENZ, V., WÜRZL, H., und ZORTEA, W., 2002: Rinderstallbau; 3. Auflage, Stocker Verlag Graz

BECZE, J., 1983: Richtungen und spezielle Fragen der Mastrinderzucht vom tierärztlichen und tierzüchterischen Standpunkt. Vortrag an der Fachtagung Wels

BEEF HERD MANAGEMENT, Reference Binder and Study Guide, Alberta Agriculture, Canada

BLT (Bayerische Landesanstalt für Tierzucht Grub), 1985: Mutterkuhhaltung. Landwirtschaftliche Bildungsstelle, München

BUNDESMINISTERIUM für Land- und Forstwirtschaft und Beratungsservicestelle, 1990: Beratungsschrift „Mutterkuhhaltung", Wien

DLG (Deutsche Landwirtschafts-Gesellschaft), 1997: DLG-Futterwerttabellen für Wiederkäuer, 7. Auflage, in Druck; DLG-Verlag Frankfurt am Main

ERNTE FÜR DAS LEBEN, 1995: Produktionsrichtlinien für den organisch-biologischen Landbau in Österreich. Zeitschrift für Ökologie und Landwirtschaft, 4490 St. Florian, Oberösterreich

GEH (Gesellschaft für Ernährungsphysiologie der Haustiere – Ausschuss für Bedarfsnormen), 1986: Energie- und Nährstoffbedarf landwirtschaftlicher Nutztiere, Nr. 3: Milchkühe und Aufzuchtrinder. DLG-Verlag Frankfurt am Main

GfE, 1993: Überarbeitete Empfehlungen zur Versorgung von Milchkühen mit Calcium und Phophor. Proc. Soc. Nutr. Physiol. 1, S. 108–113

GfE, 2001: Empfehlungen zur Energie- und Nährstoffversorgung der Milchkühe und Aufzuchtrinder 2001; Ausschuss für Bedarfsnormen der Gesellschaft für Ernährungsphysiologie, DLG-Verlag Frankfurt am Main

GREIMEL, M., 1997: 40.000 kg Richtmenge: Was nun? – Richtmenge zukaufen, oder ist die Mutterkuhhaltung eine Alternative? Fortschrittlicher Landwirt, Heft 3/97

GFRERER, H., HOLZER, G., LAHNER, H., LATTNER, G., MASSAUER, E., RUTH, P., und STAUDINGER, F., 1996: Bäuerliche Direktvermarktung; Rechtsvorschriften und Produktkatalog. 2. Auflage, Österreichischer Agrarverlag, Klosterneuburg

GOLZE, M., 1995, in: Klauentierpraxis, Nr. 3, 1995, 31, S. 56–59, Mitteilungsblatt der Sektion Klauentiere der Österreichischen Gesellschaft der Tierärzte

GRUBER, L., GUGGENBERGER, Th., und SCHAUER, A., 1996: Aspekte, Einflußfaktoren und Bestimmung der Grundfutterqualität. Bericht über die 23. Tierzuchttagung, BAL Gumpenstein, 4.–5. Juni 1996

HAMPEL, G., 1995: Fleischrinder und Mutterkuhhaltung. 2. Auflage, Verlag Eugen Ulmer, Stuttgart

HONIKEL, K. O., 1988: Beeinflussung der Rindfleischqualität durch Kühlen, Reifen und Zubereiten. Bericht über die 15. Tierzuchttagung 1988, Veröffentlichung der BAL Gumpenstein, Heft 8, S. 73–88

HOARD'S DAIRYMAN, The National Dairy Farm Magazine, USA, Sept. 25, 1994

HUTH, F. W., und SCHUTZBAR W,, 1981: Zur Frage des Laktationskurvenverlaufes beim Rind. Der Tierzüchter 33 (7), S. 286–288

JARRIGE, R., 1989: Ruminant nutrition: Recommended allowances and feed tables. INRA/John Libbey Eurotext-Editions Medicine-Sciences, Paris/Montrouge, France

KIRCHGESSNER, M., 1992: Tierernährung: Leitfaden für Studium, Beratung und Praxis. 8. Auflage, DLG-Verlag Frankfurt am Main

LFI, 2002: Alternativen im Grünland, Information für Interessenten und Einsteiger, 1. Auflage, Bundes-LFI, Wien

LOTTHAMMER, K.-H., 1978: Zur Bedeutung des β-Carotins für die Fruchtbarkeit des Milchrindes; Der Tierzüchter. 12, S. 520–522, S. 527–529

MEYER, H., AHLSWERDE, L., LOTTHAMMER, K.-H., 1975: Untersuchungen über eine spezifische, Vitamin-A-unabhängige Wirkung des β-Cerotins auf die Fertilität des Rindes, Dtsch. Tierärztl. Wschr. 82, S. 444–449

ÖSTAT (Österreichisches Statistisches Zentralamt): Viehzählung. 25. bis 51. Jg., 1970 bis 1996

PAHL, H., und STEINHAUSER, H., 1989: Wirtschaftlichkeit der Mast weiblicher Rinder. Bericht über Landwirtschaft 67, S. 285–312

PFINGSTNER, H., 1991: Wirtschaftlichkeit von Gebrauchskreuzungen bei Rindern und Schafen. Schriftenreihe der Bundesanstalt für Agrarwirtschaft Wien, Nr. 63

REISINGER, M., 1995: Mutterkuhhaltung ja – aber wie? Aus: Fleischrinder aktuell; Informationsblatt des steirischen Fleischrinderverbandes, Ausgabe 4/1995

ROCHE, J. F., et al., 1992: Postpartum anoestrus in dairy and beef cows. From: Clinical trends and basic research in animal production. Proceedings of the 12th International Congress on Animal Reproduction, The Hague, Netherlands, 23–27. 8. 1992. Reprinted from Animal Reproduction Science, Vol. 28, S. 1–4 (1992)

SCARS (Standing Committee on Agriculture Ruminants Subcommittee), 1990: Feeding standards for Australian livestock; Ruminants. CSIRO Publications Australia

STEINWENDER, R., und GOLD, H., 1989: Produktionstechnik und Gebrauchskreuzungen in der Mutterkuhhaltung. Die Bodenkultur 40, S. 335–354

TEMISAN, V., und AUGUSTINI, Chr., 1987: Wege zur Erzeugung von Qualitätsrindfleisch. RindfleischSchlachtkörperwert und Fleischqualität; Kulmbacher Reihe, Band 7, S. 299–336

WALTL, B., 1994: Gegenseitiges Besaugen – wo liegen die Ursachen? Aus: Blick ins Land, Nr. 2/94

WEISSBACH, F., 1993: Energiebedarf von Weidetieren und zweckmäßiger Weidetierbesatz. Der Tierzüchter 11/93, S. 18–21

Bräuer
STALLTECHNIK
RINDERLAUFSTÄLLE / MUTTERKUHSTÄLLE / MELKSTÄNDE
KÄLBERSTÄLLE / JUNGVIEHSTÄLLE / RINDERMAST
ENTMISTUNG / GÜLLETECHNIK
Erfahrung = Vorsprung
Ihr Mutterkuhstall für gesunde Tiere!
A-4441 Behamberg, Tel: 07252 73853-0
e-mail: office@braeuer.cc, www.braeuer.cc

Wir sind die Profis für Tierhaltung und Milchwirtschaft!
FA45
FAIE
WEIDEZAUNGERÄTE
FAIE
KOMPETENZ SEIT 1964
Jetzt gratis 650 Seiten Katalog anfordern!
2017
FAIE.AT
elecrem
DIE GANZE WELT DER LANDWIRTSCHAFT
FAIE
KOMPETENZ SEIT 1964
Tel.: 07672/716-0
Fax: 07672/716-34
Tel. BRD: 01801/716000
Fax BRD: 01801/716001
email: info@faie.at
A-4844 Regau, Handelsstraße 9
Online bestellen
www.faie.eu
über 30.000 Artikel online